高等职业教育规划教材

焊接方法与操作技术

主　编　生利英　王文山
副主编　宋博宇
参　编　刘桂荣
主　审　赵莉萍

机 械 工 业 出 版 社

本教材系统介绍了常用焊接方法的原理、特点、焊接材料的选用、工件的焊前准备、焊接工艺和操作技术的知识，并针对每种焊接方法，按照职业技能要求实施技能训练，同时讲述了与焊接密切相关的切割方法及操作技术。全书共8章：焊条电弧焊、埋弧焊、二氧化碳气体保护电弧焊、钨极惰性气体保护电弧焊、熔化极气体保护电弧焊、等离子弧焊、电阻焊和切割。

本教材为高职高专、各类成人教育焊接技术与自动化专业教学用书，也可作为各级焊工职业技能鉴定的培训用书，同时可供有关工程技术人员参考。

本教材配有电子课件，凡使用本教材的教师可登录机械工业出版社教育服务网（http://www.cmpedu.com）下载，或发送电子邮件至cmpgaozhi@sina.com索取。咨询电话：010-88379375。

图书在版编目（CIP）数据

焊接方法与操作技术/生利英，王文山主编. —北京：机械工业出版社，2019.8

高等职业教育规划教材

ISBN 978-7-111-62937-5

Ⅰ.①焊… Ⅱ.①生… ②王… Ⅲ.①焊接-高等职业教育-教材
Ⅳ.①TG4

中国版本图书馆CIP数据核字（2019）第114154号

机械工业出版社（北京市百万庄大街22号　邮政编码100037）
策划编辑：于奇慧　责任编辑：于奇慧
责任校对：佟瑞鑫　封面设计：马精明
责任印制：孙　炜
河北宝昌佳彩印刷有限公司印刷
2019年8月第1版第1次印刷
184mm×260mm · 14.25印张 · 353千字
标准书号：ISBN 978-7-111-62937-5
定价：38.00元

电话服务	网络服务
客服电话：010-88361066	机　工　官　网：www.cmpbook.com
010-88379833	机　工　官　博：weibo.com/cmp1952
010-68326294	金　　书　　网：www.golden-book.com
封底无防伪标均为盗版	机工教育服务网：www.cmpedu.com

前　言

“焊接方法与操作技术”是焊接技术与自动化专业的一门专业核心课程。目前高职院校关于焊接方法方面的教材大多为“焊接方法与设备”，既讲焊接方法又讲焊接设备。一方面，由于教学课时的限制，焊接方法关键部分即操作技能没能凸显出来；另一方面，很多院校把焊接设备作为一门单独的课程，这样如果使用传统的教材《焊接方法与设备》，就会出现很多重复的内容。正是基于这样的现状与培养高职人才的现实需求，编者在总结教学经验和现有理论的基础上编写了本教材。本教材中调整了教学内容的比例，注重技能实训，以期为高职相关专业此类课程的学习与提高提供一本实用的教材。

本教材共8章：焊条电弧焊、埋弧焊、二氧化碳气体保护电弧焊、钨极惰性气体保护电弧焊、熔化极气体保护电弧焊、等离子弧焊、电阻焊和切割。在每种焊接方法中根据“焊接准备—焊接实践”的职业工作流程组织教学内容，并且将知识点与技能点结合，实现“教、学、做”有机融合。为使学生充分掌握所学知识，结合国家职业资格鉴定考试要求，每一小节后均配有习题，包括填空题、单选题、判断题及简答题。

本教材所有编写内容与现行的国家职业技能要求紧密结合，根据《国家职业技能鉴定·焊工》要求编写，融入了职业资格标准中规定的知识和能力要求，使学生在课程学习的同时获得相关的国家职业资格证书。

本教材由包头职业技术学院生利英、王文山任主编，其中绪论、第五章、第六章、第七章和第八章由生利英编写，第一章由包头职业技术学院王文山编写，第二章由包头职业技术学院宋博宇编写，第三章、第四章由包头职业技术学院刘桂荣编写。本教材由内蒙古科技大学赵莉萍教授主审，生利英统稿。中国能源建设股份有限公司高级技师贾向东为本教材中各种焊接方法的操作技术提供了宝贵的技术支持，在此表示衷心的感谢！

尽管编者在教材特色的建设方面做出了许多努力，但由于编者水平有限和经验不足，教材中仍可能存在一些错误和不足之处，恳请各教学单位和读者在使用本教材的过程中多提宝贵意见和建议，以便下次修订时改进。

编　者

目　　录

绪　论

一、焊接及其特点

1. 金属的连接方法

在现代工业中，金属是不可缺少的重要材料。高速行驶的汽车、火车、载重万吨至几十万吨的轮船、耐蚀耐压的化工设备，以及宇宙飞行器等都离不开金属材料。在这些工业产品的制造过程中，需要把各种各样加工好的零件按设计要求连接起来制成产品。零件常用的连接方法有螺栓连接、键连接、铆接、焊接，如图 0-1 所示。螺栓连接、键连接是可拆卸连接，通常用于零件的装配和定位。铆接、焊接是不可拆卸连接，通常用于金属结构或零件的制造。

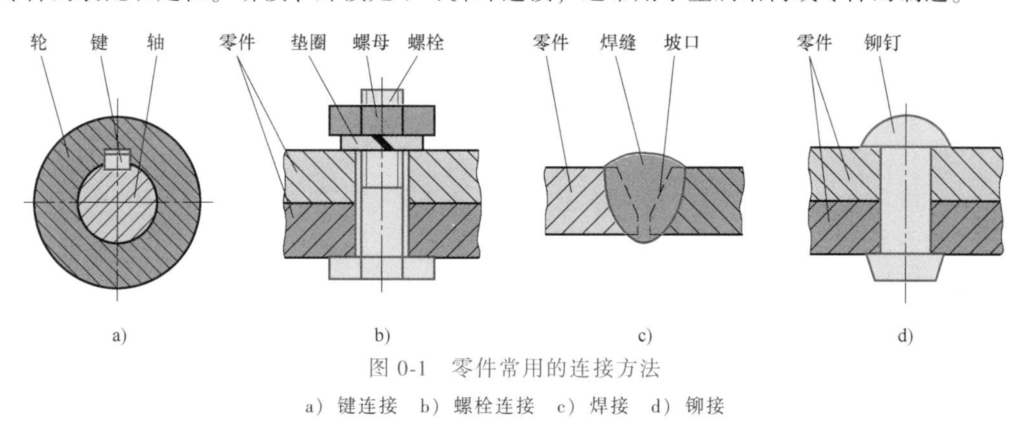

图 0-1　零件常用的连接方法

a）键连接　b）螺栓连接　c）焊接　d）铆接

2. 焊接的特点

焊接是通过加热或加压，或两者并用，并且用或不用填充材料使焊件达到结合的一种连接方法。它是目前应用极为广泛的一种连接方法，几乎所有领域，如机械制造、石油化工、交通能源、冶金、电子、航空航天等都离不开焊接技术。据不完全统计，目前全世界年产量45%的钢和大量有色金属，都是通过焊接加工形成产品的。因此可以说，焊接技术的发展水平是衡量一个国家科学技术先进程度的重要标志之一，没有现代焊接技术的发展，就不会有现代工业和科学技术的今天。

与其他连接方法相比，焊接有其独特的优点。

1）焊接结构重量轻，节省金属材料。例如：与金属铆接相比，可节省金属 10%甚至20%以上。

2）焊接接头具有良好的力学性能，能耐高温、高压，具有良好的密封性、导电性、耐蚀性、耐磨性。因此可焊接锅炉、高压容器、储油罐、船体等重量轻、密封性好、工作时不渗漏的空心构件。

3）可以将大而复杂的结构分解为小而简单的坯料拼焊，从而简化大型或复杂结构零件的制造工艺。

4）可实现不同材料间的连接成形，优化设计，节省贵重金属。如铜-铝连接，高速钢-

碳钢连接，碳钢-合金钢连接。

除此之外，焊接的局限性表现为：

1）焊接接头不可拆卸，更换零部件不方便。

2）焊接接头的组织和性能往往与母材不同。

3）焊接时容易产生残余应力和焊接变形。

4）焊缝易出现裂纹，夹渣、气孔等缺陷，从而导致焊件的承载能力降低，甚至脆断。

二、焊接的世界发展史

焊接是一门古老的加工技术，已有上千年的历史。公元前3000多年埃及出现了锻焊技术。早在春秋战国时期，我们的祖先已经开始以黄泥作助熔剂，用加热锻打的方法把两块金属连接在一起。据有关资料介绍，出土的秦始皇兵马俑铜马车就是由许多金属拼焊成的。到公元7世纪唐朝时期，已经有应用锡钎焊和银钎焊的方法制作的器物。但用于现代工业生产的焊接方法，是19世纪末和20世纪初现代科学技术发展的产物。那我们一起看看近代焊接技术发展的大事记。

1801年迪威发现了电弧放电现象，这是近代焊接技术的起点。19世纪中叶人们提出了利用电弧熔化金属并进行材料连接的想法，许多年后真正出现了达到实用程度的电弧焊接方法。

最初可以称作电弧焊的是1885年俄国人发明的炭弧焊，该方法以炭电极作为阳极产生电弧，被用在铁管及容器的制造及蒸汽机车的修理中。俄国人在1891年提出以金属电极取代炭电极的金属极焊接方法，焊接区的质量用现在的知识判断是不合格的。

瑞典人在1907年完善了厚涂层焊条，确立了焊条电弧焊技术的基础。

1930年开发了埋弧焊，成为现在自动焊的原型。

1930年以后以美国为主，把钨极与氦气组合，进行了气体保护钨电极电弧焊接的研究，该方法的最初适用对象是镁及不锈钢薄板。铝合金由于表面氧化膜的存在，焊接困难。

1945年左右人们知道了电弧放电的阴极具有去除氧化膜的作用，随后出现了以铝合金为对象的交流钨极惰性气体焊接方法和在氩气保护气氛中采用铝焊丝的直流金属极焊接方法。

1947年苏联人沃罗舍维奇发明了电渣焊。

1953年苏联人柳波夫斯基、日本人关口等人发明了CO_2气体保护电弧焊。

1957年美国发明等离子弧焊。

1960年美国人Maiman发现了激光，目前激光已被广泛应用在焊接领域。

1988年焊接机器人开始在汽车生产线中大量应用。

以上是熔焊的发展史。与熔焊同时发展的还有压焊的方法。

1887年美国人发明了电阻焊，此后逐渐完善为电阻点焊、缝焊和对焊。

1943年美国人Behl发明了超声波焊。

1944年英国人Carl发明了爆炸焊。

1953年美国人Hunt发明了冷压焊。

1956年苏联人楚迪克夫发明了摩擦焊。

1991年英国焊接研究所发明了搅拌摩擦焊，成功地焊接了铝合金平板。

目前熔焊和压焊成为工业中广泛应用的两种主要焊接方法。

三、焊接方法分类

按金属在焊接过程中所处的状态不同，焊接方法分为熔焊、压焊和钎焊 3 大类。每大类又按不同的方法细分为若干小类，如图 0-2 所示。

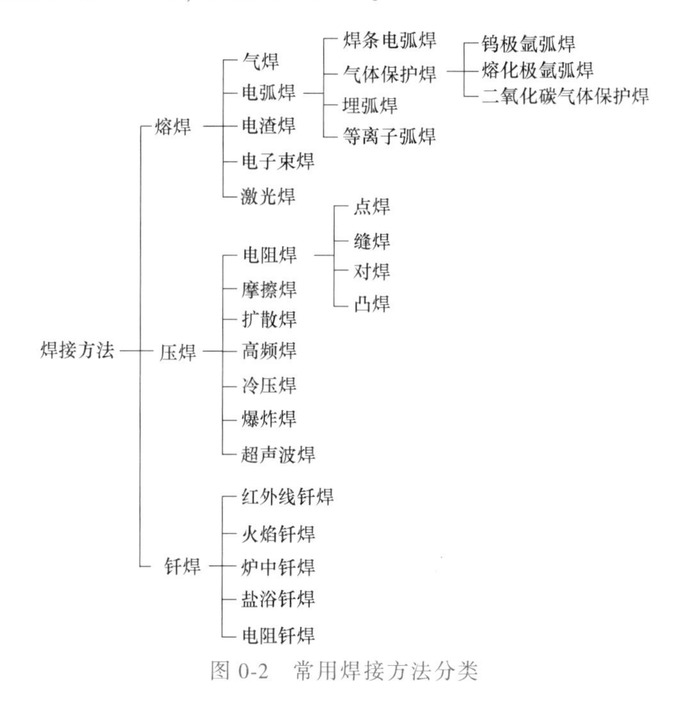

图 0-2 常用焊接方法分类

1. 熔焊

将待焊处的母材金属熔化以形成焊缝的焊接方法称为熔焊。熔焊是金属焊接中最主要的一种方法，常用的熔焊方法有焊条电弧焊、埋弧焊、气焊、电渣焊、气体保护焊等。

2. 压焊

焊接过程中，必须对焊件施加压力（加热或不加热），以完成焊接的方法称为压焊。压焊有两种方式，一种是对被焊材料加热，然后加压，如电阻焊、摩擦焊、锻焊等；另一种是不进行加热，仅在被焊金属的接触面上施加足够的压力，如冷压焊、爆炸焊等。

3. 钎焊

钎焊是采用比母材熔点低的金属材料做钎料，将焊件和钎料加热到高于钎料熔点，但低于母材熔点的温度，利用液态钎料润湿母材，填充接头间隙，并与母材相互扩散从而实现连接焊件的方法。如电阻钎焊、火焰钎焊等。

四、焊接方法的发展现状和未来发展趋势

现代焊接技术从 1885 年出现炭弧焊开始，直到 20 世纪 40 年代才形成完整的焊接工艺方法体系。特别是 20 世纪 40 年代初期出现了优质焊条后，焊接技术得到一次飞跃性发展。目前，世界上已有 50 余种焊接工艺方法应用于生产中。随着科学技术尤其是计算机技术的应用与推广，焊接技术特别是焊接自动化技术进入了一个崭新的阶段。焊接方法的发展主要

表现在以下方面。

1. 新焊接热源的应用

每出现一种新热源，不仅极大地推动了焊接工艺的发展，也预示着一批新的焊接方法的出现。从20世纪开始，几乎每隔10年就出现一种新的焊接能源，目前已发展到几十种。除了以电弧为热源的各种常规焊接方法外，以电阻热为能源的电阻焊和电渣焊等在生产中也得到广泛的应用。另外，以高速运动的电子束为能源的电子束焊，以激光为能源的激光焊，以等离子弧为能源的等离子弧焊等高能量密度的焊接方法，也越来越多地应用于各个生产领域。

今后焊接热源的发展将从改善现有热源和开发新的更有效的热源两方面着手。改善现有热源，主要体现在提高热效率方面。如逆变式弧焊电源的发展，不仅减少了电能消耗，而且大大减少了焊机的体积和质量。同样容量的焊机，体积可降至几分之一，质量可降至几十分之一。新的更好更有效的焊接热源的研发一直在进行，如采用两种焊接热源的叠加，以获得更强的能量密度（等离子束加激光、电弧中加激光）等。进行太阳能焊接实验也是为了寻求新的焊接热源。

2. 焊接方法应用范围的扩大

随着新热源的开发与焊接质量的提高，许多产品大量采用了焊接结构，如大型的压力容器，超音速飞机，水力、火力发电设备等。焊接技术还应用于电子元件、火箭、宇宙飞船等尖端精密产品的制造中。

用于焊接结构的材料品种也有了极大的发展。如可焊接高强度钢、超高强度钢、耐蚀钢、耐热钢、各种有色金属及其合金、难熔金属和活泼金属、异种金属、复合材料、功能材料等。

3. 焊接生产的机械化与自动化

焊接技术的广泛应用，对焊接质量和生产率的要求日益提高，促进了焊接生产的机械化与自动化。国外焊接过程机械化、自动化已达到很高的程度，而我国手工焊所占比例仍然很大。

第一章　焊条电弧焊

焊条电弧焊是指用手工操纵焊条进行焊接的一种电弧焊方法，英文缩写为SMAW。焊条电弧焊是最常用的熔焊方法之一。虽然半自动焊、自动焊在一些领域得到了广泛的应用，但由于焊条电弧焊具有操作灵活、适用性强等特点，目前在造船、锅炉及压力容器、机械制造、能源化工等领域依然得到广泛应用。

第一节　焊条电弧焊概述

学习目标

能正确描述焊条电弧焊的原理、特点及应用。

一、焊条电弧焊的工作原理

焊条电弧焊焊接回路由交流或直流焊接电源、焊接电缆、地线夹、焊件、焊条、焊钳等组成，如图1-1所示。焊接电源是提供电能的装置，电弧是负载，焊接电缆用于连接焊接电源、焊钳和焊件。

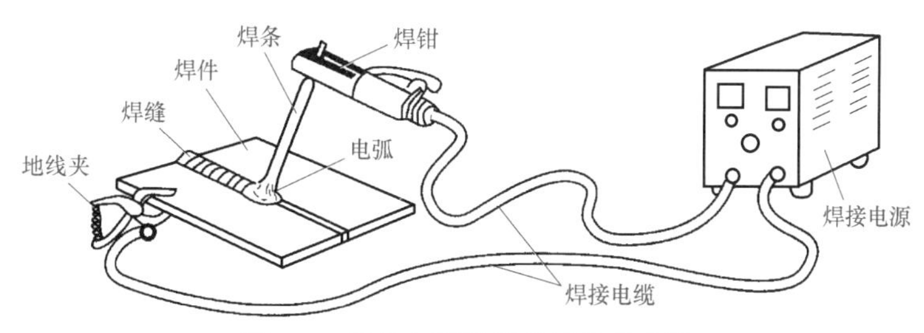

图1-1　焊条电弧焊焊接回路示意图

焊接时，焊条末端和焊件之间燃烧的电弧所产生的高温使焊条的药皮、焊芯和焊件熔化，熔化的焊芯端部迅速形成细小的金属熔滴，并通过电弧空间过渡到局部熔化的焊件表面，一起熔合形成熔池。药皮熔化过程中产生的气体和熔渣，不仅使熔池和电弧周围的空气隔绝，而且和熔化了的焊芯、母材发生一系列冶金反应，保证所形成焊缝的成分和性能。随着电弧以适当的弧长和速度在焊件上不断移动，熔池后部边缘的液体金属逐步冷却结晶。液体金属以母材坡口处未完全熔化的晶粒为核心生长出焊缝金属的枝状

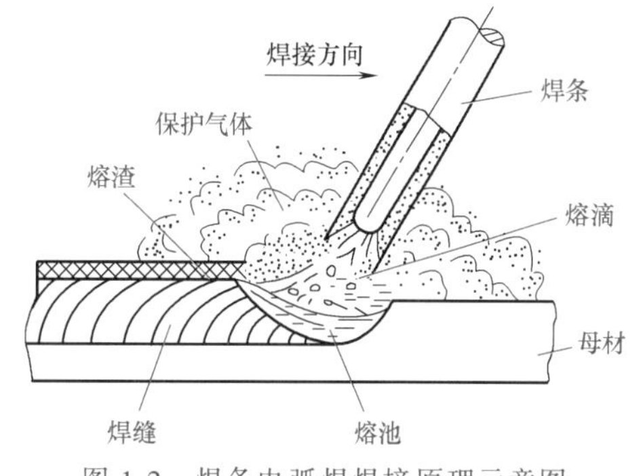

图1-2　焊条电弧焊焊接原理示意图

晶并向焊缝中心部位发展，直至彼此相遇而最后凝固，最终形成一条连续的焊缝，如图 1-2 所示。

二、焊条电弧焊的工艺特点

1. 焊条电弧焊的优点

(1) 操作灵活，适应性强 焊条电弧焊的电缆长，焊把轻，因此任何场地、任何空间位置，只要焊条能够达到的地方，都可以进行焊接。

(2) 焊接质量好 与气焊和埋弧焊相比，焊条电弧焊的焊缝金相组织细，热影响区小，接头性能好。

(3) 待焊接头装配要求低 由于是手工操作，焊接过程易于控制和调节，对待焊件的装配要求降低。

(4) 设备简单 焊条电弧焊可以使用交流或直流焊机进行焊接，焊机结构简单，移动、维护方便，价格便宜，可非常方便地应用于野外施工。

2. 焊条电弧焊的缺点

(1) 焊工操作技术要求高 焊条电弧焊的质量除与焊条、焊机和工艺参数有关外，还要靠焊工的操作技术和生产经验来保证。在完全相同的工艺设备条件下，技术水平不同的操作者可获得完全不同的结果。

(2) 劳动条件差 操作时焊工一直手脑并用，精神处于高度集中状态，还要受到高温烘烤，在有毒的烟尘及金属蒸汽、氧化物蒸汽环境中工作，比较容易受到伤害，须加强劳动保护。

(3) 生产率低 焊条表面包覆有药皮，焊芯不可能太粗；焊接电流受到限制，电流密度较低；焊接时还需频繁更换焊条和敲渣，同时受焊工体质的影响，因此，焊条电弧焊的生产率低。

三、焊条电弧焊的应用范围

1. 金属材料范围

焊条电弧焊适用于低碳钢、低合金钢、不锈钢、铜及铜合金等金属材料的焊接，铸铁补焊，以及在普通碳钢上堆焊具有耐磨、耐蚀等特殊性能的材料。

对于活泼金属（如钛、铌、锆）和难熔金属（如钽、钼），由于机械保护效果不够好，焊接质量达不到要求，不能采用焊条电弧焊焊接。对于低熔点金属（如铅、锡、锌及其合金），由于电弧温度太高，也不能用焊条电弧焊焊接。

2. 焊件厚度范围

由于 1mm 以下的薄板易引起烧穿，所以不宜采用焊条电弧焊。同时，焊件厚度越大，填充金属量越大，焊接生产率越低。所以焊条电弧焊一般多用于焊接厚度为 1.5~40mm 的焊件。

3. 产品结构范围

焊条电弧焊主要用于焊接单件或小批量、短的或不规则的产品，适合焊接各种空间位置以及不易实现机械化焊接的焊缝。

习　　题

一、填空题

1. 焊条电弧焊焊接回路由＿＿＿＿＿、＿＿＿＿＿、＿＿＿＿＿、＿＿＿＿＿、＿＿＿＿＿、＿＿＿＿＿、＿＿＿＿＿等组成。

2. 焊条电弧焊可以进行＿＿＿＿＿、＿＿＿＿＿、＿＿＿＿＿、＿＿＿＿＿等各种位置的焊接。

二、单选题

1. 在焊接过程中，焊条药皮熔化分解生成气体和熔渣，在（　　）下有效排除了周围空气的有害影响。

A. 气、渣联合保护　　B. 熔渣保护

C. 气体保护　　D. 二氧化碳气体保护

2. 焊条电弧焊在焊接生产中（　　），但它灵活性好，适应性强。

A. 生产率高　　B. 生产率低　　C. 生产率一般　　D. 生产率很高

3. 焊条电弧焊时，操作者的（　　）直接影响焊接质量的好坏。

A. 姿势　　B. 技术水平　　C. 操作习惯　　D. 工作时间

4. 焊条电弧焊可焊的焊件厚度范围一般为（　　）。

A. 1.5~40mm　　B. 1mm 以下　　C. 20~40mm　　D. 40mm 以上

三、判断题

1. 由于1mm 以下的薄板易引起烧穿，所以不宜采用焊条电弧焊。（　　）

2. 焊条电弧焊适用于低碳钢、低合金钢、不锈钢、铜及铜合金等金属材料的焊接。（　　）

四、简答题

1. 简述焊条电弧焊的基本原理。

2. 简述焊条电弧焊的主要特点。

第二节　焊条电弧焊的焊接材料选用

学习目标

能够选择和使用非合金钢焊条、高强钢焊条和不锈钢焊条。

焊条电弧焊的焊接材料是焊条。采用焊条电弧焊焊接时，焊条既作为电极传导电流以产生电弧，为焊接提供所需热量，又在熔化后作为填充金属过渡到熔池，与熔化的焊件金属熔合，凝固后形成焊缝。

一、焊条的分类

1. 按焊条的用途分类

根据有关国家标准，焊条可分为非合金钢及细晶粒钢焊条、热强钢焊条、高强钢焊条、不锈钢焊条、堆焊焊条、铸铁焊条、铜及铜合金焊条、铝及铝合金焊条、镍及镍合金焊条等，见表1-1。

表1-1 焊条分类

类型	代号	类型	代号
非合金钢及细晶粒钢焊条	E	堆焊焊条	ED
热强钢焊条、高强钢焊条	E	铜及铜合金焊条	E
不锈钢焊条	E	铸铁焊条	EZ
铝及铝合金焊条	E	镍及镍合金焊条	ENi

2. 根据药皮的熔渣特性分类

尽管药皮有多种类型，但根据药皮熔化后的熔渣特性，焊条分成酸性焊条和碱性焊条两类。

(1) 酸性焊条 采用酸性焊条焊接时，形成的熔渣主要成分是酸性氧化物 SiO_2、TiO_2 等。在焊接过程中容易放出含氧物质，使合金元素氧化，不能有效地清除熔池中的硫、磷等杂质。因此，焊缝金属产生偏析的可能性较大，产生热裂纹的倾向较高，焊缝金属的冲击韧度较低。但酸性焊条价格较低、焊接工艺性好、容易引弧、电弧稳定、飞溅小、对弧长不敏感、对油污、铁锈不敏感、焊前准备要求低、焊缝成形好等。因此，酸性焊条广泛用于一般的焊接结构。钛型焊条、钛钙型焊条、钛铁矿型焊条和氧化铁型焊条均属酸性焊条。

(2) 碱性焊条 碱性焊条药皮的主要成分是大理石、萤石和铁合金。焊缝金属中合金元素较多，硫、磷等杂质较少。因此焊缝的力学性能，特别是冲击韧度较好。故这类焊条主要用于焊接重要的焊接结构。但碱性焊条价格稍贵、焊接工艺性较差、引弧困难、电弧稳定性差、飞溅大、必须采用短弧焊、焊缝外形稍差、鱼鳞纹较粗等。此外，这类焊条对油、水、铁锈等很敏感。如果焊前焊接区没有清理干净，或焊条未完全烘干，在焊接时就会产生气孔。碱性焊条不加稳弧剂时只能采用直流电源焊接。低氢钠型和低氢钾型焊条属于碱性焊条。

为了更好地掌握酸性焊条与碱性焊条的特点，将这两类焊条的特性对比列于表1-2。

表1-2 酸性焊条与碱性焊条的对比

酸性焊条	碱性焊条
对水、铁锈的敏感性不大，焊条在使用前经150～200℃烘焙1h	对水、铁锈的敏感性较大，要求焊条在使用前经300～350℃烘焙1～2h
电弧稳定，可用交流或直流电源施焊	只有当药皮中加入稳弧剂后，才可交直流两用施焊
焊接电流大	焊接电流较同规格的酸性焊条约小10%左右
可长弧操作	须短弧焊接
合金元素过渡效果差	合金元素过渡效果好
熔深较浅，焊缝成形好	熔深稍深，焊缝成形尚好，容易堆高
熔渣呈玻璃状，脱渣较方便	熔渣呈结晶状，脱渣不及酸性焊条好
焊缝的常、低温冲击韧性一般	焊缝的常、低温冲击韧性较好
焊缝的抗裂性能较差	焊缝的抗裂性能好
焊接时烟尘较少	焊接时烟尘稍多

二、焊条的选用

1. 非合金钢（碳钢）焊条的选用

(1) 等强度原则　非合金钢焊条（旧称碳钢焊条）和某些低合金钢焊条的选择，一般遵循母材的抗拉强度等级与焊条的抗拉强度等级相同的原则。例如：焊接 Q235 钢时，母材的抗拉强度为 400MPa，应选用 E43 系列焊条；焊接 16Mn 钢（Q355 钢），母材的抗拉强度在 500MPa 范围内，选用 50 系列焊条。

对于强度等级较低的钢材，基本上遵循等强度原则。当焊接结构刚性大、受力情况复杂时，应考虑焊缝的塑性，可选用抗拉强度比母材低一级的焊条。

(2) 酸性焊条和碱性焊条的选用　在焊条抗拉强度等级确定后，决定选用酸性焊条或碱性焊条时，应考虑以下几方面的因素：

1) 对于焊缝性能要求高的重要结构，厚度大、刚性大、施焊环境温度低、承受动载或冲击载荷的工件，应选用碱性焊条。

2) 当接头坡口表面难以清理干净时，应选用酸性焊条。

3) 在容器内部或通风条件较差的条件下，宜选用酸性焊条。

4) 在酸性焊条和碱性焊条均能满足性能要求的前提下，尽量选用酸性焊条。

(3) 焊接位置　焊接部位为空间任意位置时，应选用适于全位置焊接的焊条；焊接部位始终是向下立焊、管道焊接、底层焊接、盖面焊时，可选用相应的专用焊条。

非合金钢焊条选用见表 1-3。

表 1-3　非合金钢焊条选用

型号	牌号	药皮类型	电源种类	主要用途	焊接位置
E4340	J420G	特殊型	交流或直流	焊接一般低碳钢结构，特别适合火力发电站碳钢管道的全位置焊接	平、立、仰、横
E4303	J422	钛钙型	交流或直流	焊接较重要的低碳钢结构和同等强度的普通低碳钢结构	平、立、仰、横
E4314	J422Fe	铁粉+金红石型	交流或直流	焊接较重要低碳钢结构的高效率焊条	平、立、仰、横
E4319	J423	钛铁矿型	交流或直流	焊接较重要的低碳钢结构	平、立、仰、横
E4320	J424	氧化铁型	交流或直流正接	焊接较重要的低碳钢结构	平、平角焊
E4316	J426	低氢钾型	交流或直流反接	焊接重要的低碳钢结构及某些低合金钢结构	平、立、仰、横
E4315	J427	低氢钠型	直流反接	焊接重要的低碳钢结构及某些低合金钢结构	平、立、仰、横
E5024	J501Fe15	铁粉+金红石型	交流或直流	焊接某些低合金钢结构的高效率焊条	平、平角焊
E5003	J502	钛钙型	交流或直流	焊接相同强度等级低合金钢一般结构	平、立、仰、横
E5011	J505	高纤维素钾型	交流或直流反接	用于碳钢及低合金钢立向下焊底层焊接	平、立、仰、横
E5016	J506	低氢钾型	交流或直流反接	焊接中碳钢及重要低合金钢结构如 Q355 等	平、立、仰、横
E5015	J507	低氢钠型	直流反接	焊接中碳钢及重要低合金钢（如 Q355）结构	平、立、仰、横
E5048	—	铁粉低氢型	交流或直流反接	具有良好的立向下焊接性能	向下立焊

2. 高强钢焊条的选用

选用高强钢（低合金高强度钢）焊条，首先要遵循的也是等强度原则。低合金钢品种很多，强度等级范围很广，从490MPa到980MPa，因此选用焊条时要选用与母材相同强度等级的焊条。选用高强钢焊条时，还应遵循等化学成分原则，因成分不同，性能上会有很大差异。其他方面的选用原则与非合金钢焊条相似，如根据焊接位置、工艺性能等方面选用相应的焊条。

高强钢焊条的主要用途见表1-4。

表1-4 高强钢焊条的主要用途

型号	牌 号	主要用途
E5015-G	J507MoNb	用于抗硫化氢，抗氢、氮、氨介质腐蚀用钢的焊接，如12SiMoVN、15MoV等
E5015-G	J507MoW	用于抗高温氢、氮、氨介质腐蚀，如10MoWVNb的焊接
E5015-G	J507NiCu、J507CrNi J507NiCuP、J507CuP	用于耐大气、耐海水腐蚀及其他耐候钢种的焊接
E5015-G	J50FeNi	用于中碳钢及低温压力容器的焊接
E5515-G	J557、J557Mo、J557MoV	焊接中碳钢及相应强度的低合金钢，如15MnTi、15MnV等
E5516-G	J556RH	用于海洋平台、船舶、压力容器等低合金钢的焊接
E6215-G	J607Ni	用于相应强度等级，并有再热裂纹倾向钢的焊接
E6215-G	J607RH	用于压力容器、桥梁及海洋工程重要结构的焊接
E6915-4M2	J707	焊接15MnMoV、14MnMoVB、18MnMoNb等低合金钢
E8315-G	J857	焊接相应强度的低合金钢

3. 不锈钢焊条的选用

选用不锈钢焊条时，主要应遵守与母材等成分原则，否则性能上会有很大差异，不能满足不锈钢的使用性能。具体选用焊条时可参考表1-5。

表1-5 不锈钢焊条型号与牌号对照及其主要用途

型号	牌号	主要用途及性能
E410-16 E410-15	G202 G207	焊接接头属空气淬硬材料，因此焊接时需进行预热和后热处理，通常焊接06Cr13、12Cr13型不锈钢，或在碳钢的表面堆焊
E430-16 E430-15	G302 G307	熔敷金属中含铬量较高，具有优良的耐蚀性，在热处理后可获得足够的塑性，通常用于焊接耐蚀、耐热的Cr17型不锈钢
E308L-16 E308L-15	A002 A002A	熔敷金属中含碳量低，在不含铌、钛等稳定性元素时，也能抵抗因碳化物析出而产生的晶间腐蚀，通常用于焊接耐蚀、耐热的022Cr19Ni10、07Cr19Ni11Ti等不锈钢结构
E308-16 E308-15	A102 A107	通常用于焊接工作温度低于300℃的相同类型的不锈钢结构，堆焊不锈钢表面层，也可焊接高铬钢，如焊接06Cr19Ni10、07Cr19Ni11Ti
E309-16 E309-15	A302 A307	通常用于焊接相同类型的不锈钢、不锈钢衬里、异种钢、复合板等
E310-16 E310-15	A302 A307	通常用于焊接高温下工作的相同类型的不锈钢，如06Cr25Ni20不锈钢，也可以焊接12Cr5Mo、12Cr9Mo、06Cr13等
E347-16 E347-15	A132 A137	通常用于焊接奥氏体不锈钢，如06Cr19Ni10、06Cr18Ni11Ti、07Cr19Ni11Ti
E316-16 E316-15	A202 A207	由于钼提高了焊缝金属的抗蠕变能力，因此可以用于焊接在较高温度下使用的不锈钢，如06Cr17Ni12Mo2不锈钢及相似的合金

（续）

型号	牌号	主要用途及性能
E316L-16	A022	由于含碳量低，因此在不含铌、钛等稳定性元素时，也能抵抗因碳化物析出而产生的晶间腐蚀，可焊接尿素及合成纤维设备，也可焊接铬不锈钢、异种钢
E318-16	A212	由于加入铌，提高了焊缝金属的抗晶间腐蚀能力，通常用于焊接 06Cr17Ni12Mo2、022Cr17Ni14Mo2 钢的重要设备，如尿素、维尼纶设备中接触强腐蚀介质的部件
E318V-16 E318V-15	A232 A237	由于增加了钒含量，提高了焊缝金属的热强性和抗腐蚀能力，用于焊接同类型不锈钢或焊接普通耐蚀的 06Cr19Ni10、06Cr17Ni12Mo2 等不锈钢

三、焊条的使用

为了保证焊缝的质量，在使用焊条前须对其进行外观检查及烘干处理。

1. 焊条的外观检查

对焊条进行外观检查是为了避免由于使用了不合格的焊条，而造成焊缝质量的不合格。外观检查包括是否偏心、焊芯是否存在锈蚀、药皮是否有裂纹和脱落。

（1）焊条偏心度　焊条偏心度是指药皮沿焊芯直径方向的偏离程度，如图 1-3 所示。其计算公式为

$$焊条偏心度=\frac{2(T_1-T_2)}{(T_1+T_2)}\times100\%$$

式中　T_1——焊条断面药皮层最大厚度+焊芯直径；

T_2——焊条同一断面药皮层最小厚度+焊芯直径。

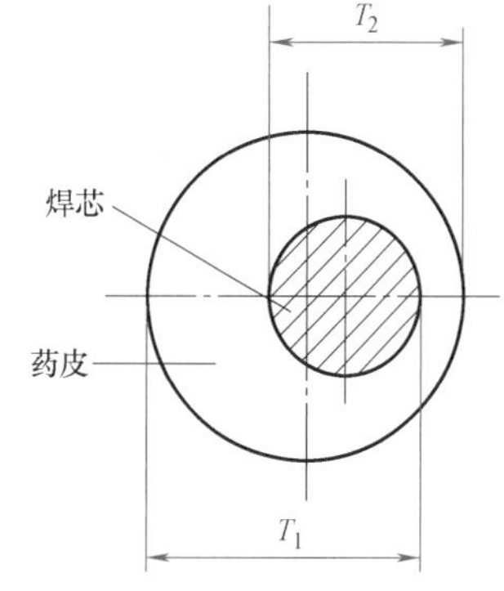

图 1-3　焊条偏心示意图

根据国家标准的规定，对于冷拔焊芯的非合金钢、低合金钢和不锈钢焊条，偏心度合格标准是：直径≤2.5 mm 的焊条，偏心度应≤7%；直径为 3.2mm 和 4.0mm 的焊条，偏心度应≤5%；直径≥5.0mm 的焊条，偏心度≤4%。焊条偏心度采用专门的仪器来检测。

（2）锈蚀　锈蚀是指焊芯是否有锈蚀的现象。一般来说，若焊芯仅有轻微的锈蚀，基本上不影响性能。但是焊接质量要求高时，就不宜使用。若焊条锈迹严重就不宜使用，至少也应降级使用或只能用于一般结构件的焊接。

（3）药皮裂纹及脱落　药皮在焊接过程中起着很重要的作用，如果药皮出现裂纹甚至脱落，将直接影响焊缝质量。因此，对于药皮脱落的焊条，不应使用。

2. 焊条的烘干

（1）烘干目的　受潮的焊条在使用中是很不利的，不仅会使焊接工艺性能变差，而且也会影响焊接质量，容易产生氢致裂纹、气孔等缺陷，造成电弧不稳定、飞溅增多、烟尘增大等。因此，焊条在使用前必须烘干，特别是碱性焊条。

（2）烘干温度　通常情况下，非合金钢焊条的烘干温度和时间见表 1-6。酸性焊条药皮中一般均有含结晶水的物质和有机物，因此烘干温度不能太高。酸性焊条一般可不烘干，但在焊接重要结构时应烘干（75~150℃，保温 1~2h）。由于碱性焊条在空气中极易吸潮，而且在药皮中没有有机物，在烘干时需去掉药皮中矿物质中的结晶水。因此低氢焊条在施焊前必须烘干，烘干温度较高，一般需 350~400℃，保温 1~2h。

表 1-6 非合金钢焊条的烘干温度和时间

非合金钢焊条名称	烘干温度/℃	保温时间/h
酸性焊条	75~150	1~2
碱性焊条	350~400	1~2

（3）烘干方法及要求 焊条应放在正规的远红外烘干箱内进行烘干，不能在炉子上烘烤，也不能用气焊火焰直接烧烤。

烘干焊条时，应缓慢加热、保温、缓慢冷却。经烘干的碱性焊条最好放入另一个温度控制在 80~100℃的低温烘箱内存放，随用随取。

烘干焊条时，焊条不应成垛或成捆地堆放，应铺成层状，ϕ4mm 焊条不超过 3 层，ϕ3.2mm 焊条不超过 5 层。否则，焊条叠起太厚造成温度不均匀，局部过热而使药皮脱落，而且也不利于潮气排除。

焊接重要产品时，每个焊工应配备一个焊条保温筒。施焊时，将烘干的焊条放入保温筒内。筒内温度保持在 50~60℃，还可放入一些硅胶，以免焊条再次受潮。

焊条烘干一般可重复两次。焊条取出后放在焊条保温筒内。低氢焊条一般在常温下超过 4h 时应重新烘干。重复次数不宜超过 3 次。

3. 焊条的保管

1）焊条必须分类、分型号、分规格存放，避免混淆。

2）焊条必须存放在通风良好、干燥的库房内。重要焊接结构使用的焊条，特别是低氢型焊条，最好储存在专用的库房内。库房要保持一定的温度和湿度，室内温度为 10~25℃，相对湿度不超过 60%。

3）焊条必须放在距地面和墙壁的距离均在 0.3m 以上的木架上，以防受潮变质。

4）对于已受潮、药皮变色和焊芯有锈迹的焊条，须经烘干后进行质量评定。若各项性能指标都满足要求时，方可入库，否则不准入库。

5）存放期超过一年的焊条，发放前应重新做各种性能试验，符合要求时方可发放，否则不准发放。

习 题

一、填空题

1. 按焊条的用途分类，焊条可分为________、________、________、________、________、________、________、________等。

2. 按熔渣的特性分类，焊条可分为________和________两类。

二、单选题

1. 主要用于强度等级较低的低碳钢和低合金钢焊接的是（　　）。

A. 非合金钢焊条　B. 不锈钢焊条　C. 低合金钢焊条　D. 堆焊焊条

2. 有关焊条的烘干，下列说法正确的是（　　）。

A. 材料的烘干温度可以由焊接技术人员依据实际情况进行调整

B. 不同烘干温度的焊条可以同炉烘焙

C. 焊条烘干时，在烘干箱内可随意放置

D. 焊条烘干的目的主要是为了去除焊条中的水分

3. 根据国家标准的规定，直径不大于 2.5mm 的焊条，其偏心度不应大于（　　）。

A. 4%　　B. 5%　　C. 7%　　D. 9%

4. 焊条库房要保持一定的湿度和温度，建议温度为（　　），相对湿度在 60%以下。

A. 0~5℃　　B. 5~10℃　　C. 10~25℃　　D. 30~50℃

5. 有关焊条的发放，下列说法不正确的是（　　）。

A. 焊条应严格按照生产计划提出的材料规格与数量发放

B. 焊条退回库中时，必须在确认焊条的型号、规格后方可收回

C. 焊条的发放手续应严格执行，必须按产品工艺规定的型号、规格、数量发放

D. 剩余焊条需退回库中时，只需交给仓库即可

三、判断题

1. 焊条牌号 A302 对应的焊条型号是 E308-16。（　　）
2. 为了防止焊条受潮，尽量做到现用现拆包装。（　　）
3. 焊剂、焊条受潮都容易产生气孔。（　　）
4. 所有焊条在使用前都必须烘干。（　　）
5. 焊条烘干主要是为了防止气孔出现，而不是为了防止裂纹出现。（　　）

四、简答题

1. 简述非合金钢焊条的选择原则。
2. 试分析酸性焊条和碱性焊条的特点。

第三节　焊条电弧焊的焊件准备

学习目标

1）熟知焊接接头种类。
2）熟知坡口形式及选择原则。
3）熟知坡口清理和制备的方法。
4）能够识别焊缝符号和焊接方法代号。
5）掌握板、管和管板的组对及定位焊方法。

一、焊接接头的选择

焊接接头是指用焊接方法连接的接头。它是焊接结构最基本的要素。根据接头的结构形式不同，焊接接头可分为对接接头、T 形接头、角接接头和搭接接头，如图 1-4 所示。

（1）对接接头　对接接头是指两焊件表面构成大于或等于 135°、小于或等于 180°夹角的接头。因其受力状况好，应力集中较小。因此，从受力的角度看是比较理想的接头形式。常见的对接接头形式如图 1-5 所示。

（2）T 形接头　将一个焊件的端面与另一焊件的表面构成直角或近似直角，用角焊缝连接起来的接头，称为 T 形（十字）接头。这类接头能承受各种方向的外力和力矩的作用。

常见的 T 形接头形式如图 1-6 所示。

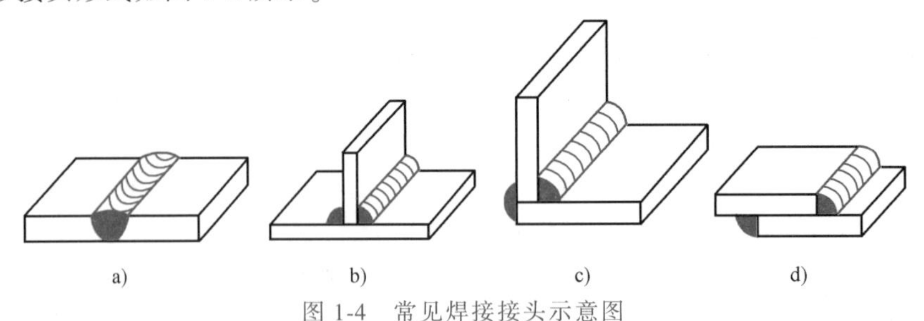

图 1-4 常见焊接接头示意图

a）对接接头 b）T 形接头 c）角接接头 d）搭接接头

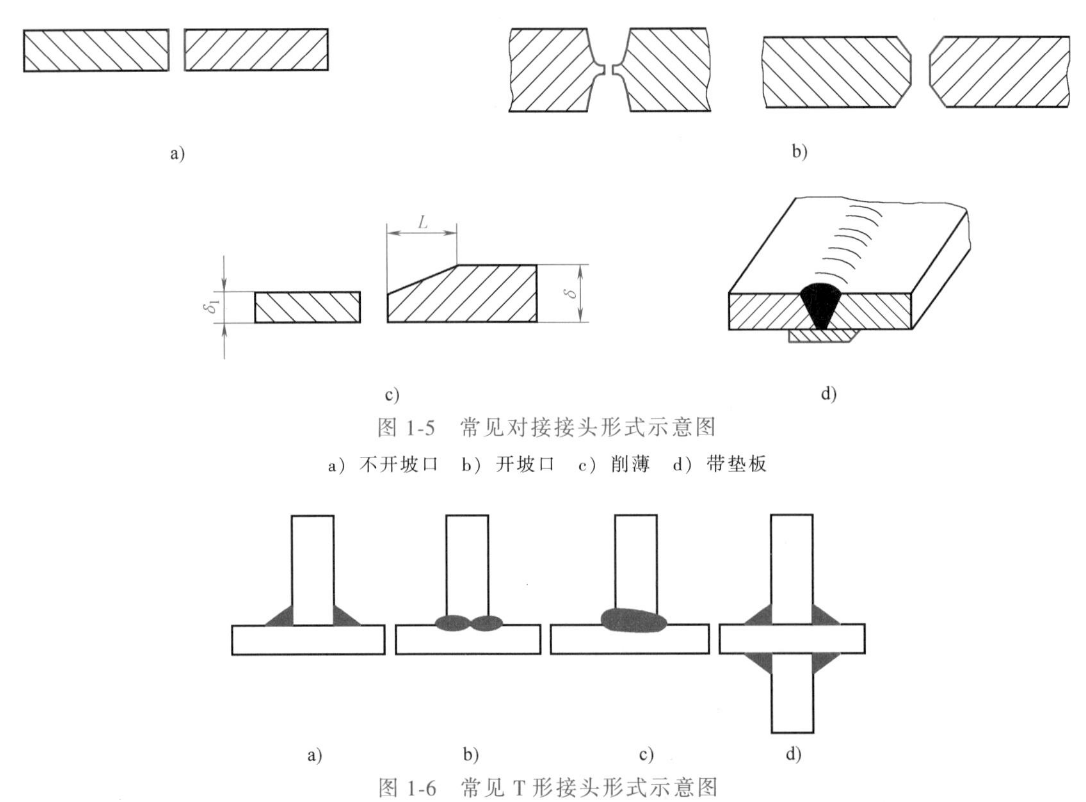

图 1-5 常见对接接头形式示意图

a）不开坡口 b）开坡口 c）削薄 d）带垫板

图 1-6 常见 T 形接头形式示意图

a）单面不开坡口 b）开 K 形坡口 c）开单边 V 形坡口 d）双面不开坡口

(3) 角接接头 将两焊件端面构成大于 30°、小于 135°夹角的接头称为角接接头。角接接头多用于箱形构件，承载能力随接头形式的不同而不同。常见的角接接头形式如图 1-7 所示。

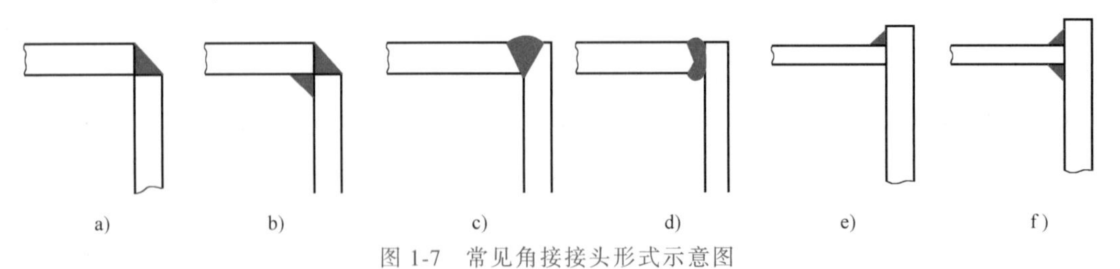

图 1-7 常见角接接头形式示意图

a）简单角接接头 b）双面角接接头 c）开 V 形坡口 d）开 K 形坡口 e）、f）易装配角接接头

(4) 搭接接头　两焊件部分重叠构成的接头为搭接接头。搭接接头的应力分布极不均匀，疲劳强度较低，不是理想的接头形式。但是，搭接接头的焊前准备和装配工作比较简单，所以在受力较小的焊接结构中仍能得到广泛的应用。承受动载荷的焊接结构不宜采用。常见的搭接接头的形式如图 1-8 所示。

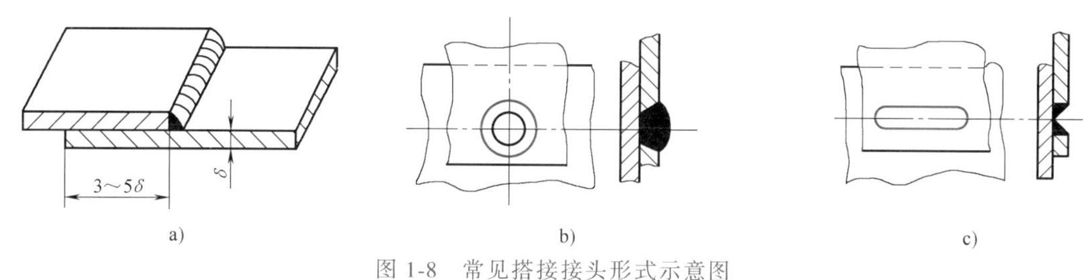

图 1-8　常见搭接接头形式示意图

a）不开坡口　b）圆孔内塞焊　c）长孔内塞焊

综上所述，对接接头受力均匀、节省金属，应用最多，但对下料尺寸和组装的要求比较严格。T 形接头很多情况下只承受较小的切应力或仅作为联系焊缝。搭接接头对装配要求不高，也易于装配，但其熔透能力差，接头承载能力低，一般用在不重要的结构中。

二、焊接坡口的选择

焊接坡口是根据设计或工艺需要，在焊件的待焊部位加工并装配成一定几何形状的沟槽。坡口分为单面坡口和双面坡口。单面坡口是指只构成单面焊缝（包括封底焊）的坡口，双面坡口是指形成双面焊缝的坡口。

1. 坡口的作用

开坡口是为保证电弧能深入到焊缝根部使其焊透，以及便于清除熔渣，从而获得较好的焊缝成形。同时，坡口能起到调节母材金属与填充金属比例的作用。

2. 坡口的尺寸及符号

(1) 坡口角度　两坡口面之间的夹角叫作坡口角度，用 α 表示，如图 1-9a 所示。坡口面是指待焊件上的坡口表面，如图 1-10 所示。

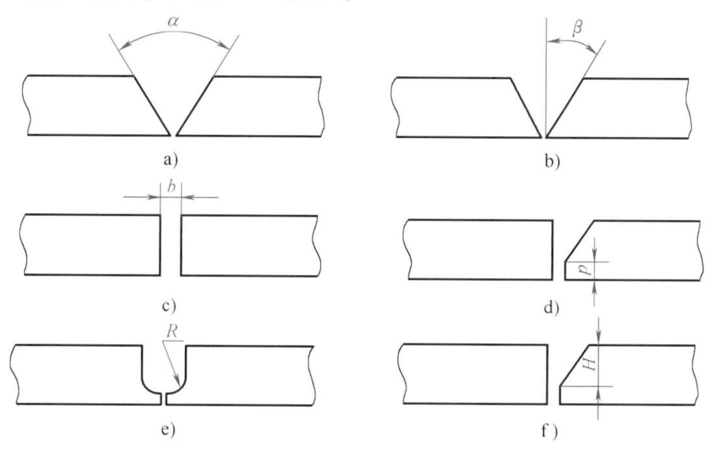

图 1-9　坡口尺寸及符号示意图

a）坡口角度　b）坡口面角度　c）根部间隙　d）钝边　e）根部半径　f）坡口深度

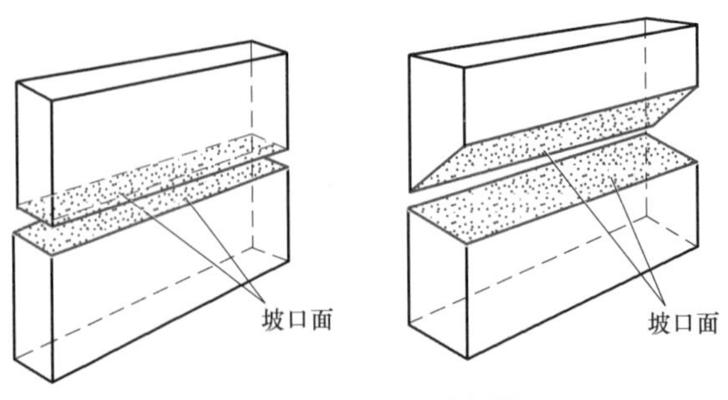

图 1-10 坡口面示意图

(2) 坡口面角度 待加工坡口的端面与坡口面之间的夹角叫作坡口面角度，用 β 表示，如图 1-9b 所示。

(3) 根部间隙 焊接前在接头根部之间预留的空隙叫作根部间隙，用 b 表示，如图1-9c 所示。

(4) 钝边 焊件开坡口时，沿焊件接头坡口根部的端面直边部分叫作钝边，用 p 表示，如图 1-9d 所示。

(5) 根部半径 在 J 形、U 形坡口底部的圆角半径叫作根部半径，用 R 表示，如图1-9e 所示。

(6) 坡口深度 焊件上开坡口部分的高度叫作坡口深度，用 H 表示，如图 1-9f 所示。

3. 坡口形式及选择

焊接接头的坡口根据形状不同分为基本型、组合型及特殊型 3 种。基本型坡口形状简单，加工容易，应用普遍。主要包括：I 形坡口、V 形坡口、U 形坡口、X 形坡口、单边 V 形坡口和 J 形坡口等，如图 1-11 所示。

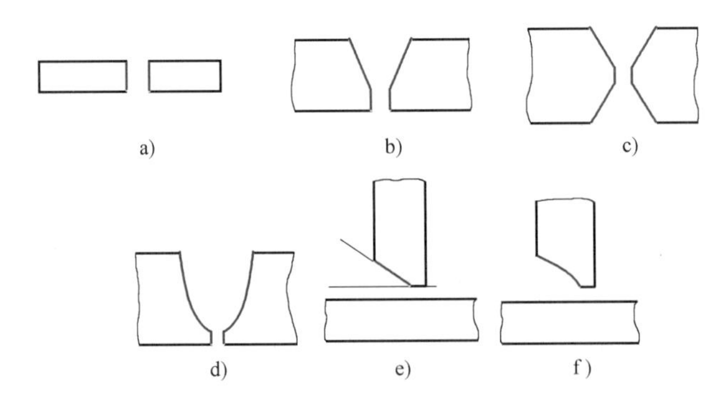

图 1-11 坡口基本形式示意图

a) I 形坡口 b) V 形坡口 c) X 形坡口 d) U 形坡口 e) 单边 V 形坡口 f) J 形坡口

对于焊条电弧焊，板厚为 1~6mm 时，采用 I 形坡口；板厚增加时可选用 V 形、X 形和 U 形等各种形式的坡口。板厚相同时，U 形坡口的焊条消耗量比 V 形坡口的焊条消耗量少，焊接变形小。随着板厚的增加，这些优点更加明显。但是 U 形坡口形状复杂，加工较困难，加工费用高，一般用于重要结构。

选择坡口形式和尺寸时，可依据 GB/T 985.1—2008《气焊、焊条电弧焊、气体保护焊和高能束焊的推荐坡口》。

4. 坡口制备

加工坡口的过程称为开坡口。坡口加工的方法有机械法和热切割法。机械法可用刨边机、坡口机、车床等加工。热切割法有气割、电弧切割、等离子弧切割、炭弧气刨等。在用气割方法开坡口时，最好采用自动或半自动气割机，以保证坡口面的光滑平整，有利于后续的焊接工序。手工气割开坡口时，应采用角向磨光机打磨的方法修正坡口面。

对于碳钢和标准抗拉强度小于540MPa的低合金钢，可采用冷加工方法或热加工方法制备坡口。对于耐热型低合金钢和高合金钢、标准抗拉强度大于540MPa的低合金钢，宜采用冷加工方法制备坡口。坡口形式和尺寸确定后，坡口的加工精度对接头的焊接质量与焊接经济性的影响很大。要确保加工精度，避免因坡口加工精度不符合要求而造成焊接缺陷。

5. 坡口的清理

焊接前，必须清除坡口表面的油污、铁锈、氧化皮、水分及其他有害杂质，以保证焊接质量。清理时，可采用机械方法或化学方法将坡口表面及两侧各20mm范围内的污物清理干净。

三、焊接位置

熔焊时，焊件接缝所处的空间位置，称为焊接位置，可用焊缝倾角和焊缝转角来表示。焊缝倾角指焊缝轴线与水平面之间的夹角；焊缝转角指焊缝中心线（焊根和盖面层中心连线）和水平参照面 Y 轴的夹角。

焊接位置有平焊、立焊、横焊和仰焊等，如图1-12所示。在平焊位置进行的焊接称为平焊，在横焊位置进行的焊接称为横焊，在立焊位置进行的焊接称为立焊，在仰焊位置进行的焊接称为仰焊。

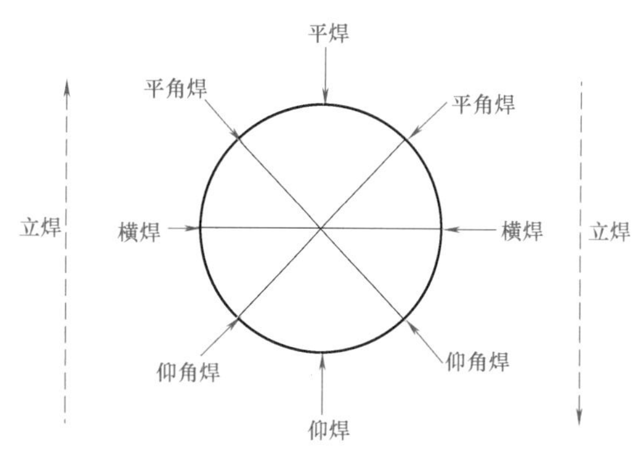

图1-12　焊接位置示意图

平焊时，熔滴可借助重力落入熔池，熔池中的气体、熔渣容易浮出表面。因此，平焊可以采用较大的电流，生产率高，焊缝成形好，焊接质量容易保证，劳动条件较好。因此，一般尽量在平焊位置施焊。当然，在其他位置施焊也能保证焊接质量，但对焊工操作技术要求较高，劳动条件较差。

水平固定管的对接，包括平焊、立焊、仰焊，类似这样的焊接位置施焊时，称为全位置焊接。

四、焊缝符号和焊接方法代号

1. 焊缝符号的组成

焊缝符号是指在焊接结构图样上，标注出焊缝形式、焊缝尺寸和焊接方法的符号。依据GB/T 324—2008《焊缝符号表示法》，完整的焊缝符号包括基本符号、指引线、补充符号、尺寸符号及数据等。

（1）基本符号　基本符号是表示焊缝横截面的基本形式或特征的符号，它采用近似于焊缝横截面形状的符号表示。基本符号包括卷边焊缝、I 形焊缝、V 形焊缝、单边 V 形焊缝、带钝边 V 形焊缝、带钝边单边 V 形焊缝、带钝边 U 形焊缝、带钝边 J 形焊缝、封底焊缝、角焊缝、塞焊缝或槽焊缝、点焊缝、缝焊缝等，常用焊缝基本符号见表 1-7。

表 1-7 常用焊缝基本符号

序号	焊缝名称	焊缝横截面形状	符 号
1	卷边焊缝(卷边完全熔化)	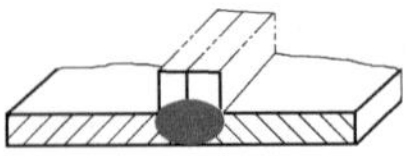	
2	I 形焊缝	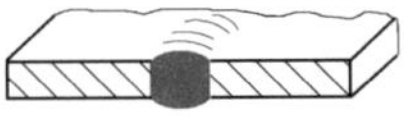	
3	V 形焊缝		
4	单边 V 形焊缝		
5	带钝边 V 形焊缝		
6	带钝边单边 V 形焊缝		
7	带钝边 U 形焊缝	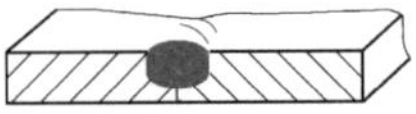	
8	带钝边 J 形焊缝	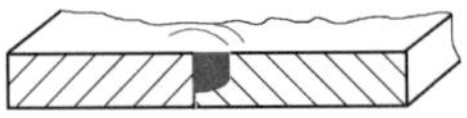	
9	封底焊缝	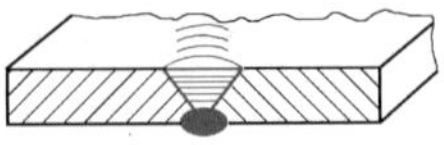	
10	角焊缝	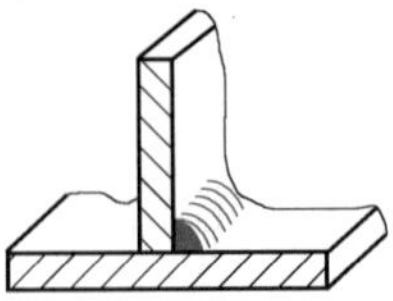	
11	塞焊缝或槽焊缝	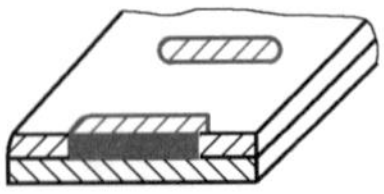	

（续）

序号	焊缝名称	焊缝横截面形状	符　　号
12	点焊缝	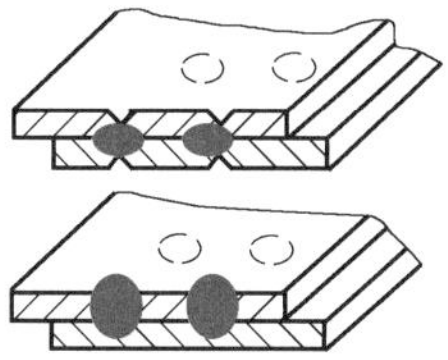	
13	缝焊缝	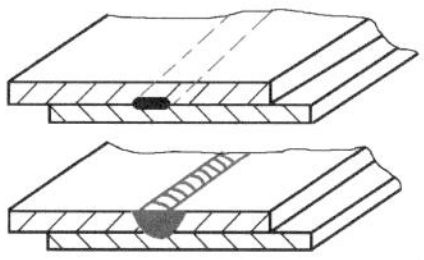	

标注双面焊焊缝或接头时，基本符号可以组合使用，见表 1-8。

表 1-8　基本符号的组合

序号	名　　称	示意图	符　　号
1	双面 V 形焊缝(X 焊缝)	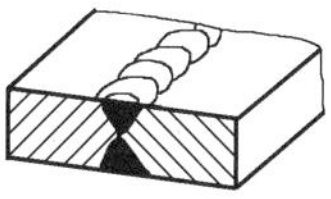	
2	双面单 V 形焊缝(K 焊缝)	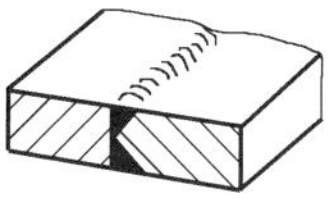	
3	带钝边的双面 V 形焊缝	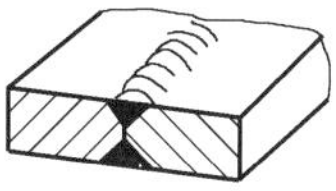	
4	带钝边的双面单 V 形焊缝	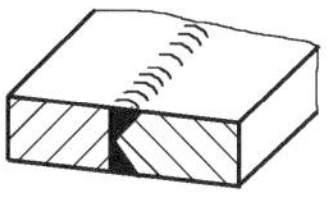	
5	双面 U 形焊缝	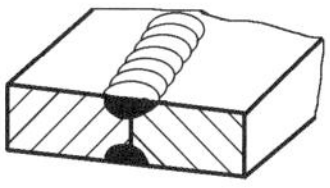	

(2) 补充符号　补充符号是为了补充说明焊缝或接头的某些特征而采用的符号，见表 1-9。

表 1-9 补充符号

序号	名称	符号	说明
1	平面		焊缝表面通常经过加工后平整
2	凹面		焊缝表面凹陷
3	凸面		焊缝表面凸起
4	圆滑过渡		焊趾处过渡圆滑
5	永久衬垫	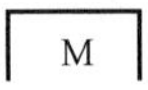 M	衬垫永久保留
6	临时衬垫	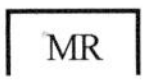 MR	衬垫在焊接完成后拆除
7	三面焊缝		三面带有焊缝
8	周围焊缝		沿着焊件周边施焊的焊缝 标注位置为基准线与箭头线的交点处
9	现场焊缝		在现场焊接的焊缝
10	尾部		可以表示所需的信息

补充符号应用示例见表 1-10。

表 1-10 补充符号应用示例

示意图	标注示例	说明
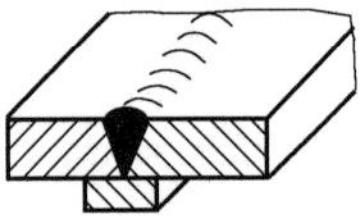	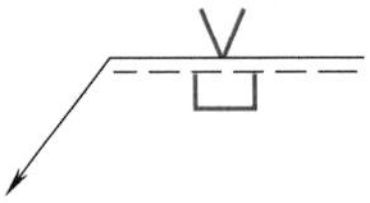	垫板
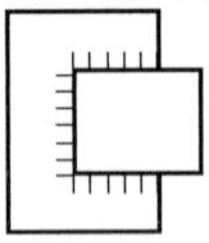	 111	焊件三面带有焊缝，焊接方法为焊条电弧焊
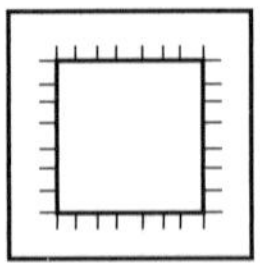	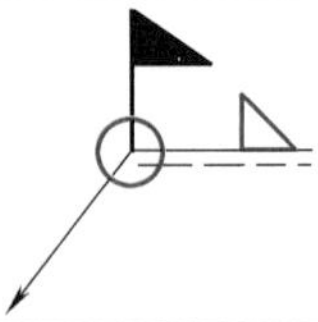	表示在现场沿焊件周围施焊

（3）尺寸符号 尺寸符号是表示坡口和焊缝各项特征尺寸的符号。焊缝的尺寸符号见表 1-11。

表 1-11　焊缝的尺寸符号

符号	名　　称	示意图	符号	名　　称	示意图
δ	工件厚度	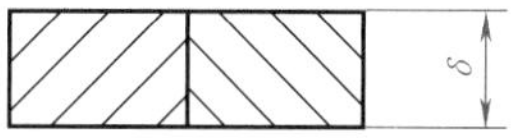	h	余高	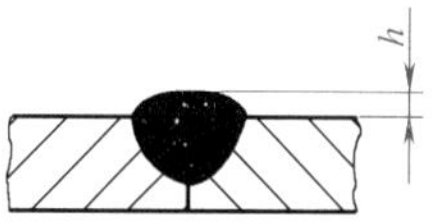
c	焊缝宽度	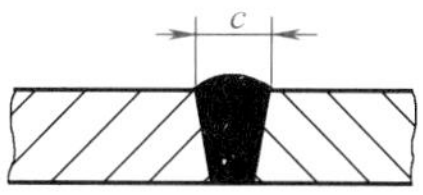	S	焊缝有效厚度	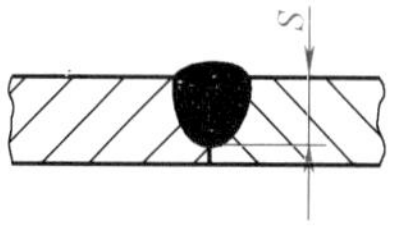
b	根部间隙	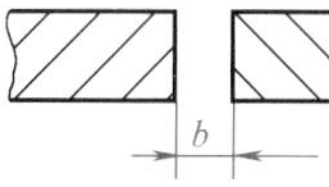	N	相同焊缝数量	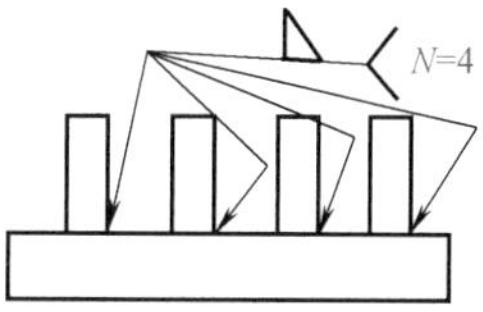 N=4
K	焊脚尺寸	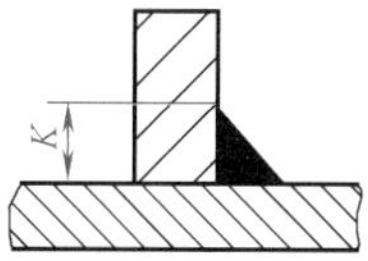	e	焊缝间距	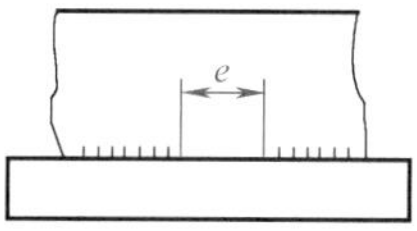
p	钝边	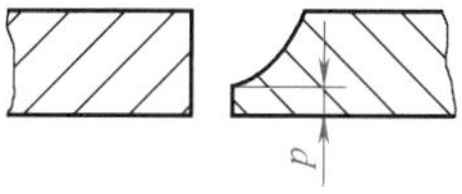	l	焊缝长度	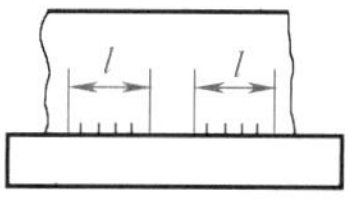
d	熔核直径	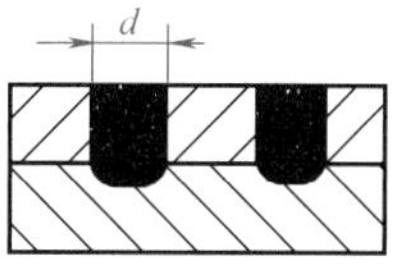	R	根部半径	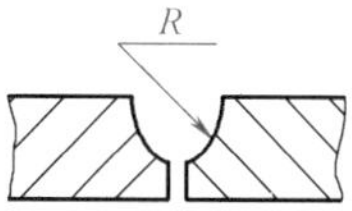
α	坡口角度	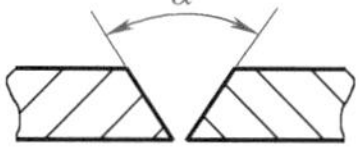	H	坡口深度	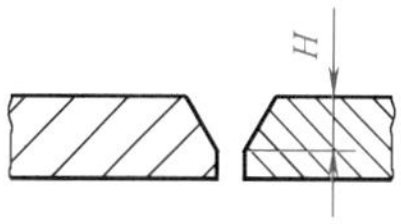

(4) 指引线　焊缝的准确位置通常由基本符号和指引线之间的相对位置决定。指引线一般由带箭头的箭头线和两条基准线两部分组成。基准线一条为实线，另一条为虚线，虚线可以画在实线的上侧或下侧。基准线一般应与图样底边平行，特殊条件下可以与底边垂直，如图 1-13a 所示。标注焊缝所用的指引线采用细实线绘制，必要时可加上尾部（90°夹角的实线）符号。当焊缝在接头的非箭头侧时，则将基本符号标在基准线的虚线侧，如图 1-13b、c 所示；标注对称焊缝及双面焊缝时，可以省略虚线，如图 1-13d 所示。

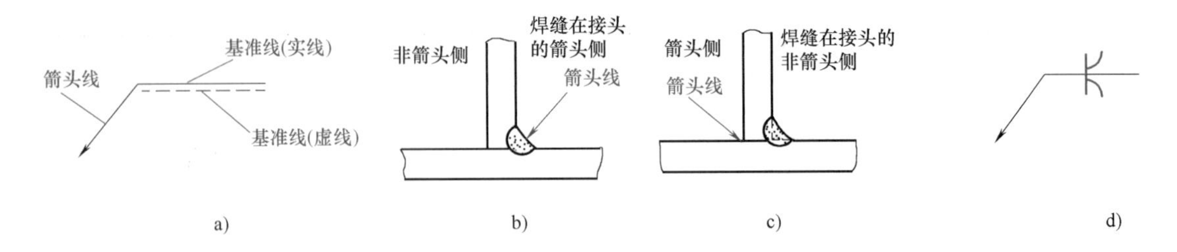

图 1-13　指引线及标注示意图

a）指引线组成　b）焊缝在接头的箭头侧　c）焊缝在接头的非箭头侧　d）对称焊缝及双面焊缝

2. 焊缝符号标注原则

如图 1-14 所示，焊缝符号具体标注规则如下：

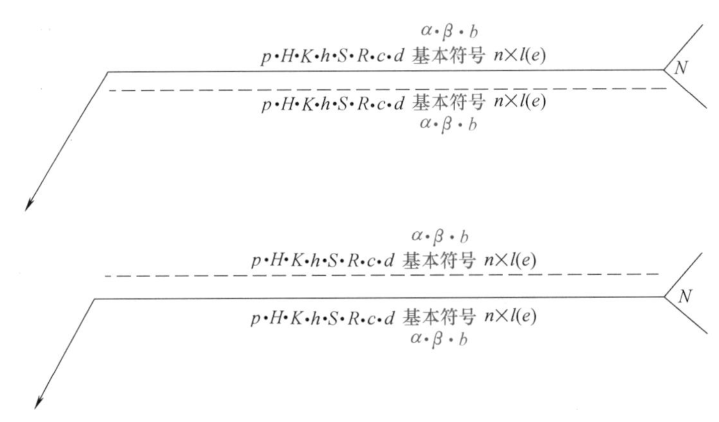

图 1-14　焊缝尺寸符号及数据的标注规则

1）焊缝横截面上的尺寸标注在基本符号的左侧，如钝边高度 p，坡口深度 H，焊脚尺寸 K，余高 h，焊缝有效厚度 S，根部半径 R，焊缝宽度 c，熔核直径 d。

2）焊缝长度方向的尺寸标注在基本符号的右侧，如焊缝长度 l，焊缝间距 e，焊缝段数 n。

3）坡口角度 α、坡口面角度 β、根部间隙 b 等尺寸标注在基本符号的上侧或下侧。

4）相同焊缝数量 N 标注在尾部。

5）当需要标注的尺寸数据较多又不易分辨时，可在尺寸数据前面标注相应的尺寸符号。

具体的标注示例见表 1-12。

表 1-12　焊缝符号标注示例

名称	示意图	标注
对接焊缝	b	b
	α p b	α p b

（续）

名称	示意图	标注
断续角焊缝	l e l	K　n×l(e)
交错断续角焊缝	l e l e l / l e l	K　n×l　(e)
点焊缝	d d e	d　n×(e)
塞焊缝或槽焊缝	c l e l	c　n×l(e)

3. 焊接方法代号

在焊接结构图上，为简化焊接方法的标注和说明，国家标准（GB/T 5185—2005）规定用阿拉伯数字表示焊接及相关工艺方法的代号。常用主要焊接方法代号见表 1-13。

表 1-13　常用主要焊接方法代号

焊接方法名称	焊接方法代号	焊接方法名称	焊接方法代号
电弧焊	1	气焊	3
焊条电弧焊	111	氧乙炔焊	311
埋弧焊	12	压力焊	4
熔化极惰性气体保护电弧焊(MIG)	131	摩擦焊	42
熔化极非惰性气体保护电弧焊(MAG)	135	扩散焊	45
钨极惰性气体保护电弧焊(TIG)	141	电子束焊	51
等离子弧焊	15	激光焊	52
电阻焊	2	电渣焊	72
点焊	21	火焰切割	81
缝焊	22	等离子弧切割	83
闪光焊	24	激光切割	84
电阻对焊	25	钎焊	9

五、焊件组对及定位焊方法

1. 焊件组对

在正式施焊前将焊件按照图样所规定的形状、尺寸装配在一起，称为焊件组对。在焊件组对前，应按要求对坡口及其两侧一定范围内的母材进行清理。焊件组对时，应尽量减少错边，保证装配间隙符合工艺要求，必要时可采用适当的焊接夹具。

2. 定位焊

定位焊是在正式焊接前为了装配和固定焊接接头的位置而进行的焊接。定位焊形成的短小而断续的焊缝即定位焊缝，也称为点固焊缝。通常定位焊缝都比较短小，焊接过程中都不去掉，而成为正式焊缝的一部分保留在焊缝中。因此，定位焊缝的质量好坏、位置、长度和高度等是否合适，将直接影响正式焊缝的质量及焊件的变形程度。

3. 板的组对及定位焊

1）坡口及其两侧 20mm 范围内，将油污、铁锈、氧化物等清理干净，使其表面呈现金属光泽。

2）定位焊时应在坡口内引弧，如图 1-15 所示，且在焊缝坡口内侧两端进行定位焊，焊缝长度为 10~15mm。定位焊时，采用的焊接电流比正式施焊时大 20~30A。

3）按规范和焊工的技艺对正间隙，且终焊端间隙比始焊端间隙略大。

4）预留一定的反变形量。

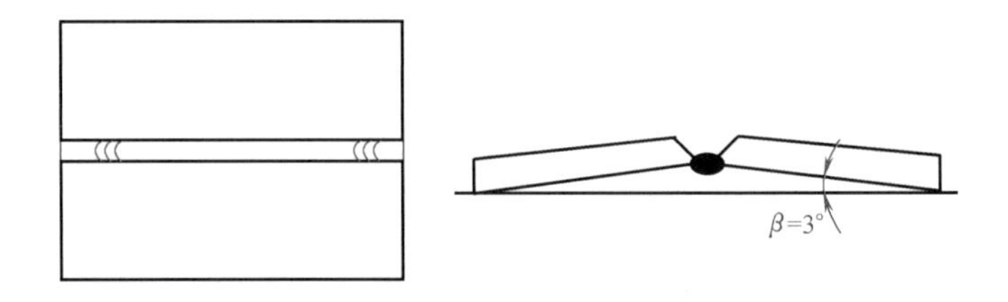

图 1-15 板的定位焊示意图

4. 管子的组对及定位焊

1）将管端坡口及坡口周围 20mm 范围内的内、外壁油污及铁锈等清理干净，使其表面呈现金属光泽。

2）对于小径管（直径为 60mm 以下），一般在坡口内点固 1 点；对于中径管（直径为 60~133mm），一般在坡口内点固 2 点；对于大径管（直径为 159mm 以上），一般点固 3 处，如图 1-16 所示。常用钢筋或专用定位块代替坡口内的点固焊缝，其位置分散在平焊和管道两侧的立焊管道表面处。定位焊缝长度为 10~15mm，厚度为 2~3mm。

3）定位焊缝两端尽可能焊出斜坡，以便于与正式焊接时接头。也可在组对后，修磨出斜坡。

4）焊接时应特别注意间隙尺寸，一般应上大下小。

5）组对后，应检查焊件上下两部分是否同心。如果不同心，可以对管道进行校直。校直后的定位焊缝如产生裂纹，须将定位焊缝磨去，再重新组对。

5. 管板的组对及定位焊

1）将管孔边缘及管坡口 10~15mm 范围内的铁锈、氧化物、油污等清理干净，使其表面呈现金属光泽。

2）采用 1 点或 2 点定位，定位焊缝长度约为 10mm，厚度为 2~3mm，如图 1-17 所示。

3）定位焊缝两端尽可能焊出斜坡，也可以在组对后修磨出斜坡，以方便接头。

4）按规范和焊工的技艺对正间隙。

5）组对后，钢管与板的管孔应同心，即管内壁边缘与管板孔边缘对齐。

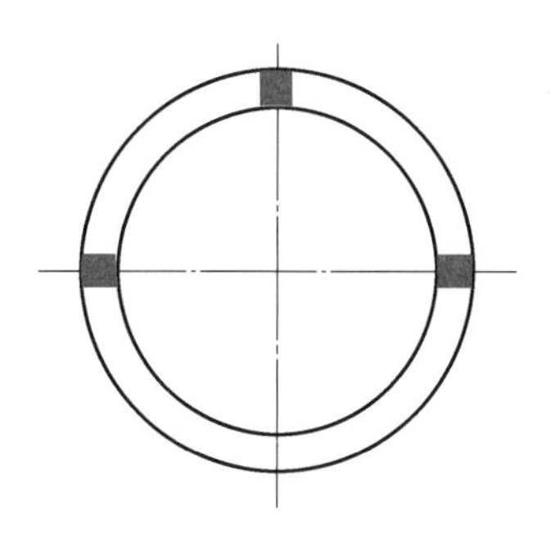

图 1-16　管的定位焊示意图

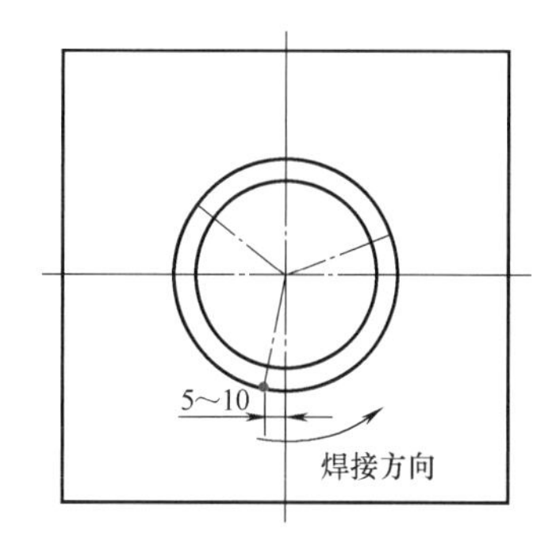

图 1-17　管板的定位焊示意图

习　　题

一、填空题

1. 焊接接头可分为__________、__________、__________和__________。

2. 基本坡口形式主要有以下几种：__________、__________、__________、__________等。

3. 坡口加工的方法有__________、__________、__________、__________和__________。

4. 坡口的尺寸有__________、__________、__________、__________、__________和__________。

5. 焊接位置有__________、__________、__________和__________位置等。

二、单选题

1. 焊接接头（　　）的作用是保证焊透。

A. 根部预留钝边　　B. 根部预留间隙　　C. 根部放垫板　　D. 钝边应大些

2. 常用焊接方法中焊条电弧焊的焊接方法代号是（　　）。

A. 111　　B. 1　　C. 12　　D. 22

3. 表示焊缝横截面形状所用的焊缝符号是（　　）。

A. 辅助符号　　B. 基本符号　　C. 补充符号　　D. 焊缝尺寸符号

4. （　　）可表示坡口和根部间隙的尺寸。

A. 焊缝尺寸符号　　B. 基本符号　　C. 补充符号　　D. 焊缝基本符号

5. 焊缝基本符号“V”表示（　　）焊缝。

A. X 形　　B. Y 形　　C. V 形　　D. △形

6. 焊缝补充符号“—”表示焊缝（　　）符号。

A. 凹面　　B. 齐面　　C. 平面　　D. 凸面

7. 焊缝补充符号“<”表示（　　）符号。

A. V 形坡口　　B. 单面 V 形坡口　　C. 两面焊缝　　D. 尾部

8. 表示焊缝某些特征而采用的符号是焊缝（　　）符号。

A. 尺寸　　B. 补充　　C. 形状　　D. 表面形状特征

9. 焊条电弧焊前可采用机械方法或化学方法将坡口表面及其两侧各（　　）范围内污物清理干净。

A. 80mm　　B. 50mm　　C. 100mm　　D. 20mm

10. 板件对接组装时，应按规范和焊工技艺确定组对间隙，且要求（　　）。

A. 终焊端比始焊端间隙略大　　B. 终焊端比始焊端间隙略小

C. 终焊端与始焊端间隙一样　　D. 终焊端间隙为零

三、判断题

1. 常用的坡口加工方法有氧气切割、炭弧气刨、刨削和车削。（　　）

2. 坡口的选择不需要考虑加工的难易。（　　）

3. 正确选用和加工坡口尺寸，保证装配间隙，能预防未焊透。（　　）

4. 管件对接的定位焊缝长度一般为 25~30mm，厚度一般为 4~5mm。（　　）

5. 采用碱性焊条，焊前应在坡口及其两侧各 15~20mm 范围内，将锈、水、油污等清理干净。（　　）

四、简答题

1. 分析常用焊接接头的特点。

2. 焊条电弧焊的坡口如何选择？

第四节　焊条电弧焊的焊接工艺

学习目标

1）熟悉焊条电弧焊的熔滴过渡形式及其特点。

2）掌握焊条电弧焊焊接参数的选择。

一、熔滴过渡的形式

按熔滴的过渡形式不同可分为短路过渡、滴状过渡和渣壁过渡 3 种。

1. 短路过渡

当采用较小的焊接电流、较低的电弧电压焊接时，由于弧长较短，熔滴未长成大滴就与熔池接触形成短路，电弧熄灭，随之金属熔滴过渡到熔池中去。熔滴脱落之后电弧重新引燃，如此交替进行，就形成稳定的短路过渡过程，如图 1-18 所示。短路过渡的特点是电弧稳定，飞溅较小，如碱性焊条短弧焊接时，熔滴过渡形式就是短路过渡。

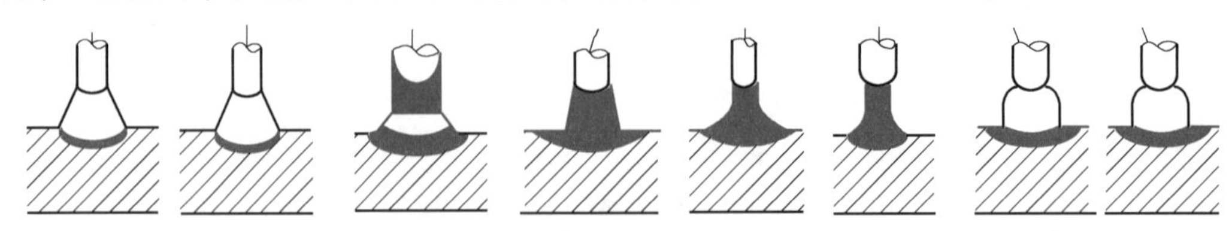

图 1-18　短路过渡过程示意图

2. 滴状过渡

当采用较大的焊接电流和较高的电弧电压焊接时，熔滴以颗粒状过渡，不发生短路。

滴状过渡可分为粗滴过渡和细滴过渡两种。粗滴过渡一般呈大颗粒状过渡，飞溅大，电弧不稳定，焊缝表面粗糙，生产中不宜采用。细滴过渡一般采用较大的焊接电流，作用在熔滴上的电磁收缩力增加，这时重力不再起决定作用，熔滴尺寸逐渐变小，过渡频率增高，飞溅减小，电弧稳定，焊缝成形好。

3. 渣壁过渡

渣壁过渡是指熔滴沿着焊条套筒壁向熔池过渡的一种过渡形式，如图 1-19 所示。其特点是熔滴尺寸小，焊芯端部可以同时存在 2 个甚至 3 个熔滴。具有这种过渡方式的焊条，焊接工艺性能良好，电弧稳定、飞溅小、焊缝表面成形美观。

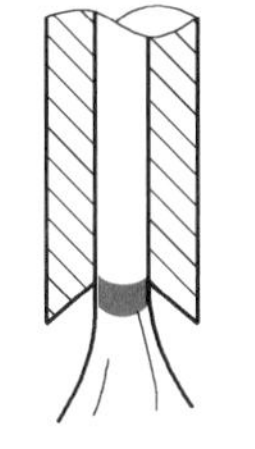
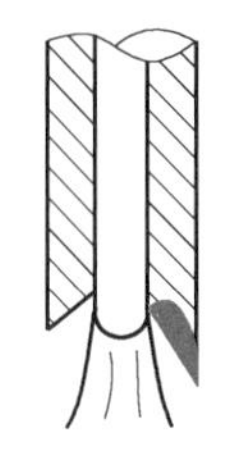

图 1-19　焊条电弧焊渣壁过渡示意图

二、焊接参数的选择

焊条电弧焊焊接参数包括：焊接电源种类和极性、焊条直径、焊接电流、电弧电压、焊接速度和焊接层数等。选择合适的焊接参数，对提高焊接质量和生产率是十分重要的。

1. 焊接电源种类和极性

(1) 焊接电源种类的选择　进行焊条电弧焊时，采用的焊接电源有交流和直流两大类，根据焊条的性质进行选择。

通常，酸性焊条可采用交流、直流两种电源，一般优先选用交流电源。碱性焊条由于电弧稳定性差，所以必须使用直流电源。但对于药皮中含有较多稳弧剂的碱性焊条，如低氢钾型焊条，也可使用交流电源。采用交流电源时，空载电压不得低于 70V，否则引弧困难，电弧燃烧的稳定性差。若采用低氢钠型焊条，如 E5015 焊条，需选用直流电源。

(2) 极性的选择　当选用直流电源时，焊件与电源输出端正、负极的接法，即焊件的极性。焊件接电源正极，焊条接电源负极的接法叫正接，也称正极性，如图 1-20a 所示；焊件接电源负极，焊条接电源正极的接法叫反接，也称反极性，如图 1-20b 所示。

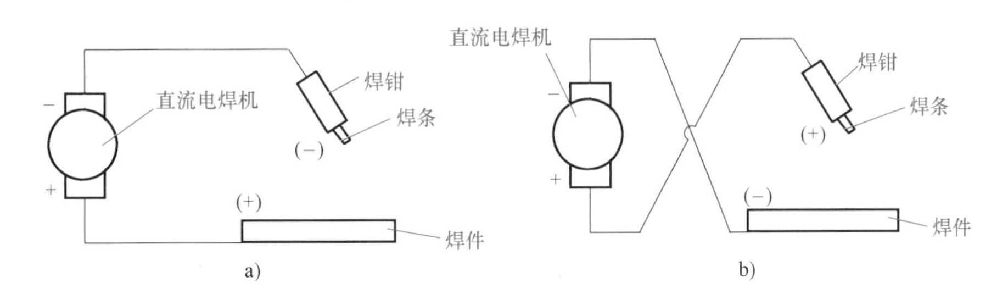

图 1-20　直流弧焊机的不同极性接法示意图
a）直流正接　b）直流反接

对于低氢型焊条，必须采用直流反接。因为碱性焊条若采用正接，则电弧燃烧不稳定，飞溅严重，噪声大；而采用反接时，电弧燃烧稳定，飞溅很小，声音也较平静均匀。

对于酸性焊条，如果使用直流电源，通常采用正接。

因为阳极部分的温度高于阴极部分，所以用正接可以得到较大的熔深。因此，直流正接时用来焊厚板，而焊接薄板、铸铁、有色金属时，应采用直流反接。

2. 焊条直径

焊条直径取决于焊件的厚度、焊接位置、焊接接头形式和焊接层数等因素。

(1) 焊件的厚度　焊条直径一般根据焊件厚度选择。对于厚度较大的焊件，应选用直径较大的焊条；对于较薄焊件，应选用直径较小的焊条。为了提高生产率，尽可能地选用直径较大的焊条，但选用直径过大的焊条焊接时，容易造成未焊透或焊缝成形不良等缺陷。一般情况下，焊条直径与焊件厚度之间的关系见表 1-14。

表 1-14　焊条直径与焊件厚度的关系　（单位：mm）

焊件厚度	2	3	4~5	6~12	>13
焊条直径	2	3.2	3.2~4	4~5	4~6

(2) 焊接位置　平焊时采用的焊条直径应比其他位置大些；在其他位置时，为了形成较小的熔池，减少熔化金属的下淌，选用的焊条直径应小些。立焊时，焊条直径最大不超过 5mm；仰焊、横焊时，焊条直径最大一般不超过 4mm。

(3) 焊接接头形式　焊接同样厚度的接头时，T 形接头选用的焊条直径应比对接接头的焊条直径大。

(4) 焊接层数　焊层是指多层焊时的每一个分层。每个焊层可由一条焊道或几条并排相搭的焊道所组成。焊道是指每一次熔敷所形成的一条单道焊缝。在进行多层焊时，为了防止根部未焊透，第一层焊道应采用直径较小的焊条进行焊接，最好采用直径不超过 3.2mm 的焊条焊接，否则将不易得到良好的背面成形。以后各层的焊接可以根据焊件厚度，选用直径较大的焊条。

3. 焊接电流

焊接电流是焊条电弧焊最重要的工艺参数，也可以说是唯一的独立参数。增大焊接电流能提高生产率。但焊接电流太大时，飞溅和烟尘大，药皮易发红和脱落，而且容易产生咬边、焊瘤、烧穿等缺陷；若焊接电流太小，则引弧困难，焊条容易粘连在焊件上，电弧不稳，熔池温度低，焊缝窄而高，熔合不好，且易产生夹渣、未焊透等缺陷。

选择焊接电流时，要考虑的因素很多，如焊条直径、药皮类型、焊件厚度、接头类型、焊接位置、焊接层次等，但主要由焊条直径、焊接位置和焊接层次决定。

(1) 焊条直径　焊条直径越大，熔化焊条所需的热量越大，必须增大焊接电流。对于每种直径的焊条，都有一个最合适的电流范围，见表 1-15。焊接电流也可以根据选定的焊条直径用经验公式求得，即

$$I=(35\sim55)d$$

式中　I——焊接电流（A）；

d——焊条直径（mm）。

表 1-15　各种焊条直径适用焊接电流参考值

焊条直径/mm	1.6	2.0	2.5	3.2	4.0	5.0	6.0
焊接电流/A	25~40	40~65	50~80	100~130	160~210	200~270	260~300

（2）焊接位置　在平焊位置焊接时，可选择偏大些的焊接电流。横焊、立焊、仰焊位置焊接时，焊接电流应比平焊位置时小10%～20%。平角焊时的电流比平焊时的电流大10%～15%。

（3）焊接层次　通常打底焊时，特别是焊接单面焊双面成形的焊道时，使用的焊接电流较小，以便于操作和保证背面焊道的质量。填充焊时，为提高效率，保证熔合良好，通常都使用较大的焊接电流。而盖面焊时，为防止咬边和获得较美观的焊道，使用的电流稍小些。

另外，采用碱性焊条时选用的焊接电流比采用酸性焊条时小10%左右。采用不锈钢焊条时选用的焊接电流比采用非合金钢焊条时小20%左右。

4. 电弧电压

焊条电弧焊时，电弧电压是由焊工根据具体情况灵活掌握的。电弧电压主要影响焊缝的宽度，电弧电压越高，焊缝越宽。焊条电弧焊时，焊缝宽度主要靠焊条的横向摆动幅度来控制，因此电弧电压的影响不明显。

实际上电弧电压由弧长决定。电弧越长，电弧电压越高；电弧越短，电弧电压越低。但电弧太长时，电弧燃烧不稳，飞溅大，容易产生咬边、气孔等缺陷。在焊接过程中，一般希望弧长始终保持一致，应尽量使用短弧焊接。短弧是指电弧长度等于焊条直径的0.5～1倍，相应的电弧电压为16～25V。采用碱性焊条时，电弧长度应为焊条直径的一半；采用酸性焊条时，电弧长度应等于焊条直径。

5. 焊接速度

在保证焊缝所要求的尺寸和质量的前提下，焊接速度由焊工根据具体情况灵活掌握。焊接速度过慢，热影响区加宽，晶粒粗大，焊件变形大；焊接速度过快，易造成未焊透、未熔合、焊缝成形不良等缺陷。

6. 焊接层数

在焊接厚板时，必须采用多层焊或多层多道焊。多层焊的前一条焊道对后一条焊道起预热作用，而后一条焊道对前一条焊道起热处理作用，如退火和缓冷，有利于提高焊缝金属的塑性和韧性。焊接低碳钢和强度等级较低的低合金钢时，每层焊道的厚度不能大于4～5mm，否则对焊缝的塑性有不利影响。

习　　题

一、填空题

1. 焊条电弧焊熔滴过渡形式有__________、__________、__________。

2. 酸性焊条可采用__________，一般优先选用__________。

3. 碱性焊条必须使用__________，但对于药皮中含有较多稳弧剂的碱性焊条，也可使用__________。

4. 当选用直流电源时，焊件与电源输出端__________，即焊件的极性。

5. 焊件接电源__________，焊条接电源__________的接法叫正接。焊件接电源__________，焊条接电源__________的接法叫反接。

二、单选题

1. 焊接时主要根据焊件的（　　）选择焊条的直径。

A. 材料种类　　B. 坡口形式　　C. 强度要求　　D. 厚度

2. 焊条电弧焊最重要的参数是（　　），也是焊接操作时需要调节的。

A、电弧电压　　B. 焊接电流　　C. 焊条种类　　D. 焊条直径

3. 电弧电压主要影响焊缝的（　　）。

A. 熔深　　B. 熔宽　　C. 余高　　D. 宽度

4.（　　）时必须采用短弧焊接，并使用较小的焊条直径和小的焊接规范。

A. 平焊、立焊、仰焊　　B. 平焊、横焊、仰焊

C. 平焊、立焊、横焊、仰焊　　D. 立焊、横焊、仰焊

三、判断题

1. 对于酸性焊条，如果使用直流电源，通常采用正接。（　　）

2. 焊接电流太大时，飞溅和烟尘大，药皮易发红和脱落，而且容易产生咬边、焊瘤、烧穿等缺陷。（　　）

3. 所谓短弧是指电弧长度等于焊条直径的0.5~1倍。（　　）

4. 焊接时，由于焊缝所处的位置不同，因而操作方法和焊接规范也不同。（　　）

5. 平焊时，不允许用较大直径的焊条和较大的焊接电流，生产率低。（　　）

四、简答题

如何选择焊条电弧焊的工艺参数?

第五节　焊条电弧焊操作技术

学习目标

1）掌握焊条电弧焊的操作技术要点。

2）熟悉焊条电弧焊安全操作规程。

一、焊条电弧焊基本操作技术

1. 引弧

电弧焊时，在焊条（电极）末端和焊件间建立电弧的过程叫引弧。引弧的方法有两种：不接触引弧和接触引弧。

(1) 不接触引弧　不接触引弧是利用高频高压电使电极末端与焊件间的气体导电而产生电弧。用这种方法引弧时，电极端部与焊件不发生短路就能引燃电弧。其优点是可靠、引弧时不会烧伤焊件表面，但需要另外增加小功率高频高压电源或同步脉冲电源。焊条电弧焊很少采用这种引弧方法。

(2) 接触引弧　接触引弧是先使电极与焊件短路，再拉开电极引燃电弧，这是焊条电弧焊时最常用的引弧方法。根据操作手法不同又可分为直击法和划擦法。

直击法如图1-21所示，使焊条与焊件表面垂直接触，当焊条的末端与焊件表面轻轻一

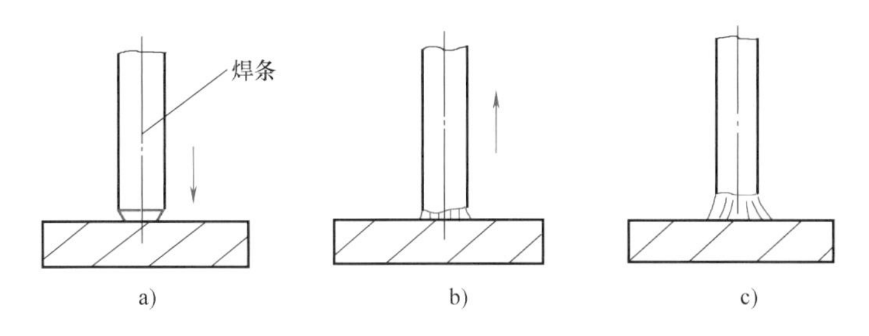

图 1-21　直击法引弧示意图

a）直击短路　b）拉开焊条点燃电弧　c）电弧正常燃烧

碰，便迅速提起焊条，并保持一定距离，便可引燃电弧。操作时必须掌握好手腕上下动作的时间和距离。

划擦法如图 1-22 所示，这种方法与擦火柴有些相似，先将焊条末端对准焊件，然后将焊条在焊件表面划擦一下，当电弧引燃后趁金属还没有开始大量熔化的一瞬间，立即使焊条末端与焊件表面维持在 2~4mm 的距离，电弧就能稳定地燃烧。操作时手腕顺时针方向旋转，使焊条端头与焊件接触后再离开。

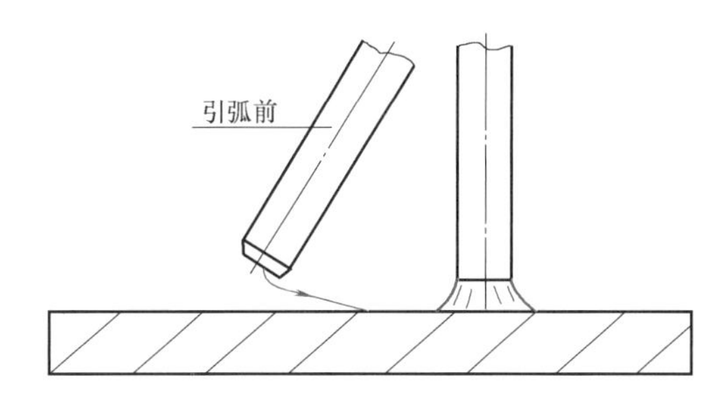

图 1-22　划擦法引弧示意图

以上两种方法相比，划擦法比较容易掌握，但是在狭小工作面上或不允许烧伤焊件表面时，应采用直击法。直击法对于初学者较难掌握，一般容易发生电弧熄灭或造成短路现象。主要原因是没有掌握好离开焊件时的速度和保持的距离。如果操作时焊条上拉太快或提得太高，都不能引燃电弧或电弧只燃烧一瞬间就熄灭。相反，动作太慢则可能使焊条与焊件粘在一起，造成焊接回路短路。

2. 运条

焊条相对焊缝所做的各种动作的总称叫运条。

(1) 焊条电弧焊运条动作　运条动作包括沿焊条轴线向熔池方向送进、沿焊缝轴线方向的纵向移动和横向摆动 3 个动作，如图 1-23 所示。

1）沿焊条轴线向熔池方向送进的目的是使焊条熔化后，需要继续保持电弧的长度不变。因此要求焊条向熔池方向送进的速度与焊条熔化的速度相等。如果焊条送进的速度小于焊条熔化的速度，则电弧的长度将逐渐增加，易导致断弧；如果焊条送进速度太快，则电弧长度迅速缩短，使焊条末端与焊件接触而发生短路，同样会使电弧熄灭。

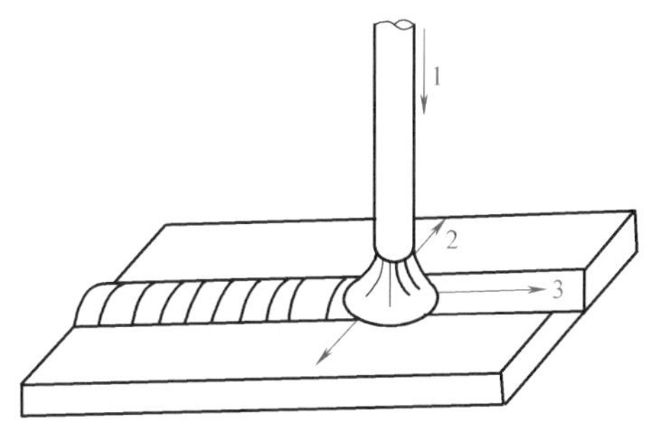

图 1-23　焊条电弧焊运条三个动作示意图

1—沿焊条轴线向熔池方向送进　2—焊条的横向摆动　3—焊条沿焊缝轴线方向的纵向移动

2）焊条沿焊缝轴线方向的纵向移动速度即为焊接速度。此动作使焊条熔敷金属与熔化的母材金属形成焊缝。焊条的移动速度对焊缝质量、焊接生产率有很大影响。如果焊条移动速度太快，则电弧来不及熔化足够的焊条与母材金属，易导致未焊透或焊缝较窄；若焊条移动速度太慢，则会造成焊缝过高、过宽、外形不整齐，在焊接较薄焊件时容易焊穿。移动速度必须适当才能使焊缝均匀。

3）焊条横向摆动的作用是获得一定宽度的焊缝，并保证焊缝两侧熔合良好。摆动幅度应根据焊缝宽度与焊条直径确定。横向摆动力求均匀一致，才能获得宽度整齐的焊缝。正常的焊缝宽度一般不超过焊条直径的 2~5 倍。

（2）焊条常用的运条方法

1）直线形运条法。焊条不做横向摆动，沿焊接方向做直线形移动。适合于厚度为 3~5mm 的焊件不开坡口对接平焊，多层焊的第一层焊道，多层多道焊等。

2）直线往复运条法。焊条末端沿焊缝的纵向做来回直线形运动，如 1-24a 所示。适合于薄板及间隙较大的对接平焊。

3）锯齿形运条法。焊条末端做锯齿形连续摆动及向前移动，并在两边稍停片刻，如图 1-24b 所示。摆动的目的是为了控制熔化金属的流动和得到必要的焊缝宽度，以获得较好的焊缝成形。适合于对接接头的平焊、立焊、横焊及角接接头的立焊。

4）月牙形运条法。焊条末端沿焊接方向做月牙形的左右摆动，如图 1-24c 所示。适合于对接接头的平焊、立焊、横焊及角接接头的立焊。

5）三角形运条法。焊条末端做连续的三角形运动，并不断向前移动。按摆动方式的不同，这种运条方法又可分为斜三角形和正三角形两种，如图 1-24d、e 所示。斜三角形运条法适合于角接接头的仰焊、对接接头开坡口的横焊；正三角形运条法适合于角接接头的立焊、对接接头焊接。

6）圆圈形运条法。焊条末端做圆圈形运动并不断前移，如图 1-24f 所示。

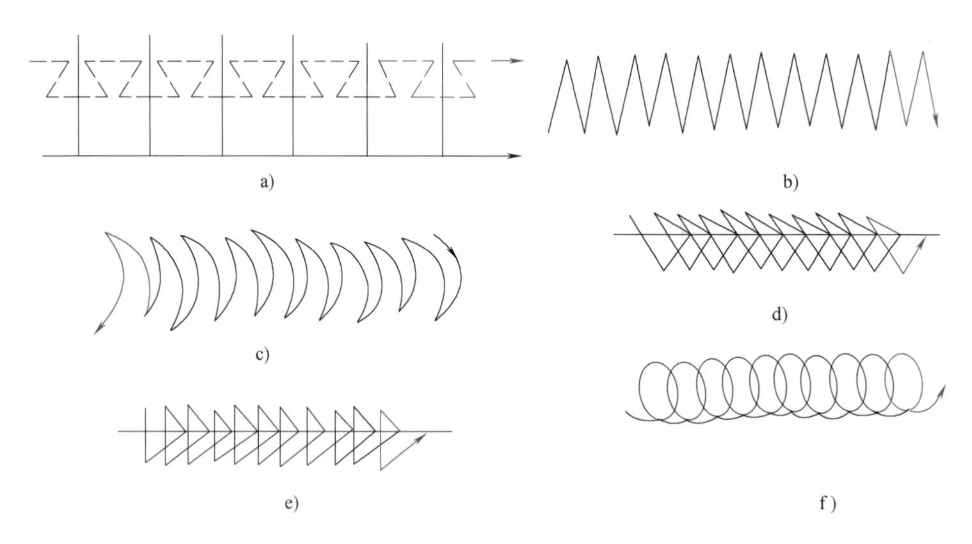

图 1-24 运条方法示意图

a）直线往复运条法 b）锯齿形运条法 c）月牙形运条法

d）斜三角形运条法 e）正三角形运条法 f）圆圈形运条法

在焊接生产实践中，依据不同的焊接位置，不同的接头形式，以及焊条直径、焊接电流、焊件厚度等各种因素，选择焊条的运条方法。

3. 焊缝的起头

焊缝的起头是指刚开始焊接处的焊缝。这部分焊缝的余高容易增高，这是由于开始焊接时焊件温度较低，引弧后不能迅速使这部分金属温度升高，因此熔深较浅，余高较大。为减少或避免这种情况，可在引燃电弧后先将电弧稍微拉长些，对焊件进行必要的预热，然后适当压低电弧转入正常焊接。

4. 焊缝的收弧

焊缝的收弧是指一条焊缝焊完后如何将电弧熄灭。焊接结束时，如果将电弧突然熄灭，则焊缝表面将留有凹陷较深的弧坑，会降低焊缝收尾处的强度，并容易引发弧坑裂纹，如图1-25所示。过快拉断电弧时，液体金属中的气体来不及逸出，还容易产生气孔等缺陷。所以焊缝收尾时不允许有较深的弧坑存在，焊缝的收弧动作不仅是熄弧，还要将弧坑填满。

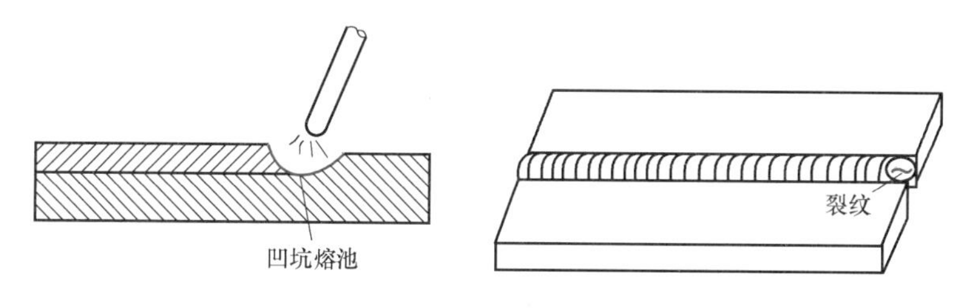

图 1-25　收弧时产生缺陷示意图

一般收弧有以下 4 种方法。

(1) 反复收弧法　当焊条焊至焊缝终点时，在弧坑上反复熄弧引弧数次，直到填满弧坑为止，如图1-26所示。此法适用于大电流焊接和薄板焊接，碱性焊条不适用，否则易产生气孔。

(2) 划圈收弧法　焊条焊至焊缝终点时，在弧坑处做圆圈运动，直到填满弧坑再拉断电弧，如图1-27所示。此方法适用于厚板焊接，用于薄板焊接则有烧穿的危险。

(3) 回焊收弧法　焊条焊至焊道收尾处即停止，但不熄弧，此时适当改变焊条角度，如图1-28所示，焊条由位置1转到位置2，待填满弧坑后再转到位置3，然后慢慢拉断电弧。此法适用于碱性焊条焊接。

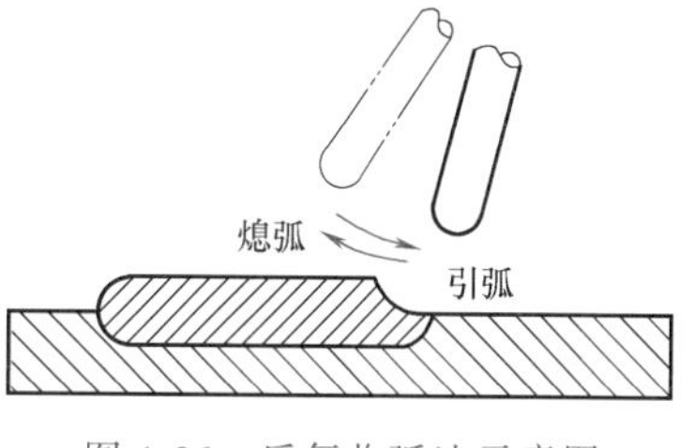

图 1-26　反复收弧法示意图

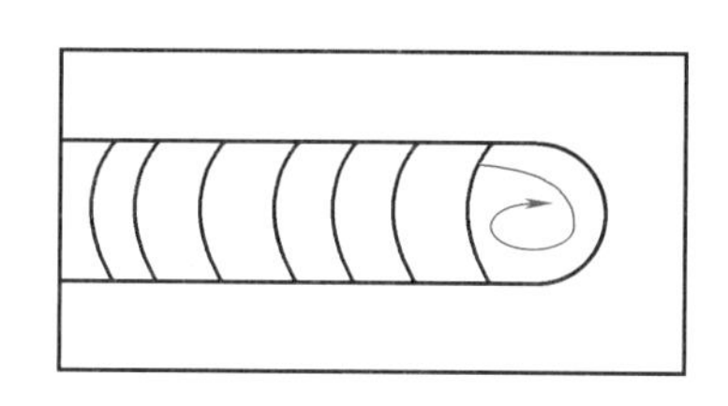

图 1-27　划圈收弧法示意图

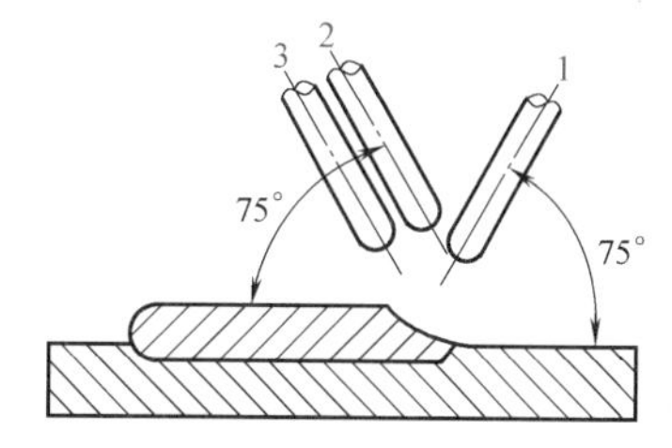

图 1-28　回焊收弧法示意图

(4) 转移收尾法　焊条焊至焊缝终点时，在弧坑处稍做停留，将电弧慢慢抬高，并引到焊缝边缘的母材坡口内，这时熔池会逐渐缩小，凝固后一般不出现缺陷，如图1-29所示。此法适用于换焊条或临时停弧时的收尾。

有时也可采用外接引出板的方法进行收弧，如图 1-30 所示。

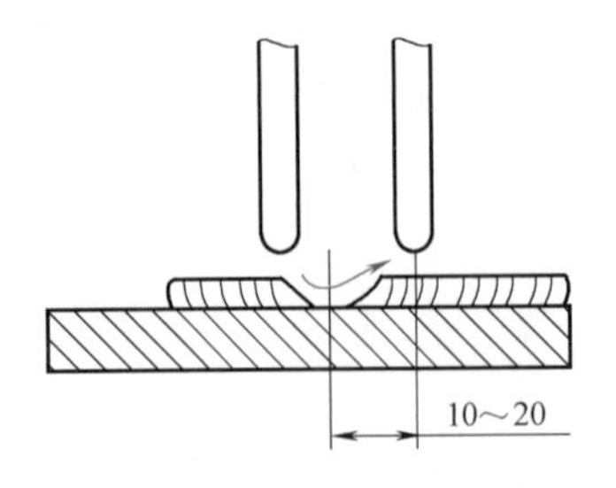

图 1-29 转移收尾法示意图

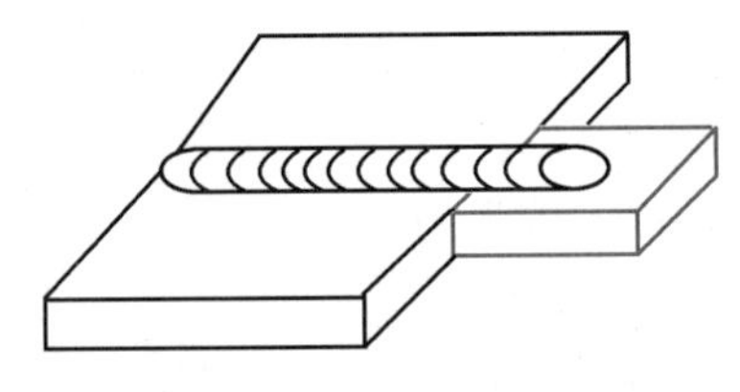

图 1-30 引出板收弧法示意图

5. 焊缝的接头

后焊焊缝与先焊焊缝的连接处称为焊缝的接头。由于受焊条长度限制，焊缝前后两段的接头是不可避免的，但焊缝的接头应力求均匀，以防止产生过高、脱节、宽窄不一致等缺陷。

焊缝接头方法有冷接法和热接法两种。

(1) 冷接法 在施焊前，应使用砂轮机或机械方法将焊缝连接处打磨出斜坡形过渡带，在接头前方约 10mm 处引弧。电弧引燃后稍微拉长一些，然后移到接头处稍作停留，待形成熔池后再继续向前焊接。用这种方法可以使接头得到必要的预热，保证熔池中的气体逸出，从而防止在接头处产生气孔。收弧时要在弧坑填满后，慢慢地将焊条拉向弧坑一侧熄弧。

(2) 热接法 操作方法可分为两种：一种是快速接头法，另一种是正常接头法。快速接头法是在熔池熔渣尚未完全凝固的状态下，将焊条端头与熔渣接触，在高温热电离的作用下重新引燃电弧的接头方法。这种接头方法适用于厚板的大电流焊接，它要求焊工更换焊条的动作要特别迅速且准确。正常接头法是在熔池前方约 5mm 处引弧后，将电弧迅速拉回熔池，按照熔池的形状摆动焊条后正常焊接的接头方法。

如果等到收弧处完全冷却后再接头，则以采用冷接法为宜。

二、焊条电弧焊打底焊常用操作技术

1. 灭弧法

灭弧法是利用电弧周期性的燃弧-灭弧过程，使母材坡口的钝边金属有规律地熔化成一定尺寸的熔孔，在电弧作用于正面熔池的同时，使 1/3～2/3 的电弧穿过熔孔而形成背面焊缝。灭弧焊有 3 种操作方法。

(1) 一点击穿法 电弧同时在坡口两侧燃烧，两侧钝边金属同时熔化形成熔孔，然后迅速灭弧，在熔池将要凝固时，又在灭弧处引燃电弧，周而复始重复进行，如图 1-31a 所示。

(2) 两点击穿法 电弧分别在坡口两侧交替引燃，即左（右）侧钝边处送进一滴熔化金属，右（左）侧钝边处送进一滴熔化金属，如此依次进行，如图 1-31b 所示。

(3) 三点击穿法 电弧引燃后，左（右）侧钝边处送进一滴熔化金属，右（左）侧钝边处送进一滴熔化金属，然后在中间间隙处送进一滴熔化金属，依次循环进行，如图 1-31c 所示。

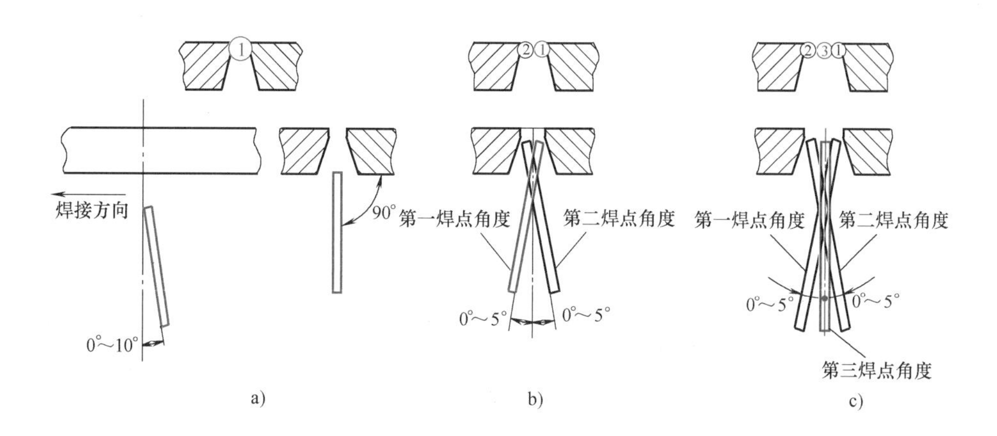

图 1-31　灭弧法打底焊的操作方法

a）一点击穿法　b）两点击穿法　c）三点击穿法

灭弧焊时，在更换焊条收弧时，应将焊条向熔池顶压，使熔池前方的熔孔稍微扩大些，同时要提高燃弧、灭弧的频率以填满弧坑，使熔池缓冷而饱满，以防止产生缩孔和弧坑裂纹，并为后续焊条的引弧打下良好的接头基础。

2. 连弧法

连弧法即在电弧引燃后，焊接过程中电弧连续燃烧，始终保持短弧连续施焊，直至更换焊条时才熄灭电弧。由于连弧焊时，熔池始终处在电弧连续燃烧的保护下，所以焊缝不易产生缺陷，焊缝的力学性能也较好。选用碱性焊条时多采用连弧法焊接。

三、焊条电弧焊安全操作规程

1）做好个人防护。焊工操作时必须按劳动保护规定穿戴防护工作服、绝缘鞋和防护手套，并保持干燥和清洁。

2）焊接工作前，应先检查设备和工具是否安全可靠。不允许未进行安全检查就开始操作。

3）焊工在更换焊条时一定要戴电焊手套，不得赤手操作。在带电情况下，不要将焊钳夹在腋下而去搬动焊件或将电缆线绕挂在脖颈上。

4）在特殊情况下（如夏天身上大量出汗，衣服潮湿时），切勿依靠在带电的工作台、焊件上或接触焊钳等，以防发生事故。在潮湿地点焊接作业，地面上应铺设橡胶板或其他绝缘材料。

5）焊工推拉电源刀开关时，要侧身向着电源，以防止电弧火花烧伤面部。

6）下列操作应在切断电源开关后才能进行：改变焊机接头；更换焊件；需要改接二次线路；移动工作地点；检修焊机故障和更换熔丝。

7）焊机的安装、修理和检查应由电工进行，焊工不得擅自拆修。

8）焊接前，应将作业现场 10m 以内的易燃易爆物品清除或妥善处理，以防止发生火灾或爆炸事故。

9）工作完毕离开作业现场时须切断电源，清理现场，防止留下事故隐患。

10）使用行灯照明时，其电压不应超过36V。

习　题

一、填空题

1. 引弧的方法包括2种：__________和__________。接触引弧可分为__________和__________。

2. 运条方法包括__________、__________和__________等。

3. 收弧一般有__________、__________、__________和__________4种方法。

4. 焊缝接头方法有__________和__________2种。

5. 焊条电弧焊打底焊常用操作工艺有__________和__________2种。

二、单选题

1. 电弧引燃后，焊条要有（　　）个基本方向的运动才能使焊缝良好成形。

A. 2个　　B. 3个　　C. 1个　　D. 多个

2. 焊接时，焊条做摆动的目的是（　　）。

A. 控制熔化金属的流动和得到必要的焊缝宽度

B. 控制熔化金属的流动和减少飞溅

C. 减少飞溅和得到必要的焊缝宽度

D. 减少焊接飞溅及焊接缺陷

3. 焊条电弧焊收弧方法中适用于厚板收弧的方法是（　　）。

A. 划圈收弧法　　B. 反复收弧法

C. 回焊收弧法　　D. 以上3种均可

4. I型坡口对接仰焊时，接头间隙小时可用（　　）。

A. 直线形运条法　　B. 锯齿形运条法

C. 月牙形运条法　　D. 三角形运条法

5. 焊接前，应将作业现场（　　）m以内的易燃易爆物品清除或妥善处理，以防止发生火灾或爆炸事故。

A. 10　　B. 5　　C. 15　　D. 20

三、判断题

1. 划擦法比较容易掌握，但是在狭小工作面上或不允许烧伤焊件表面时，应采用直击法。（　　）

2. 焊缝收弧产生的弧坑会降低焊缝的强度，容易引发弧坑裂纹和气孔等缺陷。（　　）

3. 焊缝的接头应力求均匀，以防止产生过高、脱节、宽窄不一致等缺陷。（　　）

4. 焊接工作前，应先检查设备和工具是否安全可靠。（　　）

5. 焊机的安装、修理和检查应由电工进行，焊工不得擅自拆修。（　　）

四、简答题

简述焊条电弧焊打底焊灭弧法。

【焊接实践】

任务目标

1）能利用焊条电弧焊进行低碳钢对接接头平焊位单面焊双面成形操作。
2）能利用焊条电弧焊进行低碳钢对接接头立焊位单面焊双面成形操作。

任务一　低碳钢对接接头平焊位焊条电弧焊单面焊双面成形

在焊件坡口一侧进行焊接而在焊缝正、反面都能得到均匀整齐而无缺陷的焊道，这种焊接叫作单面焊双面成形焊接。这是一种难度较高的焊接技术。

目前，在实践中主要分为间断灭弧施焊法和连弧施焊法。两种方法各有其特点，只要掌握得当，均能获得良好质量的焊缝。

一、焊前准备

1. 焊件及坡口尺寸

焊件材质：Q235。

焊件尺寸：300mm×100mm×12mm，两块。

坡口形式及尺寸：V形坡口；坡口尺寸如图1-32所示。

2. 焊接位置及要求

平焊，单面焊双面成形。

3. 焊接材料及设备

焊接材料：E4303，ϕ3.2mm/ϕ4.0mm。

焊接设备：BX3-300。

4. 工具

角磨机、敲渣锤、钢直尺、钢丝刷。

5. 劳动保护用品

防护眼镜、手套、工作服、绝缘鞋等。

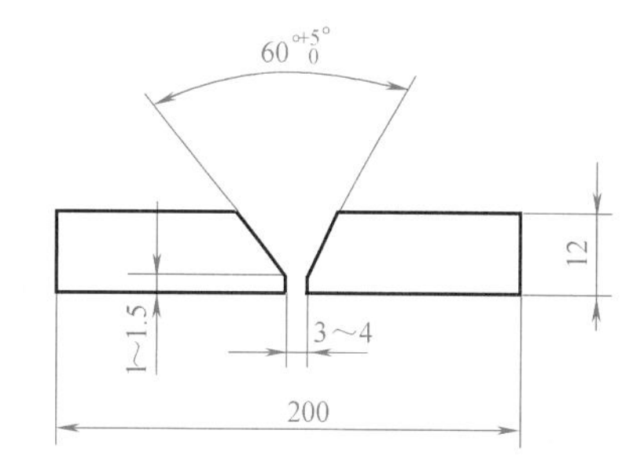

图1-32　焊件及坡口尺寸示意图

6. 焊接参数

低碳钢钢板对接平焊位单面焊双面成形的焊接参数见表1-16。

表1-16　平板对接平焊焊接参数

焊接层次	焊条直径/mm	焊接电流/A
打底层	3.2	110~120
填充层(1)	3.2	130~140
填充层(2)	4.0	170~185
盖面层	4.0	160~170

二、操作要点

1. 焊前清理

将坡口及其两侧 20mm 范围内的铁锈、油污、水及其他污物清理干净，使其露出金属光泽。

2. 装配与定位焊

组对间隙：始焊端 3mm，终焊端 4mm；预留反变形量 3°~4°；错边量≤1mm；钝边 1~1.5mm，如图 1-33 所示。

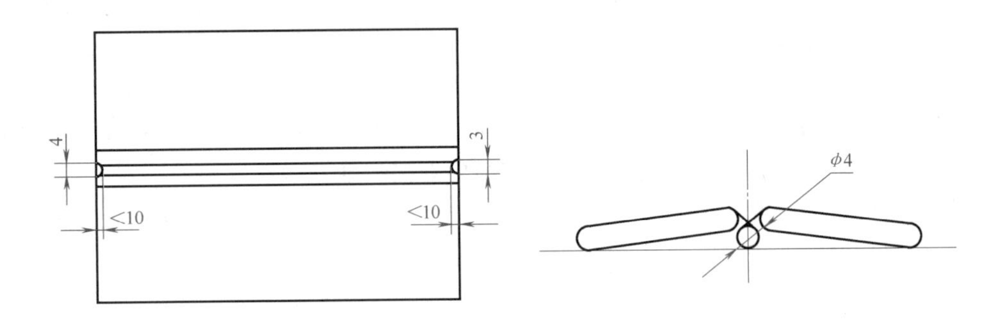

图 1-33　V 形坡口对接平焊装配及反变形示意图

3. 打底焊

打底层的焊接是单面焊双面成形的关键，主要有 3 个重要环节：引弧、收弧、接头。焊条与焊接前进方向之间的角度为 40°~50°，选用灭弧焊一点击穿法。

（1）引弧　在始焊端的定位焊处引弧，并略抬高电弧稍作预热。当焊至定位焊缝尾部时，焊条向下压一下，听到“噗”的一声后立即灭弧，此时熔池前端应有熔孔，熔孔深入两侧母材 0.5~1mm，如图 1-34 所示。当熔池边缘变成暗红、熔池中间仍处于熔融状态时，立即在熔池的中间引燃电弧，焊条略向下轻微地压一下，形成熔池，打开熔孔后立即灭弧，这样反复击穿直到焊完。间距要均匀准确，使电弧的 2/3 压住熔池，1/3 作用在熔池前方，用来熔化和击穿坡口根部形成熔池。

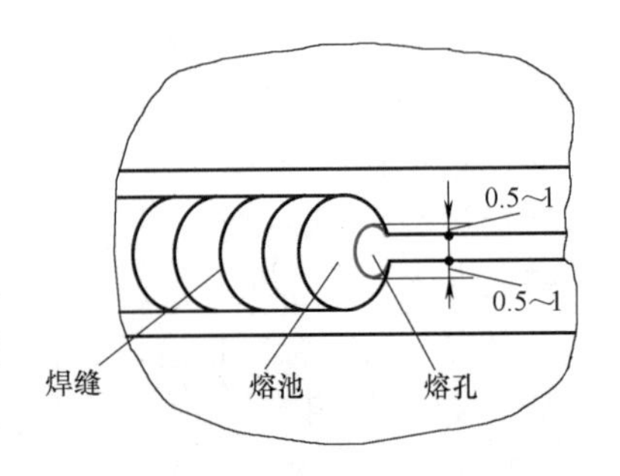

图 1-34　平板对接平焊时熔孔示意图

（2）收弧　即将更换焊条前，应在熔池前方做一个熔孔，然后回焊 10mm 左右，再灭弧；或向末尾熔池的根部送进 2~3 滴熔滴，然后灭弧，以使熔池缓慢冷却，避免接头出现缩孔。

（3）接头　采用热接法。接头时更换焊条的速度要快，在收弧熔池还没有完全冷却时，立即在熔池后 10~15mm 处引弧。当电弧移至收弧熔池边缘时，将焊条向下压，听到击穿声后稍作停顿，然后灭弧。接下来再送进两滴熔滴，以保证接头过渡平整，然后恢复原来的灭弧焊法。

4. 填充焊

填充焊前应对前一层焊缝仔细清理。在距焊缝始焊端前方约 10mm 处引弧后，将电弧迅速移至始焊端并拉长电弧稍作预热，然后压低电弧开始施焊，如图 1-35 所示。每层始焊及每次接头都应按照这样的方法操作，以避免产生缺陷。运条采用横向锯齿形或月牙形，焊条与焊件之间的夹角为 70°~80°。焊条摆动到两侧坡口边缘时要稍作停顿，以利于熔合和排渣，避免焊缝两边未熔合或夹渣。填充焊层的表面应比母材表面低 0.5~1.5mm。

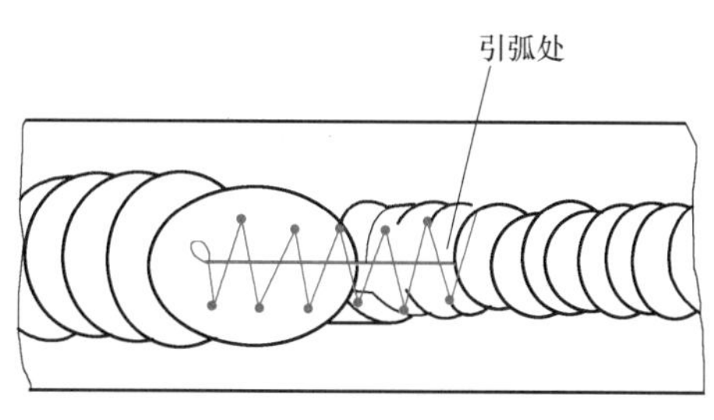

图 1-35　填充层焊接头示意图

5. 盖面焊

盖面层施焊的焊条角度、运条方法及接头方法与填充层相同。焊条与焊件的夹角为 70°~80°，采用锯齿形或月牙形运条。焊条左右摆动时在坡口边缘稍作停顿，熔化坡口棱边线 1~2mm。当焊条从一侧到另一侧时，中间电弧稍抬高一点，观察熔池的形状。焊条摆动的速度比平时稍快一些，前进速度要均匀，每个新熔池覆盖前一个熔池的 2/3~3/4 为佳。更换焊条后再焊接时，应在弧坑前方约 15mm 填充层焊缝金属处引弧，然后迅速将电弧拉回至弧坑处，填满弧坑后继续施焊。

6. 焊后清理

每焊完一层，将焊渣清理干净后再焊接下一层。施焊结束后，应彻底清理焊渣、飞溅。保持焊道原始状态。

三、注意事项

1）焊接过程中要分清熔池金属和熔渣，避免产生夹渣。

2）严格控制熔池尺寸。打底焊在正常焊接时，熔孔直径大小为所用焊条直径的 1.5 倍，将坡口根部两侧各熔化 0.5~1.0mm，可以保证将背面焊透，同时不出现焊瘤。当熔孔直径过小或没有熔孔时，就有可能产生未焊透缺陷。

3）与定位焊缝接头时应特别注意焊缝厚度。

4）对每层焊道的焊渣要彻底清理，特别是边缘死角的焊渣。

5）盖面焊时要保证焊缝边缘和前一层焊缝及母材熔合良好，焊缝边缘要与母材表面圆滑过渡。

任务二　低碳钢对接接头立焊位焊条电弧焊单面焊双面成形

立焊时液态金属在重力作用下易下坠而产生焊瘤，并且熔池金属和熔渣易分离而造成熔池部分脱离熔渣的保护，操作或运条角度不当时，容易产生气孔。因此立焊时，要注意控制焊条角度和短弧焊接，始终保证焊条与焊件表面成 90°角，正常焊接时焊条与焊缝的夹角为 60°~70°，接头时焊条与焊缝的夹角为 70°~80°。

一、焊前准备

1. 焊件及坡口尺寸

焊件材质：Q235。

焊件尺寸：300mm×100mm×12mm，两块。

坡口形式及尺寸：V形坡口；坡口尺寸如图1-36所示。

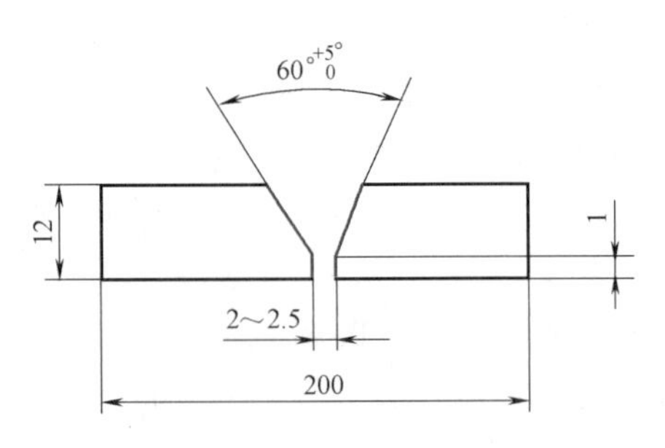

图1-36 焊件及坡口尺寸示意图

2. 焊接位置及要求

立焊，单面焊双面成形。

3. 焊接材料及设备

焊接材料：E4303，ϕ3.2mm。

焊接设备：BX3-300。

4. 工具

角磨机、敲渣锤、钢直尺、钢丝刷。

5. 劳动保护用品

防护眼镜、手套、工作服、绝缘鞋等。

6. 焊接参数

低碳钢钢板对接立焊位单面焊双面成形的焊接参数见表1-17。

表1-17 平板对接立焊焊接参数

焊接层次	焊条直径/mm	焊接电流/A
打底焊(第1层)	3.2	100~110
填充焊(第2层)	3.2	110~120
盖面焊(第3层)	3.2	100~110

二、操作要点

1. 焊前清理

将坡口及其两侧20mm范围内的铁锈、油污、水及其他污物清理干净，使其露出金属光泽。

2. 装配与定位焊

装配间隙：始端为2.0mm，终端为2.5mm。

采用与焊接试件相应型号的焊条进行定位焊，并在试件坡口内两端定位焊，焊点长度为10~15mm，将焊点接头端打磨成斜坡；预置反变形量3°~4°；错边量≤1.2mm。

3. 打底焊

开始焊接时，在试件下端定位焊缝上端5~10mm处引弧，并迅速向下拉到定位焊缝上，预热1~2s后，开始摆动并向上运动；到达定位焊缝上端时，稍加大运条角度，并向前送焊条压低电弧，当听到击穿声形成熔孔后，做锯齿形摆动，每摆动一个来回，将电弧拉长并熄灭，以断弧方式焊接。

在焊接过程中，应使焊接电弧的1/3对着坡口间隙，电弧的2/3覆盖在熔池上，形成熔孔。电弧要在两侧坡口面上稍作停留，以保证焊缝与母材熔合良好。立焊时的熔孔可比平焊时稍大，熔池表面呈水平椭圆形，此时焊条末端离焊件背面1.5~2mm，大约有一半的电弧在试件间隙后面燃烧。

当一根焊条焊完时，应将电弧向左或向右下方拉回10~15mm，并将电弧迅速拉长直至熄灭，以免在弧坑处出现缩孔，并使冷却后的熔池形成缓坡，以利于接头。在接头前应用敲渣锤、钢丝刷将焊渣清理干净。在弧坑上方约 10mm 处的坡口一侧面上引弧，此时焊条的角度应比正常焊接时大 10°左右。电弧引燃后立即拉到原来弧坑上进行预热，然后稍做摆动向上施焊，并逐渐压低电弧（减小电弧长度）移至熔孔处，将焊条向背面压送，并稍作停留，以填满弧坑；当听到击穿声形成新的熔孔时，再进行摆动向上正常施焊，同时恢复正常的焊接角度。

焊接快结束时，为防止背面余高过大，可将焊条角度减小为 30°~40°。

打底焊时，焊层厚度小于或等于 4mm，以利于下一层焊道的焊接。焊接要求采用三层三道焊，焊道布置如图 1-37 所示。

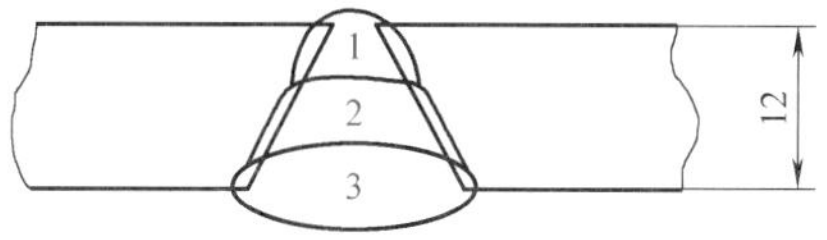

图 1-37　对接立焊焊道布置示意图

4. 填充焊

打底层焊接后要对焊缝区域进行彻底清理，应特别注意清理起焊点、焊接接头处、焊缝与母材交接处。焊接填充层时的引弧、焊接接头方法与打底焊时相同。

焊接过程中采用月牙形或横向锯齿形运条方式，焊条角度与焊接打底层时相同。焊接过程中焊条的摆动幅度要比打底焊时大，焊条摆动到坡口两侧要稍作停留，使熔池与坡口两侧充分熔合，排出焊渣，以防止在焊道两侧产生夹渣。

填充层表面应比母材表面低 1~1.5mm，形成中间低的凹形焊道，以便在盖面层焊接时能看清坡口边缘，保证盖面焊的顺利进行。

5. 盖面焊

盖面层的清理与填充层要求一样。焊接盖面层时的引弧、焊接接头方法与填充层焊接相同。

焊接过程中采用月牙形或横向锯齿形运条方式，焊条角度与焊接填充层时相同。焊条摆动到坡口两侧要稍作停留，注意控制使坡口边缘的母材熔化 1~2mm，并控制好弧长及摆动幅度，以防止出现咬边现象。焊接速度要均匀，每一次摆动形成的新熔池应覆盖前一个熔池的 2/3~3/4，以形成良好的焊缝外观。

6. 焊后清理

焊接完成后应对焊缝区域进行彻底清理，要求对焊接附着物，如焊渣、飞溅物等彻底清除干净，必要时可用扁铲等工具清理大的飞溅物，但要注意不能留下扁铲剔过的痕迹。清理之前，焊件要经自然冷却，未经允许，不可将焊件放在水中冷却。清理过程中要注意安全，防止烫伤、砸伤及飞溅入眼。

三、注意事项

1）焊接过程中，要分清熔池金属和熔渣，避免产生夹渣。

2）在立焊时密切注意熔池形状。发现椭圆形熔池下部边缘由比较平直的轮廓逐步变成鼓肚或变圆时，表示熔池温度已稍高或过高，应立即灭弧，降低熔池温度，可避免产生焊瘤，如图 1-38 所示。

3）严格控制熔池尺寸。打底焊在正常焊接时，熔孔直径大约为所用焊条直径的 1.5 倍，将坡口钝边熔化 0.8~1.0mm，可保证焊缝背面焊透，同时不出现焊瘤。当熔孔直径过小或

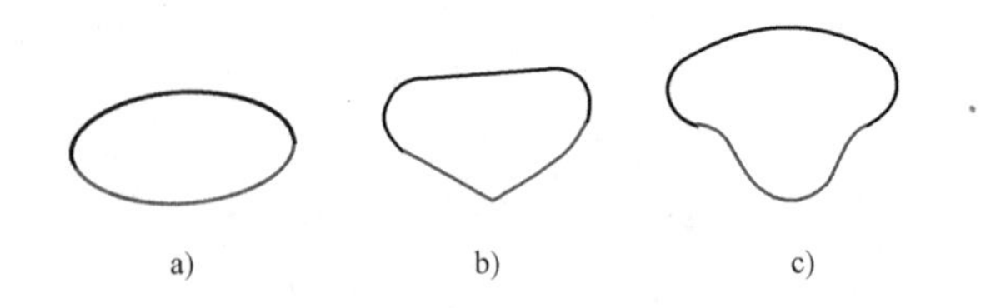

图 1-38 熔池形状和温度的关系

a）正常熔池，正常温度 b）下部边缘鼓肚表示熔池温度稍高 c）下部边缘变圆表示熔池温度过高

没有熔孔时，就有可能产生未焊透。

4）与定位焊缝接头时，应特别注意焊透。

5）对每层焊道的焊渣要彻底清理，特别是边缘死角的焊渣。

6）盖面焊时要保证焊缝边缘和前一层焊缝熔合良好。焊缝边缘要和母材表面圆滑过渡。

第二章　埋　弧　焊

埋弧焊是目前广泛使用的一种生产率较高的自动化焊接方法。它是利用电弧热作为热源，电弧在一层颗粒状的可熔化焊剂覆盖下燃烧，电弧光不外露，由此得名，英文缩写SAW。埋弧焊与焊条电弧焊相比，虽然灵活性差一些，但焊接质量好、效率高、成本低、劳动条件好。

第一节　埋弧焊概述

学习目标

能正确描述埋弧焊的原理、特点及应用。

一、埋弧焊的工作原理

埋弧焊的焊接过程如图 2-1 所示。焊接时电源的两极分别接在导电嘴和焊件上，焊丝通过与导电嘴的滑动接触与电源连接，在焊丝周围撒上焊剂，然后接通电源，焊丝由送丝机构经送丝滚轮和导电嘴送入焊接电弧区。电流经过电源、连接电缆、导电嘴、焊丝、电弧、熔池与焊件构成焊接回路。焊接时，焊机的起动、引弧、送丝、机头（或焊件）的移动等过程全由焊机进行机械化控制，焊工只需按动相应的按钮即可完成工作。焊接后，未被熔化的焊剂可通过焊剂回收装置自动回收或经人工清理回收。

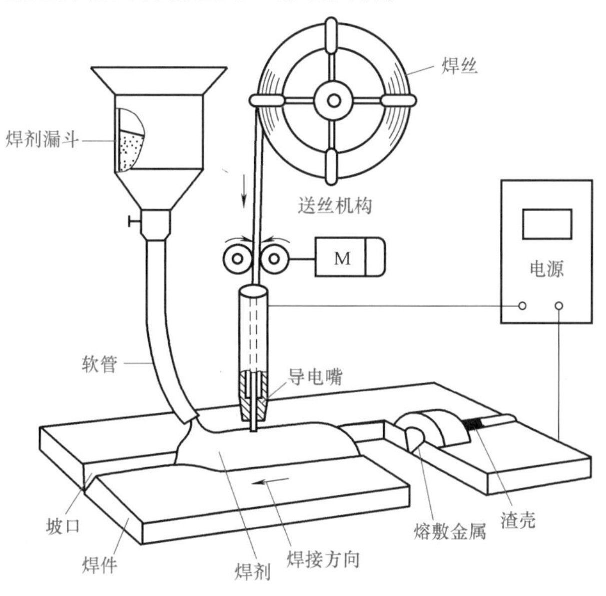

图 2-1　埋弧焊焊接过程示意图

当焊丝和焊件之间引燃电弧后，电弧热将焊丝端部及电弧附近的焊件母材和焊剂熔化，部分金属和焊剂蒸发，金属和焊剂的蒸发气体形成一个气泡，电弧就在这个气泡中燃烧，如图2-2所示。气泡的上部被一层熔化的焊剂包围。熔化的焊丝与熔化的母材混合形成金属熔池。熔化的焊剂成为熔渣。熔渣外层是未熔化的焊剂，它们一起保护着熔池，使其与周围空气隔离，并使电弧光辐射不能散射出来。同时，熔渣与熔化金属发生冶金反应，从而影响焊缝金属的化学成分。电弧向前移动时，电弧力将熔池中的液态金属排向后方，这部分熔池金属冷却凝固成焊缝，熔渣也凝固成焊渣覆盖在焊缝表面。

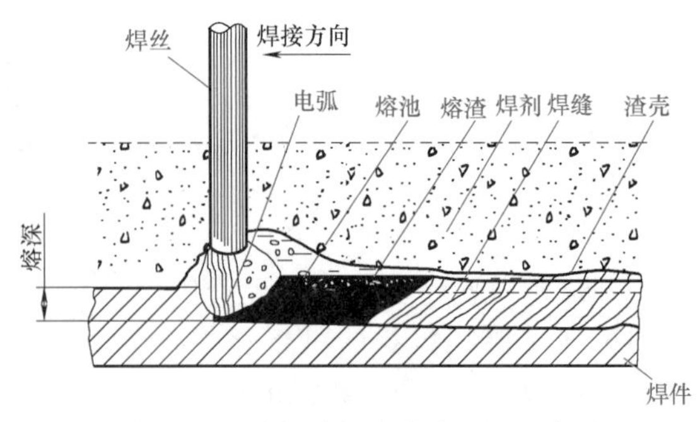

图2-2　埋弧焊时焊缝形成过程示意图

埋弧焊与焊条电弧焊的主要区别在于：它的引弧、维持电弧稳定燃烧、送进焊丝、电弧的移动，以及焊接结束时填满弧坑等动作，全部是利用机械机构自动进行的。

二、埋弧焊的工艺特点

1. 埋弧焊的优点

与焊条电弧焊相比，埋弧焊具有以下优点。

（1）焊接生产率高　埋弧焊的电弧功率、熔深及焊丝的熔化速度都相应增大，见表2-1，因此使埋弧焊的焊接速度大大提高。以板厚为8~10mm的钢板对接为例，单丝埋弧焊焊接速度可达30~50m/h；若采用双丝和多丝焊，速度还可提高1倍以上；焊条电弧焊的焊接速度则不超过6~8m/h；故埋弧焊与焊条电弧焊相比有更高的生产率。

表2-1　焊条电弧焊与埋弧焊的焊接电流和电流密度比较

焊条或焊丝直径/mm	焊条电弧焊		埋弧焊	
	焊接电流/A	电流密度/(A/mm²)	焊接电流/A	电流密度/(A/mm²)
2.0	50~65	16~25	200~400	63~125
3.2	80~130	11~18	350~600	50~85
4.0	125~200	10~16	500~800	40~63
5.0	190~250	10~18	700~1000	35~50

（2）焊缝质量好　埋弧焊时，焊缝金属中的含氮量降低，见表2-2。焊缝产生气孔、裂纹等缺陷的可能性减少。此外，埋弧焊时，焊接参数可通过自动调节保持稳定，焊缝质量对焊工操作技术的依赖程度可大大降低。因此，焊缝的化学成分稳定，表面成形美观，力学性能好。

（3）节约焊接材料和电能　埋弧焊减少了焊缝中焊丝的填充量、金属的烧损和飞溅，电弧的辐射明显减少，热效率高，见表2-3。因此，在单位长度焊缝上所消耗的电能大大降低。

表 2-2　焊条电弧焊与埋弧焊电弧区的气体成分

焊接方法	电弧中的气体成分					焊缝中的含氮量 φ(N)
	φ(CO)	φ(CO_2)	φ(H_2)	φ(N_2)	w(H_2O)	
焊条电弧焊(钛型)	46.7%	5.3%	34.5%		13.5%	0.02%
埋弧焊(焊剂 HJ431)	89%~93%		7%~9%	≤1.5%		0.002%

注：φ 为体积分数，w 为质量分数。

表 2-3　焊条电弧焊与埋弧焊的热量平衡比较

焊接方法	产热(%)		耗热(%)					
	两个极区	弧柱	辐射	飞溅	熔化焊条(丝)	熔化母材	母材传热	熔化药皮或焊剂
焊条电弧焊	66	34	22	10	23	8	30	7
埋弧焊	54	46	1	1	27	45	3	25

(4) 劳动条件好　埋弧焊实现了焊接过程的机械化，操作较简便，焊接过程中操作者只需监控焊机，因而大大减轻了焊工的劳动强度。另外，埋弧焊时电弧是在焊剂层下燃烧，没有弧光的有害影响，放出的烟尘和有害气体也较少，所以焊工的劳动条件大为改善。

2. 埋弧焊的缺点

(1) 一般仅限于平焊位　因为采用颗粒状焊剂，为保证焊剂、熔池金属和熔渣不流失，埋弧焊通常只适用于平焊位置焊接。

(2) 对焊件装配质量要求高　由于电弧在焊剂层下燃烧，操作人员不能直接观察电弧与坡口的相对位置，当焊件装配质量不好时易焊偏或未焊透。因此，埋弧焊时焊件装配必须保证接口间隙均匀、焊件平整无错边现象。

(3) 不适合焊接薄板和短焊缝　对于埋弧焊，焊接电流小于 100A 时电弧稳定性不好，故不适合焊接厚度小于 1mm 的焊件。另外，埋弧焊由于受焊接小车的机动灵活性的影响，一般只适合焊接长直焊缝或大圆弧焊缝，焊接弯曲、不规则的焊缝或短焊缝则比较困难。

(4) 焊接设备较为复杂，维修保养的工作量大　对于单件或批量较小、焊接工作量并不大的场合，辅助准备工作所占比例增加，限制了埋弧焊的应用。

三、埋弧焊的应用

1. 焊缝位置和焊件厚度方面

凡是焊缝可以保持在水平位置或倾斜度不大的焊件，不管是对接、角接和搭接接头，都可以用埋弧焊焊接各种焊接结构中的对接焊缝、角焊缝和搭接焊缝等。

埋弧焊可焊接的焊件厚度范围很大。除了厚度在 5mm 以下的焊件由于容易烧穿，埋弧焊用得不多外，较厚的焊件都适用于埋弧焊焊接。目前，埋弧焊焊接的最大焊件厚度已达 650mm。

2. 金属材料方面

埋弧焊可以焊接低碳钢、低合金钢、耐蚀和耐热不锈钢、镍基合金、铜合金等。此外，埋弧焊还可在基体金属表面堆焊耐磨或耐蚀的合金层。铸铁因不能承受高热输入量引起的热应力，一般不能采用埋弧焊焊接。铝、镁及其合金因没有适用的焊剂，目前还不能使用埋弧焊焊接。铅、锌等低熔点金属材料也不适合用埋弧焊焊接。

3. 产品结构方面

埋弧焊适合焊接具有长而规则焊缝的大型结构。大型结构一般用在造船、锅炉、化工容器、桥梁、起重机械及冶金机械制造等生产领域，在这些领域埋弧焊应用最为广泛，最能发挥埋弧焊快速、高效的特点。

四、埋弧焊的分类

近年来，埋弧焊作为一种高效、优质的焊接方法有了很大的发展，已演变出多种埋弧焊工艺方法并在工业生产中得到实际应用。按送丝方式、焊丝数量及焊缝成形条件等，埋弧焊分类及应用范围见表 2-4。

表 2-4 埋弧焊分类及应用范围

分类依据	分类名称	应用范围
按送丝方式	等速送丝埋弧焊	细焊丝高电流密度
	变速送丝埋弧焊	粗焊丝低电流密度
按焊丝数目或形状	单丝埋弧焊	常规对接、角接、筒体纵缝、环缝焊
	双丝埋弧焊	高生产率对接、角接焊
	多丝埋弧焊	螺旋焊管等超高生产率对接焊
	带极埋弧焊	耐磨、耐蚀合金堆焊
按焊缝成形条件	双面埋弧焊	常规对接焊
	单面焊双面成形埋弧焊	高生产率对接焊，难以双面焊的对接焊

五、埋弧焊的冶金特点

埋弧焊最主要的冶金反应有硅、锰的还原，碳的氧化（烧损）反应，以及焊缝中氢、硫、磷含量的控制等。

1. 焊缝中硅、锰的还原反应

低碳钢埋弧焊时，主要采用高锰高硅低氟型熔炼焊剂 HJ430 和 HJ431，并配用 H08A 型焊丝。焊剂的主要成分是 MnO 和 SiO_2，它们的渣系为 MnO-SiO_2。因此焊接时在熔渣与液态金属间将会发生如下反应：

$$2[Fe]+(SiO_2)\Leftrightarrow 2(FeO)+[Si]$$
$$[Fe]+(MnO)\Leftrightarrow (FeO)+[Mn]$$

由实验得知，用高锰高硅低氟焊剂焊接低碳钢时，通常 w(Mn) 的过渡量为 0.1%~0.4%，而 w(Si) 的过渡量为 0.1%~0.3%。在实际生产条件下，可以根据焊缝化学成分的要求，调节上述各种因素，以达到控制硅、锰含量的目的。

2. 埋弧焊时碳的氧化烧损

低碳钢埋弧焊时，由于使用的熔炼焊剂中不含碳元素，因而碳只能从焊丝及母材进入焊接熔池。焊丝熔滴中的碳在过渡过程中发生非常剧烈的氧化反应：

$$C+O\Leftrightarrow CO$$

在熔池内也有一部分碳被氧化，其结果将使焊缝中的碳元素烧损而出现脱碳现象。由于碳的剧烈氧化，熔池的搅动作用增强，使熔池中的气体容易析出，有利于遏制焊缝中气孔的形成。

由于焊缝中碳的含量对焊缝的力学性能有很大的影响，所以碳烧损后必须补充其他强化焊缝金属的元素，才可保证焊缝的力学性能要求，这正是焊缝中硅、锰元素一般都比母材高的原因。

3. 硫、磷杂质的限制

低碳钢埋弧焊所用的焊丝对硫、磷有严格的限制，一般要求 w(S、P)≤0.040%。低碳钢埋弧焊常用的熔炼型焊剂可以在制造过程中通过冶炼限制硫、磷含量，使焊剂中的硫、磷含量控制在 w(S、P)≤0.1%。用非熔炼型焊剂焊接时，焊缝中的硫、磷含量则较难控制。

4. 熔池中的去氢反应

埋弧焊时对氢的敏感性比较大，防止气孔和冷裂纹的重要措施就是去除熔池中的氢。一方面清除焊丝和焊件表面的水分、铁锈、油和其他污物，并按要求烘干焊剂；另一方面由焊剂中加入的氟化物分解出的氟元素和某些氧化物中分解出的氧元素，通过高温冶金反应与氢结合成不溶于熔池的化合物以去除氢。

习 题

一、填空题

1. 埋弧焊时，焊缝金属中__________降低，减少了焊缝中产生__________等缺陷的可能性。

2. 埋弧焊按焊丝数目或形状分为__________、__________、__________和__________等。

3. 埋弧焊最主要的冶金反应有__________，__________，以及焊缝中__________等。

二、单选题

1. 与焊条电弧焊相比，(　　) 不是埋弧焊的缺点。

A. 节约焊接材料和电能　　B. 不适合焊接薄板

C. 焊接设备较复杂，维修保养工作量大　　D. 仅适用于长焊缝的焊接

2. 埋弧焊焊接方法代号是（　　）。

A. 131　　B. 12　　C. 111　　D. 141

三、判断题

1. 与焊条电弧焊相比，埋弧焊生产率高、焊缝质量好、节约焊接材料和电能、焊工劳动条件好，而且对焊工操作技术要求较低。(　　)

2. 埋弧焊可焊接低碳钢、低合金钢、调质钢和镍合金，可焊接耐蚀和耐热不锈钢，纯铜可以采用埋弧焊和埋弧堆焊。(　　)

3. 埋弧焊只适用于平焊和平角焊。(　　)

4. 埋弧焊与焊条电弧焊相比，对气孔敏感性较小。(　　)

四、简答题

简述埋弧焊的工作原理。

第二节　埋弧焊的焊接材料选用

学习目标

1）熟知焊丝的作用、分类和选用。
2）了解焊剂的分类。
3）掌握焊丝和焊剂的配合原则。

埋弧焊的焊接材料包括焊丝和焊剂，它们相当于焊条的焊芯和药皮。埋弧焊时，焊丝和焊剂直接参与焊接过程中的冶金反应，因而它们的化学成分和物理特性都会影响焊接工艺过程，并通过焊接过程对焊缝金属的化学成分、组织和性能产生影响。正确选择焊剂和焊丝并合理地配合使用，是埋弧焊技术的一项重要内容。

一、焊丝的选用

1. 焊丝的分类

根据成分和用途，可将焊丝分为碳素结构钢焊丝、合金结构钢焊丝和不锈钢焊丝 3 大类。焊丝按照结构不同有实心焊丝和药芯焊丝，生产中普遍使用的是实心焊丝，药芯焊丝只用于特殊场合，例如耐磨堆焊。

2. 焊丝的选择

埋弧焊用的焊丝依据所焊金属的不同，按国家标准 GB/T 14957—1994《熔化焊用钢丝》及 GB/T 4241—2017《焊接用不锈钢盘条》规定的钢种和牌号选用。

为适应焊接不同厚度材料的要求，同一牌号的焊丝可加工成不同的直径。埋弧焊常用的焊丝直径有 2mm、3mm、4mm、5mm、6mm 和 8mm 等。各种直径的低碳钢焊丝埋弧焊时使用的电流范围见表 2-5。

表 2-5　各种直径的低碳钢焊丝埋弧焊时使用的电流范围

焊丝直径/mm	2.0	2.5	3.0	4.0	5.0	6.0
焊接电流/A	125～600	150～700	200～1000	340～1100	400～1300	600～1600

可见对于一定的电流值可能使用不同直径的焊丝。同一电流使用较小直径的焊丝时，焊缝熔深较大、熔宽较小。当焊件装配不良时，宜选用较粗的焊丝。

在选择埋弧焊用焊丝时，最主要的是考虑焊丝中锰和硅的含量。无论是采用单道焊还是多道焊，应考虑焊丝向熔敷金属中过渡的锰、硅对熔敷金属力学性能的影响。埋弧焊焊接碳素结构钢和某些低合金结构钢时，推荐选用低碳焊丝 H08A、H08 和含锰焊丝 H08Mn 及 H10Mn2，其中以 H08A 的应用最为普遍。对于合金结构钢或不锈钢等合金元素含量较高的材料，焊接时则应选用与母材成分相同或相似的焊丝。

3. 焊丝的使用

使用时，要求将焊丝表面的油、锈等清理干净，以免影响焊接质量。除不锈钢焊丝和有色金属焊丝外，各种低碳钢和低合金钢焊丝的表面镀有一薄层铜，可防止焊丝生锈，也可改善焊丝与导电嘴的接触状况。

焊丝一般成卷供应，使用前要盘卷到焊丝盘上，每盘焊丝应由一根焊丝绕成。要防止焊丝产生局部小弯曲，否则会影响焊接时焊丝的正常送进，破坏焊接过程的稳定，严重时会迫使焊接过程中断。

二、焊剂的选用

埋弧焊时，能够熔化形成熔渣和气体、对熔化金属起保护作用并进行冶金反应的颗粒状物质称为焊剂。它是埋弧焊不可缺少的一种焊接材料。

1. 焊剂的分类

埋弧焊焊剂的分类方法很多，通常按焊剂的制造方法、化学成分、化学性质、颗粒结构等分类，如图 2-3 所示。

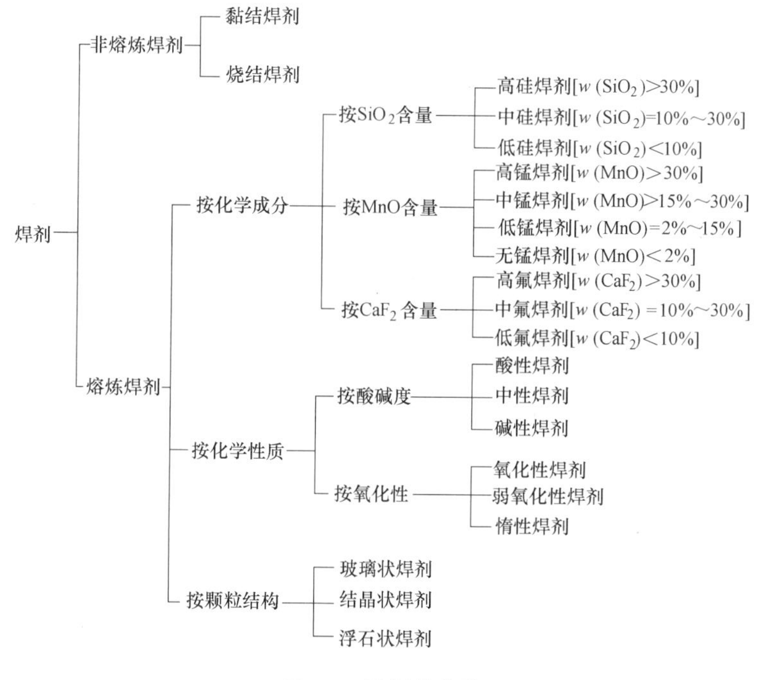

图 2-3　焊剂的分类

（1）按焊剂的制造方法分类　焊剂可分为熔炼焊剂、黏结焊剂和烧结焊剂 3 大类。

1）熔炼焊剂是将所需原料放在电弧炉中熔炼，然后用水激冷、粉碎，烘干使用。其主要优点是：化学成分均匀、防湿性好、颗粒强度高、便于重复使用。它是目前国内生产中应用最多的一种焊剂。其缺点是：制造过程要经过高温熔炼，合金元素已被氧化，因此焊剂中不能加入碳酸盐、脱氧剂和合金剂。

2）烧结焊剂是将原材料粉碎，按一定比例和黏结剂一起混合，制成细粒状，然后在 400~1000℃ 高温烘干。

3）黏结焊剂是指将一定的粉料加入适量黏结剂（水玻璃），经混合搅拌，在低温（400℃以下）烘干而制成的一种焊剂。

后两种焊剂都属于非熔炼焊剂。由于没有熔炼过程，所以化学成分不均匀，但可以在焊剂中添加铁合金，利用合金元素来改善焊剂性能，增大焊缝金属的合金化。尤其是烧结焊剂，不但具有优良的焊接工艺，其最大的优点是通过焊剂向焊缝金属中渗入合金元素，从而降低了焊丝的成本，是当前广泛采用的一种新型焊接材料。

(2) 按焊剂的化学成分分类 可按主要成分 SiO_2、MnO 和 CaF_2 单独或组合的含量来分类。

1）按 SiO_2 含量，焊剂分为高硅焊剂 [$w(SiO_2)>30\%$]、中硅焊剂 [$w(SiO_2)=10\%\sim30\%$] 和低硅焊剂 [$w(SiO_2)<10\%$]。

2）按 MnO 含量，焊剂分为高锰焊剂 [$w(MnO)>30\%$]、中锰焊剂 [$w(MnO)=15\%\sim30\%$]、低锰焊剂 [$w(MnO)=2\%\sim15\%$] 和无锰焊剂 [$w(MnO)<2\%$]。

3）按 CaF_2 含量，焊剂分为高氟焊剂 [$w(CaF_2)>30\%$]、中氟焊剂 [$w(CaF_2)=10\%\sim30\%$] 和低氟焊剂 [$w(CaF_2)<10\%$]。

也可按焊剂所属的渣系来分类：硅锰型、硅钙型、高铝型、氟碱型等。

(3) 按焊剂（熔渣）的氧化性分类 可将焊剂分成氧化性焊剂、弱氧化性焊剂和惰性焊剂。

(4) 按酸碱度分类 可将焊剂分为酸性焊剂、中性焊剂和碱性焊剂。

(5) 按用途分类 有埋弧焊用焊剂、堆焊用焊剂和电渣焊用焊剂等；按被焊金属材料分类，有碳钢用焊剂、低合金钢用焊剂、不锈钢用焊剂和各种非铁金属用焊剂等。

2. 焊剂的选择

焊剂和焊丝的正确选用及二者之间的合理配合，是获得优质焊缝的关键，也是埋弧焊工艺过程的重要环节，所以必须按焊件的成分、性能和要求，正确、合理地选配焊剂和焊丝，见表 2-6。

表 2-6 焊丝和焊剂的配合

钢 种	焊 剂	焊 丝
低碳钢	高锰高硅焊剂	低碳钢焊丝或含锰焊丝，如 H08A、H08Mn
	无锰高硅或低锰中硅焊剂	高锰焊丝，如 H08Mn 或 H10Mn2
低合金高强度钢	中锰中硅焊剂	与母材等强度的焊丝
	低锰中硅焊剂	
低温钢 耐热钢 耐蚀钢	中硅或低硅型焊剂	与母材成分相当的焊丝
不锈钢	高碱度中硅或低硅焊剂	选用合金含量比母材高的焊丝
	专用的烧结焊剂或黏结焊剂	合金成分较低的焊丝

(1) 焊接低碳钢和强度等级较低的合金钢 这类钢埋弧焊时，选配焊剂和焊丝通常以满足力学性能要求为主，使焊缝强度达到与母材等强度，同时要满足其他力学性能指标要求。在此前提下，可选用两种配合方式中的任何一种，即用高锰高硅焊剂配合低碳钢焊丝或含锰焊丝；或用无锰高硅或低锰中硅焊剂配合高锰焊丝。

(2) 焊接低合金高强度钢 焊接低合金高强度钢时，除要使焊缝与母材等强度外，还要特别注意提高焊缝的塑性和韧性，一般选用中锰中硅或低锰中硅焊剂配合相应钢种焊丝。

(3) 焊接低温钢、耐热钢和耐蚀钢 这类钢埋弧焊时，选择的焊剂和焊丝首先要保证焊缝具有与母材相同或相近的耐低温或耐热、耐蚀性能，为此可选用中硅或低硅型焊剂与相应的合金钢焊丝配合。

（4）焊接奥氏体不锈钢及高合金钢　焊接奥氏体不锈钢时，主要是保证焊缝与母材有相近的化学成分，同时满足力学性能和抗裂性能等方面的要求。由于在焊接过程中，铬、钼等主要合金元素会烧损，应选用合金含量比母材高的焊丝；焊剂要选用碱度高的中硅或低硅焊剂，以防止焊缝增硅而使性能下降。如果只有合金成分较低的焊丝，也可以配用专用的烧结焊剂或黏结焊剂，依靠焊剂过渡必要的合金元素，同样可以获得满意的焊缝成分和性能。

常用埋弧焊焊剂的用途及配用的焊丝见表 2-7。

表 2-7　常用埋弧焊焊剂的用途及配用的焊丝

焊剂类别	焊剂型号	成分类型	用途	配用焊丝	适用电流种类
熔炼焊剂	HJ130	无 Mn 高 Si 低 F	优质碳素结构钢	H10Mn2	交直流
	HJ131	无 Mn 高 Si 低 F	Ni 基合金	Ni 基焊丝	交直流
	HJ150	无 Mn 中 Si 中 F	轧辊堆焊	H20Cr13、H3Cr2W8	直流
	HJ151	无 Mn 中 Si 中 F	奥氏体不锈钢	相应钢种焊丝	直流
	HJ172	无 Mn 低 Si 高 F	含 Nb、Ti 不锈钢	相应钢种焊丝	直流
	HJ173	无 Mn 低 Si 高 F	MnAl 高合金钢	相应钢种焊丝	直流
	HJ230	低 Mn 高 Si 低 F	低碳钢、低合金钢	H08Mn、H10Mn2	交直流
	HJ250	低 Mn 中 Si 中 F	低合金高强度钢	相应钢种焊丝	直流
	HJ251	低 Mn 中 Si 中 F	珠光体耐热钢	Cr-Mo 钢焊丝	直流
	HJ252	低 Mn 中 Si 中 F	15MnV、14MnMoV 18MnMoNb	H08MnMo、H10Mn2	直流
	HJ260	低 Mn 高 Si 中 F	不锈钢、轧辊堆焊	不锈钢焊丝	直流
	HJ330	中 Mn 高 Si 低 F	重要低碳钢、低合金钢	H08Mn、H10Mn2	交直流
	HJ350	中 Mn 中 Si 中 F	重要低合金高强度钢	Mn-Mo、Mn-Si 及含 Ni 高强钢焊丝	交直流
	HJ351	中 Mn 中 Si 中 F	MnMo、MnSi 及含 Ni 的低合金钢	相应钢种焊丝	交直流
	HJ430	高 Mn 高 Si 低 F	重要低碳钢、低合金钢	H08A、H08Mn	交直流
	HJ431	高 Mn 高 Si 低 F	重要低碳钢、低合金钢	H08A、H08Mn	交直流
	HJ432	高 Mn 高 Si 低 F	重要低碳钢、低合金钢（薄板）	H08A	交直流
	HJ433	高 Mn 高 Si 低 F	低碳钢	H08A	交直流
烧结焊剂	SJ101	碱性（氟碱型）	重要低合金钢	H08Mn、H08MnMo、H08Mn2Mo、H10Mn2	交直流
	SJ301	中性（硅钙型）	低碳钢、锅炉钢	H08Mn、H10Mn2、H08MnMo	交直流
	SJ401	酸性（硅锰型）	低碳钢、低合金钢	H08A	交直流
	SJ501	酸性（铝钛型）	低碳钢、低合金钢	H08A、H08Mn	交直流
	SJ502	酸性（铝钛型）	低碳钢、低合金钢	H08A	交直流

3. 焊剂的使用

(1) 焊剂颗粒度 通常焊剂供应的粒度为 0.25~2mm（烧结焊剂）、0.4~2.5mm（熔炼焊剂），也可提供特种颗粒的焊剂。

焊剂颗粒度的选择主要依据焊接参数。一般大电流焊接时，应选择细粒度焊剂，以免引起焊道外观成形变差；小电流焊接时，应选用粗粒度焊剂，否则气体逸出困难，易产生麻点、凹坑甚至气孔等缺陷；高速焊时，为保证气体充分逸出，也应选用相对较粗粒度的焊剂。

(2) 焊剂的烘干 焊剂应妥善保管，并存放在干燥、通风的库房内，尽量降低库房湿度，防止焊剂受潮。使用前，应对焊剂进行烘干。

熔炼焊剂要求在 200~250℃下烘干 1~2h；烧结焊剂要求在 300~400℃下烘干 1~2h。

(3) 焊剂的回收利用 焊剂可以回收并重新利用。但回收的焊剂，因灰尘、铁锈等杂质被带入以及焊剂粉化而使粒度细化，故应对回收焊剂过筛，随时添加新焊剂并充分拌匀后再使用。

习　题

一、填空题

1. 根据成分和用途，可将焊丝分为________、________和________3 大类。

2. 焊丝按结构不同可分为________和________。

3. 在选择埋弧焊用焊丝时，最主要的是考虑焊丝中______和______的含量。

4. 埋弧焊焊接碳素结构钢和某些低合金结构钢时，以焊丝________应用最为普遍。

5. 对于合金结构钢或不锈钢等合金元素含量较高的材料，埋弧焊时应选用________焊丝。

6. 焊剂按制造方法可分为________、________和________3 大类。

二、单选题

1. 按照焊剂中添加的脱氧剂、合金剂，可以将焊剂分为中性焊剂、活性焊剂和（　　）。

A. 黏结焊剂　　B. 烧结焊剂　　C. 合金焊剂　　D. 高锰焊剂

2. 下列焊接材料中不属于烧结焊剂的是（　　）。

A. SJ301　　B. SJ101　　C. HJ431　　D. SJ401

3. 埋弧焊用焊丝要严格清理，焊丝表面的油、锈及拔丝用的润滑剂都要清理干净，以免污染焊缝而造成（　　）。

A. 气孔　　B. 裂纹　　C. 夹渣　　D. 白点

4. 一般焊剂须在 250℃温度下烘干，并保温 1~2h。限用直流焊接的焊剂使用前必须经（　　）烘干，并保温 2h，烘干后应立即使用。

A. 350~400℃　　B. 250~400℃

C. 250~350℃　　D. 200~300℃

三、判断题

1. 同一电流使用较小直径的焊丝时，可获得熔深较大、熔宽较小的焊缝。 (　　)

2. 各种低碳钢和低合金钢焊丝的表面镀有一薄层铜，可防止焊丝生锈，也可改善焊丝与导电嘴的接触状况。 (　　)

3. 一般大电流焊接时，应选择细粒度焊剂；小电流焊接时，应选用粗粒度焊剂；高速焊时，应选用相对较粗粒度的焊剂。 (　　)

4. 焊剂可以回收并重新利用。 (　　)

5. 回收的焊剂要过筛清除焊渣等杂质后才能使用。 (　　)

四、简答题

简述焊丝和焊剂的配合原则。

第三节　埋弧焊的焊件准备

学习目标

1）了解埋弧焊坡口的基本形式。

2）掌握坡口的清理方法。

3）熟悉焊件组对和定位焊的方法。

埋弧焊的焊件准备包括焊件的坡口加工、焊件的清理与装配等工作。这些准备工作与焊接质量的好坏有着十分密切的关系，所以必须认真完成。

一、坡口的加工

1. 坡口的形式

由于埋弧焊可使用较大的电流焊接，电弧具有较强穿透力，所以当焊件厚度不太大时，一般不开坡口也能将焊件焊透。厚度为12mm以下的板材，可以不开坡口，采用双面焊接，可达到全焊透的要求。但随着焊件厚度的增加，不能无限地提高焊接电流，为了保证焊件焊透，并使焊缝有良好的成形，应在焊件上开坡口。坡口形式以V形、X形、U形最为常用。当焊件厚度为10~24mm时，多为V形坡口；厚度为24~60mm时，可开X形坡口；对一些要求高的厚大焊件的重要焊缝，如锅炉、压力容器等，一般多开U形坡口。常见板厚的坡口形式见表2-8。

表2-8　埋弧焊常见板厚的坡口形式

板厚 δ/mm	坡口形式	坡口角度 α	根部间隙 b/mm	钝边 p/mm	备　注
6	I形	—	≤0.5δ,最大5	—	带衬垫,衬垫厚度至少5mm或0.5δ
8	I形	—	≤0.5δ,最大5	—	带衬垫,衬垫厚度至少5mm或0.5δ
10	I形	—	≤0.5δ,最大5	—	带衬垫,衬垫厚度至少5mm或0.5δ
12	I形	—	≤0.5δ,最大5	—	带衬垫,衬垫厚度至少5mm或0.5δ

（续）

板厚 δ/mm	坡口形式	坡口角度 α	根部间隙 b/mm	钝边 p/mm	备　注
14	V形	60°	$4 \leq b \leq 8$	≤2	带衬垫，衬垫厚度至少5mm或0.5δ
16	V形	60°	$4 \leq b \leq 8$	≤2	带衬垫，衬垫厚度至少5mm或0.5δ
18	V形	60°	$4 \leq b \leq 8$	≤2	带衬垫，衬垫厚度至少5mm或0.5δ
20	V形	60°	$4 \leq b \leq 8$	≤2	带衬垫，衬垫厚度至少5mm或0.5δ

埋弧焊焊缝坡口的基本形式已经标准化，各种坡口适用的厚度、基本尺寸和标注方法可参照GB/T 985.2—2008《埋弧焊的推荐坡口》中的规定。

2. 坡口的加工方法

坡口常用气割或机械方法制备。气割一般采用半自动或自动气割机割出直边、V形和双X形坡口。手工气割很难保证坡口边缘的平直和光滑，对焊接质量的稳定性有较大影响，尽可能不采用。如果必须采用手工气割加工坡口，一定要把坡口修磨到符合要求后才能装配焊接。用刨削、车削等机械加工方法制备坡口，可以达到比气割坡口更高的精度。目前，U形坡口通常采用机械加工方法制备。

3. 坡口的清理

焊件装配前，需将坡口及其附近10~20mm区域表面上的锈蚀、油污、氧化物、水分等清理干净。坡口上的铁锈、氧化皮、气刨的残渣、漆、油污等物，会导致气孔、夹杂、未焊透等缺陷。大量生产时可采用喷丸处理；批量不大时，也可用手工清理，即用钢丝刷、风动和电动砂轮或钢丝轮等进行清除；必要时还可用氧乙炔焰烘烤焊接部位，以烧掉焊件表面的污垢和油漆，并烘干水分。机械加工的坡口容易在坡口表面沾染切削液或其他油脂，焊前也可用挥发性溶剂将污染部位清洗干净。

二、焊件的组装

1. 焊件的装配

焊件装配时必须保证接缝间隙均匀，高低平整不错边。装配时，焊件必须用夹具或通过定位焊缝可靠地固定。

埋弧焊引弧处的焊缝质量较差，引弧端头常有未焊透及夹渣等缺陷；熄弧处存在弧坑，使焊缝的余高较低，难以满足强度要求，有时也会出现气孔和裂纹等缺陷。因此，对于直缝的焊件装配，须在接缝两端加装引弧板和用于熄弧的引出板，如图2-4所示。

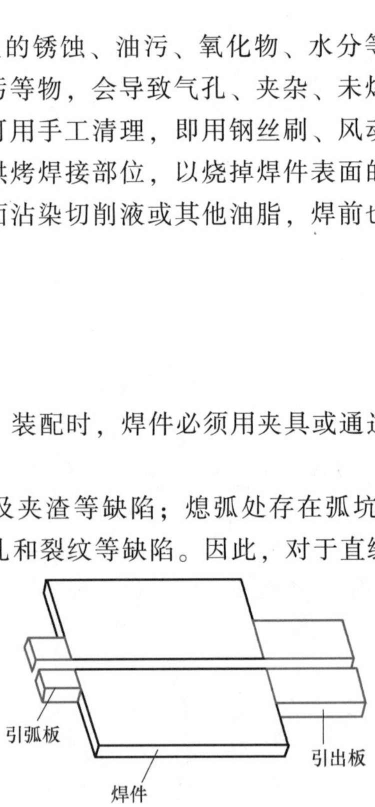

装上引弧板后，电弧在引弧板上引燃后进入焊件，保证了焊件上焊缝端头的质量。同理，焊件焊缝焊完后将整个熔池引到引出板上再结束焊接，保证了焊件上焊缝收弧处的质量。引弧板和引出板的材质和坡口尺寸应与焊件相同。焊接结束后将引弧板和引出板割掉即可。

引弧板
引出板
焊件

图2-4　引弧板、引出板在焊件上的安装位置

焊接环焊缝时，引弧部位与正常焊缝重叠，熄弧在已焊成的焊缝上进行，不需另外加装

引弧板和引出板。

2. 焊件的定位焊

埋弧焊的定位焊工作通常采用焊条电弧焊或二氧化碳气体保护焊（CO_2 焊）来完成。定位焊使用的焊条或焊丝要与焊件材料性能相符，其位置一般应在第一道焊缝的背面，焊缝长度一般不大于 30mm，间距为 200~500mm，厚度为 6~8mm，且不超过板厚的 1/2。定位焊缝应平整，且不允许有裂纹、夹渣等缺陷。

习　题

一、填空题

1. 12mm 以下的板材，可以________________，采用双面焊接，可达到全焊透的要求。

2. 埋弧焊采用的坡口形式与焊条电弧焊时基本相同，其中尤以________________、________________、________________坡口最为常用。

3. 坡口常用________________或________________方法制备。

4. 埋弧焊的定位焊工作通常采用________________或________________来完成。

5. 引弧端头常有________________及________________等缺陷。熄弧处焊缝的________________较低，有时也会出现________________和________________等缺陷。

二、单选题

1. 埋弧焊的坡口形式与焊条电弧焊基本相同，但由于埋弧焊的特点，应采用较大的（　　）。

A. 坡口钝边　　B. 坡口角度　　C. 坡口间隙　　D. 垫板厚度

2. 焊件装配前，需将坡口及其附近（　　）区域表面上的锈蚀、油污、氧化物、水分等清理干净。

A. 15~20mm　　B. 10~20mm　　C. 5~10mm　　D. 20~30mm

3. 定位焊缝长度一般不大于（　　），间距为 200~500mm，厚度为 6~8mm，且不超过板厚的 1/2。定位焊缝应平整，且不允许有裂纹、夹渣等缺陷。

A. 30mm　　B. 20mm　　C. 10mm　　D. 15mm

三、判断题

1. 由于埋弧焊可使用较大的电流焊接，电弧具有较强穿透力，所以当焊件厚度不太大时，一般不开坡口也能将焊件焊透。（　　）

2. 定位焊使用的焊条要与焊件材料性能相符，其位置一般应在第一道焊缝的背面。（　　）

3. 引弧板和引出板的材质和坡口尺寸应与焊件相同，焊接结束后将引弧板和引出板割掉即可。（　　）

四、简答题

简述埋弧焊焊件准备工作的内容。

第四节　埋弧焊的焊接工艺

学习目标

1）了解埋弧焊的熔滴过渡形式。

2）掌握埋弧焊焊接参数的选择方法。

一、熔滴过渡的形式

埋弧焊时，熔滴过渡形式是渣壁过渡，如图 2-5 所示。渣壁过渡时，电弧在熔渣形成的空腔内燃烧，熔滴主要通过渣壁流入熔池，只有少量熔滴通过空腔内的电弧空间进入熔池。

熔滴过渡频率及熔滴尺寸与电流极性、电弧电压和焊接电流有关。直流反接时，若电弧电压较低，则气泡较小，形成的熔滴较细小，沿渣壁以小滴状过渡，频率较高，每秒可以达几十滴；直流正接时，以粗滴状过渡，频率较低，每秒仅 10 滴左右。熔滴过渡频率随电流的增加而增大，这一特点在直流反接时表现得尤为明显。

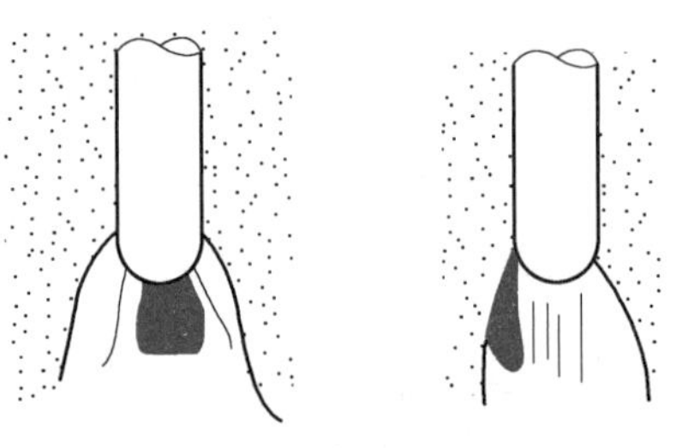

图 2-5　埋弧焊渣壁过渡示意图

二、焊接参数的选择

埋弧焊焊接参数按其重要性依次是：焊接电流、电弧电压、焊接速度、焊丝直径、焊丝伸出长度、焊丝倾角、焊件倾斜、电流种类与极性、坡口形状、焊剂粒度和堆高等。

1. 焊接电流

焊接电流是最重要的参数，它决定焊丝的熔化速度、焊缝熔深和母材的熔化量。

其他条件不变时，焊接电流增大，焊缝的熔深及余高均增加，而焊缝的宽度变化不大，如图 2-6 所示。这是因为：

1）焊接电流增加时，电弧的热量增加，因此熔池体积和弧坑深度也增加，所以冷却后焊缝熔深增加。

2）焊接电流增加时，焊丝的熔化量也增加，因此焊缝余高也增加。

3）焊接电流增加时，一方面电弧截面略有增加，导致熔宽增加；另一方面电流增加促使弧坑深度增加，由于电压没有变化，所以弧长不变，导致电弧深入熔池，使电弧摆动范围缩小，则促使熔宽减小。由于两者的作用，实际上熔宽几乎保持不变。

因此，焊接电流应根据熔深要求首先选定。增大焊接电流可提高生产率，但焊接电流过大时，焊接热影响区宽度增大，并易产生过热组织，从而使接头韧性降低。此外，焊接电流过大还易导致咬边、焊瘤或烧穿等缺陷。焊接电流过小时，易产生未熔合、未焊透、夹渣等缺陷，使焊缝成形变坏。

正常情况下，焊接电流 I 与熔深 H 成正比关系，即

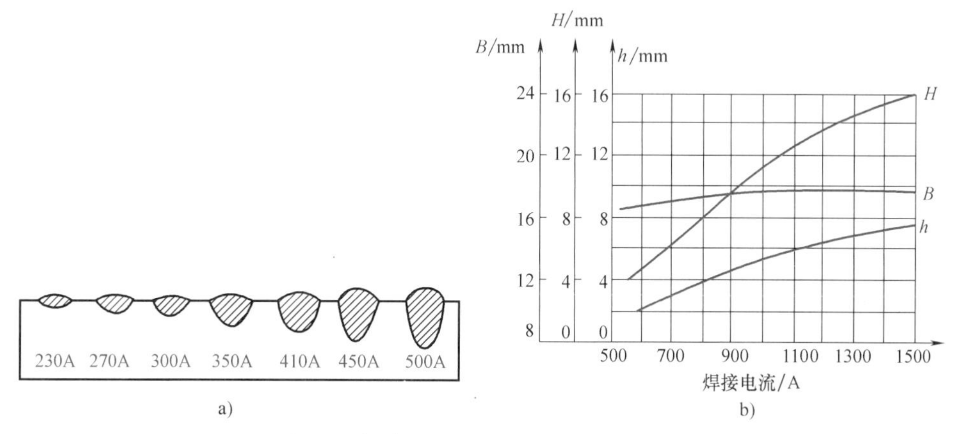

图 2-6　焊接电流与焊缝形状尺寸的关系

a）不同焊接电流时的焊缝横截面形状　b）焊接电流对焊缝尺寸的影响

H—熔深　B—熔宽　h—余高

$$H=K_mI$$

式中　K_m——熔深系数，取决于电流种类、极性及焊丝直径等。

表 2-9 给出了各种条件下的 K_m 值。

表 2-9　各种条件下的 K_m 值

焊丝直径/mm	电流种类	焊剂牌号	K_m 值/(mm/100A)	
			T 形焊缝及开坡口的对接焊缝	堆焊及不开坡口的对接焊缝
5	交流	HJ431	1.5	1.1
2	交流	HJ431	2.0	1.0
5	直流反接	HJ431	1.75	1.1
5	直流正接	HJ431	1.25	1.0
5	交流	HJ430	1.55	1.15

2. 电弧电压

电弧电压和电弧长度成正比，当电弧电压增加时，电弧长度随之增加。如果其他条件不变，改变电弧电压对焊缝形状及尺寸的影响如图 2-7 所示。随着电弧电压的增大，熔宽增

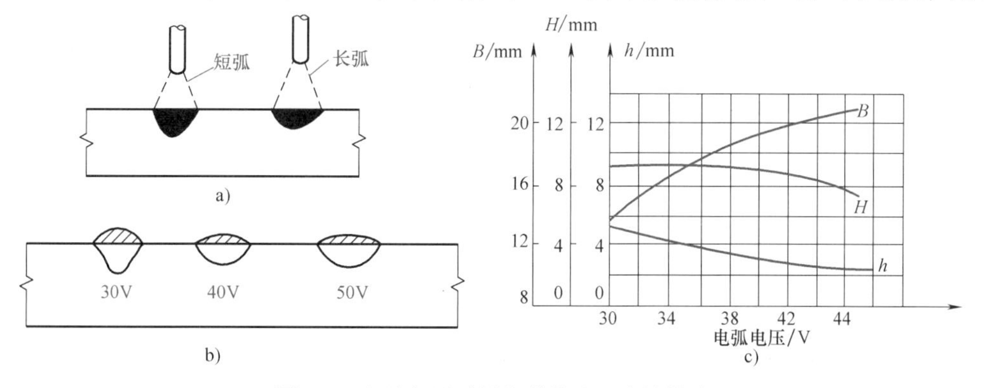

图 2-7　电弧电压对焊缝形状及尺寸的影响

a）不同弧长的熔池　b）不同电弧电压时的焊缝横截面形状　c）电弧电压对焊缝尺寸的影响

大，而熔深及余高略有减小，焊缝变得平坦。电弧电压低时，熔深大，焊缝宽度窄，易产生热裂纹；电弧电压高时，焊缝宽度增加，余高不够。

从上述可见，电流是决定焊缝熔深的主要因素，而电压则是影响焊缝宽度的主要因素。为保证电弧的稳定燃烧及合适的焊缝成形系数，电弧电压应与焊接电流保持适当的关系。焊接电流增大时，应适当提高电弧电压。焊接电流与相应的电弧电压见表2-10。

表2-10 焊接电流与相应的电弧电压

焊接电流/A	600～700	700～850	850～1000	1000～1200
电弧电压/V	36～38	38～40	40～42	42～44

3. 焊接速度

焊接速度对熔深及熔宽均有明显的影响，如图2-8所示。焊接速度增大时，熔深、熔宽和余高均减小。这是因为焊接速度增加时，焊缝中单位时间内输入的热量减少了；同时，单位长度焊缝得到的熔敷金属量也减少了。当焊速过快时，则易造成未焊透、咬边、焊缝粗糙不平等缺陷。适当降低焊接速度，熔池体积增大且存在时间变长，有利于气体浮出，可减少气孔生成的倾向。但是过低的焊接速度易形成易裂的“蘑菇形”焊缝或产生烧穿、夹渣、焊缝不规则等缺陷。

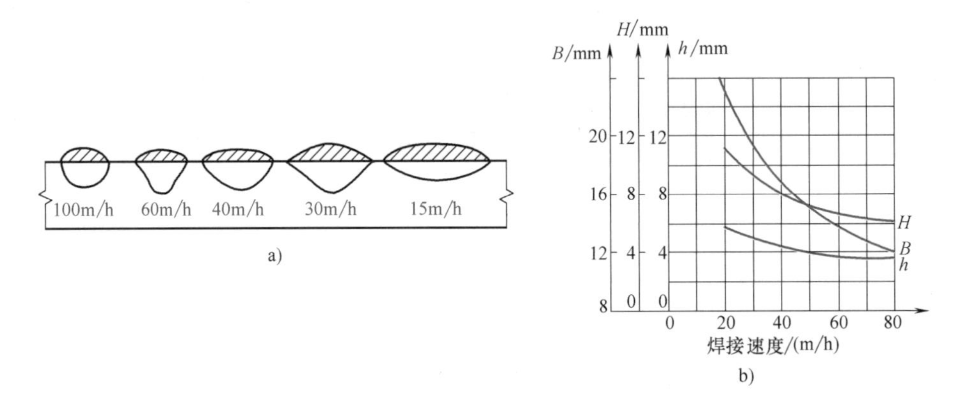

图2-8 焊接速度对焊缝形状及尺寸的影响

a）不同焊接速度时的焊缝横截面形状 b）焊接速度对焊缝尺寸的影响

焊接速度是评价焊接生产率的一项重要指标。为了提高生产率，应提高焊接速度。但为了保证焊缝成形及焊接质量，在增大焊接速度的同时也要相应提高焊接电流和电弧电压，即这三个参数是相互匹配的。

4. 焊丝直径

焊丝直径主要影响焊缝熔深。焊接电流一定时，焊丝直径减小，焊接电流密度增大，电弧吹力增加，使熔深增加。相反，随着焊丝直径的增大，焊接电流密度会减小，电弧吹力减弱，电弧的摆动作用加强，使焊缝熔宽增加而熔深减小。故采用同样大小的焊接电流时，直径小的焊丝可以得到较大的焊缝熔深。然而对于一定的焊丝直径，使用的焊接电流范围不宜过大，否则将使焊丝因电阻热过大而发红，影响焊丝的性能及焊接过程的稳定性。不同直径焊丝的许用焊接电流范围见表2-11。

表 2-11 不同直径焊丝的许用焊接电流范围

焊丝直径/mm	2	3	4	5	6
电流密度/(A/mm²)	63~125	50~85	40~63	35~50	28~42
焊接电流/A	200~400	350~600	500~800	700~1000	800~1200

焊丝越粗，允许采用的焊接电流也越大，生产率越高。目前厚板焊接中采用直径为4mm 的焊丝较为普遍。

5. 焊丝伸出长度

焊丝伸出长度是焊丝从导电嘴末端到焊丝端部的长度。这一段焊丝通有焊接电流，会产生电阻热，电阻热对进入电弧前的焊丝起预热作用。焊丝伸出长度增加时，焊丝的电阻热作用增大，使焊丝熔化量增大，余高增大，而熔深略有减小。焊丝的电阻率越大，这种影响越大。焊丝伸出长度太短时，则易烧坏导电嘴。一般焊丝伸出长度为焊丝直径的 8~12 倍。非合金钢焊丝的伸出长度见表 2-12。

表 2-12 非合金钢焊丝的伸出长度 (单位：mm)

焊丝直径	2	3	4	5
伸出长度	15~20	25~35	25~35	30~40

6. 焊丝倾角

焊丝轴线与焊件上表面之间的夹角称为焊丝的倾角。根据焊丝倾斜和焊接方向的关系，焊丝倾角分为焊丝前倾和焊丝后倾。

(1) 焊丝前倾 焊接时，焊丝相对焊件倾斜，使电弧始终指向待焊部分，称为焊丝前倾。这种焊接方法也叫前倾焊，或左焊法，如图 2-9a 所示。前倾时，焊缝成形系数增加，适于焊接薄板。因为前倾时电弧力对熔池金属的后排作用减弱，熔池底部液体金属增厚，阻碍了电弧对母材的加热作用，故焊缝厚度减小。同时，电弧对熔池前部未熔化母材预热作用加强，因此焊缝宽度增加，余高减小。

(2) 焊丝后倾 焊接时，焊丝相对焊件倾斜，使电弧始终指向已焊部分，称为焊丝后倾。这种焊接方法也叫后倾焊，或右焊法，如图 2-9c 所示。焊丝后倾时，对焊缝成形的影响情况与焊丝前倾相反。

在采用正常速度焊接时，一般均采用焊丝垂直位置，如图 2-9b 所示。

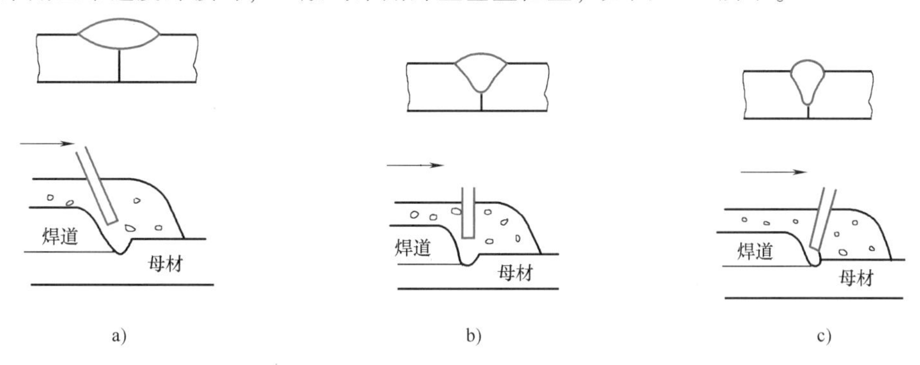

图 2-9 焊丝倾角对焊缝成形的影响

a) 焊丝前倾 b) 焊丝垂直 c) 焊丝后倾

7. 焊件倾斜

焊件有时会处于倾斜位置，因此出现上坡焊和下坡焊。

(1) 上坡焊 当进行上坡焊时，如图2-10a所示，熔池液体金属在重力和电弧力作用下流向熔池尾部，电弧能深入到熔池底部，因而焊缝熔深和余高增加。同时，熔池前部加热作用减弱，电弧摆动范围减小，因此焊缝宽度减小。上坡焊时，焊件倾斜角度越大影响越明显。上坡角度 α 为6°～12°时，焊缝成形恶化，如图2-10b所示。因此埋弧焊时，应尽量避免采用上坡焊。

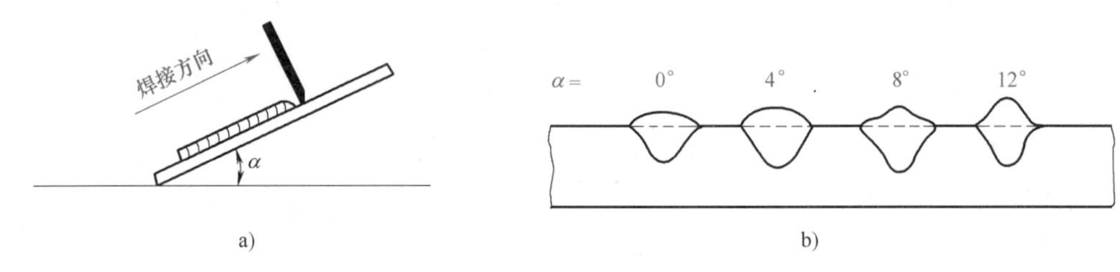

图2-10 上坡焊对焊缝成形的影响

a）上坡焊 b）焊件斜度的影响

(2) 下坡焊 下坡焊情况正好与上坡焊相反，如图2-11a所示，即焊缝熔深和余高略有减小，而焊缝宽度略有增加。因此，倾角 $\alpha<6°$ 的下坡焊可使焊缝表面成形得到改善。若倾角过大，则会导致未焊透和熔池金属溢流，使焊缝成形恶化，如图2-11b所示。

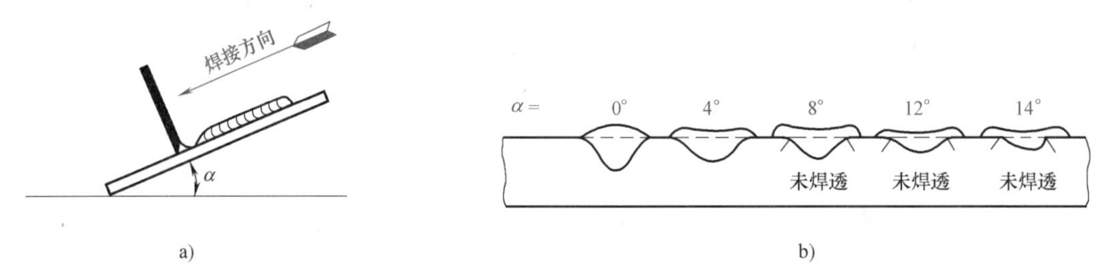

图2-11 下坡斜对焊缝成形的影响

a）下坡焊 b）焊件斜度的影响

在焊接圆筒工件的内、外环缝时，一般都采用下坡焊，以减少发生烧穿的可能性，并改善焊缝成形。

8. 电流种类与极性

埋弧焊时，可以采用直流电源或交流电源。采用直流反接时，熔敷速度稍低，熔深较大。焊接时一般情况下都采用直流反接。采用直流正接时，熔敷速度比反接时高30%～50%，但熔深较浅，降低了熔敷金属中母材的百分比，特别适合于堆焊。母材的热裂纹倾向较大时，为了防止热裂纹，也可采用直流正接。采用交流电进行焊接时，熔深处于直流正接与直流反接之间。

9. 坡口形状

其他条件不变时，坡口及间隙尺寸越大，熔深略有增加，焊缝宽度略有减小，余高和熔合比显著减小，见表2-13。因此，为了保证焊接质量，埋弧焊对焊件装配间隙与坡口加工的要求较严格。

表 2-13　坡口形状与装配间隙对焊缝形状的影响

坡口形式	I 形坡口			V 形坡口	
结构状况	无间隙	小间隙	大间隙	小坡口角	大坡口角
焊缝形状示意图					

10. 焊剂粒度和堆高

焊剂粒度增加，则熔宽增加，焊缝熔深减小。但是，焊剂粒度过大时不利于熔池保护，易产生气孔。相反，小颗粒焊剂的堆积密度大，使电弧的活动性降低，可获得较大的焊缝熔深和较小的焊缝宽度。

焊剂堆积的高度称为堆高。堆高合适时，电弧完全埋在焊剂层下，不会出现电弧闪光，保护良好。如果堆高过厚，电弧受到焊剂层的压迫，则焊缝变窄，焊缝成形系数减小，焊缝表面变得粗糙，易导致成形不良。一般堆高为 2.5~3.5mm 比较合适。

习　题

一、填空题

1. 焊接电流增大，焊缝的________及________均增加，而焊缝的________变化不大。

2. 随着电弧电压的增大，________增大，而________略有减小。

3. 当焊接速度过高时，则易造成________、________、________等缺陷。但是过低的焊接速度易导致形成易裂的________焊缝或产生________、________、________等缺陷。

4. 焊接电流一定时，焊丝直径减少，________增加。

5. 一般焊丝伸出长度为焊丝直径的________。

二、单选题

1. 伸出长度增加时，（　　），而熔深略有减小。

A. 余高增大　　B. 余高减小　　C. 熔宽增大　　D. 熔宽减小

2. 在采用正常速度焊接时，一般均采用（　　）位置焊接。

A. 前倾　　B. 后倾　　C. 垂直　　D. 随意

3. 采用埋弧焊进行下坡焊时，焊缝（　　）和余高减小，焊缝宽度增加。

A. 厚度　　B. 金属熔敷量　　C. 成形系数　　D. 抗拉强度

4. 焊剂颗粒度增加，熔宽增大，焊缝厚度（　　）。

A. 不变　　B. 增大　　C. 减小　　D. 逐渐增大

5. 埋弧焊时，焊剂堆积高度一般为（　　）mm 比较合适。

A. 2.5~3.5　　B. 3.5~4.5　　C. 4.5~5.5　　D. 5.5~6.5

三、判断题

1. 埋弧焊最主要的焊接参数是焊接电流、电弧电压和焊接速度。（　　）

2. 焊接电流是决定焊缝厚度的主要因素，而电弧电压则是影响焊缝宽度的主要因素。（　　）

3. 埋弧焊时焊丝直径主要影响单道焊缝厚度。 (　　)
4. 焊丝伸出长度太短，则易烧坏导电嘴。 (　　)
5. 埋弧焊焊丝伸出长度加大时，使焊缝厚度变小，余高增大。 (　　)
6. 采用埋弧焊进行上坡焊时，焊缝厚度和余高增加，焊缝宽度减小。 (　　)
7. 埋弧焊只能使用直流电源。 (　　)

四、简答题

简述埋弧焊焊接参数的选择原则。

第五节　埋弧焊操作技术

学习目标

1）熟知埋弧焊对接接头单面焊双面成形技术。
2）掌握埋弧焊对接接头双面焊成形技术。
3）掌握埋弧焊船形焊缝焊接技术。
4）了解埋弧焊平角焊缝焊接技术。
5）掌握埋弧焊安全操作规程。

对接接头是焊接结构中应用最多的接头形式。对接接头埋弧焊时，可根据焊件厚度和结构采用单面焊或双面焊方法。

一、对接接头单面焊双面成形埋弧焊技术

对接接头单面焊双面成形埋弧焊是采用较大的焊接电流，将焊件一次焊透的方法。利用该方法可焊接厚度在20mm以下的焊件，一般不开坡口，但需留有5~6mm的间隙，并利用衬垫承托熔池。

这种方法的优点是不用反转焊件，一次将焊件焊好，焊接生产率较高；其缺点是焊接热输入大，焊缝及热影响区晶粒粗大，接头韧性很差，板厚越大，该问题越严重，因此这种方法一般不用于焊接厚度为12mm以上的钢板（微合金钢除外）。

对接接头单面焊双面成形埋弧焊时，由于焊接熔池较大，只有采用强制成形的衬垫，使熔池在衬垫上冷却凝固，才能达到一次成形。根据使用衬垫的不同，对接接头单面焊双面成形埋弧焊技术有以下方法。

1. 焊剂-铜衬垫法

铜衬垫是有一定宽度和厚度的纯铜板，在其上加工出一道成形槽，如图2-12所示。截面尺寸见表2-14。焊接时，采用机械方法将铜衬垫紧贴在接缝的下面，就能托住熔池金属，控制焊缝背面成形。

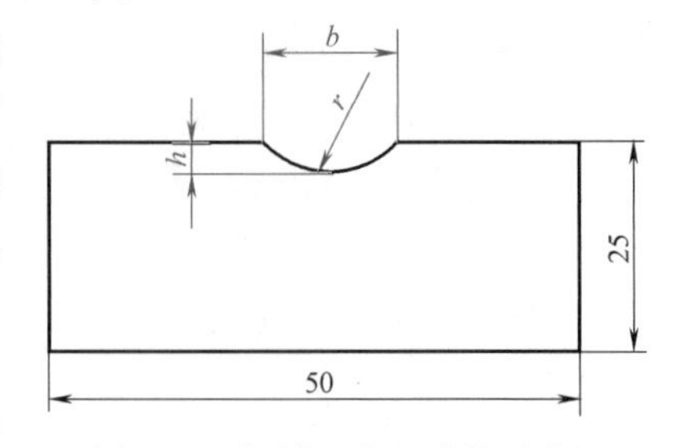

图2-12　铜衬垫截面形状示意图

表 2-14　铜衬垫截面尺寸　（单位：mm）

焊件厚度	槽宽 b	槽深 h	沟槽曲率半径 r
4~6	10	2.5	7.0
6~8	12	3.0	7.5
8~10	14	3.5	9.5
12~14	18	4.0	12

焊接厚度为 1~3mm 的薄板时，不留装配间隙，直接在铜衬垫上焊接。焊接更厚的焊件时，为了改善背面成形条件，常采用焊剂-铜衬垫法。使用这种方法时焊件可以不开坡口，但要留合适的装配间隙。焊接前先在铜衬垫的成形槽中铺上一薄层焊剂，焊接时这部分焊剂可避免因局部区段铜衬垫没有贴紧而使熔池金属流溢，又可保护铜衬垫免受电弧的直接作用。这种焊接方法对焊件的装配质量、焊接参数要求不是十分严格，其焊接参数见表 2-15。

表 2-15　焊剂-铜衬垫法单面埋弧焊焊接参数

焊件厚度/mm	装配间隙/mm	焊丝直径/mm	焊接电流/A	电弧电压/V	焊接速度/(m/h)
3	2	3	380~420	27~29	47
4	2~3	4	450~500	29~31	40.5
5	2~3	4	520~560	31~33	37.5
6	3	4	550~600	33~35	37.5
7	3	4	640~680	35~37	34.5
8	3~4	4	680~720	35~37	32
9	3~4	4	720~780	36~38	27.5
10	4	4	780~820	38~40	27.5
12	5	4	850~900	39~41	23
14	5	4	880~920	39~41	21.5

2. 水冷滑块式铜垫法

水冷滑块式铜垫法是用一个短的水冷铜滑块紧贴在接缝背面，焊接时随同电弧一起移动，强制焊缝背面成形的方法。水冷铜滑块的典型结构如图 2-13 所示。此方法的缺点是铜滑块易磨损。该方法适合于焊接厚度为 6~20mm 的钢板。

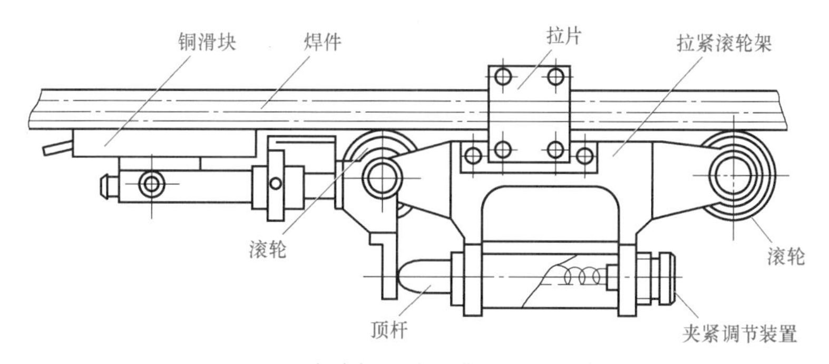

图 2-13　水冷铜滑块的典型结构示意图

3. 热固化焊剂垫法

对于焊件位置不固定的曲面焊缝，可采用热固化焊剂垫法焊接。这种方法是将热固化焊剂制成柔性板条，使用时将此板条紧贴在焊件接缝的背面，并用磁铁夹具等固定，如图 2-14 所示。由于这种焊剂垫中加入了一定比例的热固化物质，当温度升高到 100~150℃时焊剂垫固化成具有一定刚度的板条，用以在焊接时支承熔池和辅助焊缝成形。采用该法时常用的焊接参数见表 2-16。

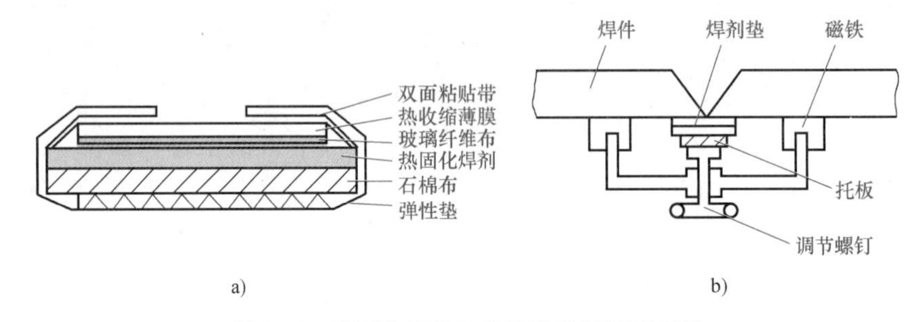

图 2-14　热固化焊剂垫的构造和装配示意图
a）构造　b）装配

表 2-16　热固化焊剂垫单面埋弧焊焊接参数

焊件厚度/mm	V 形坡口		焊件倾斜角度		焊接层次	焊接电流/A	电弧电压/V	金属粉末高度/mm	焊接速度/(m/h)
	角度	间隙/mm	垂直	横向					
9	50°	0~4	0	0	1	720	34	9	18
12	50°	0~4	0	0	1	800	34	12	18
16	50°	0~4	3°	3°	1	900	34	16	15
19	50°	0~4	0	0	1	850	34	15	15
					2	810	36	0	
19	50°	0~4	3°	3°	1	850	34	15	15
					2	810	36	0	
19	50°	0~4	5°	5°	1	820	34	15	15
					2	810	36	0	
19	50°	0~4	7°	7°	1	800	34	15	15
					2	810	34	0	
19	50°	0~4	3°	3°	1	960	40	15	12
22	50°	0~4	3°	3°	1	850	34	15	15
					2	850	36		12
25	50°	0~4	0	0	1	1200	45	15	12
32	45°	0~4	0	0	1	1600	53	25	12

4. 在永久性垫板或锁底接头上焊接

当焊件结构允许焊后保留永久性垫板时，厚度在 10mm 以下的焊件可采用永久性垫板单面焊的方法。永久钢垫板的尺寸见表 2-17。垫板必须紧贴焊件表面，垫板与焊件板面间的间隙不得超过 1mm。厚度大于 10mm 的焊件，可采用锁底对接接头焊接，如图 2-15 所示。

表 2-17 对接焊永久钢垫板尺寸

板厚 δ/mm	垫板厚度/mm	垫板宽度/mm
2~6	0.5δ	4δ+5
6~10	(0.3~0.4)δ	

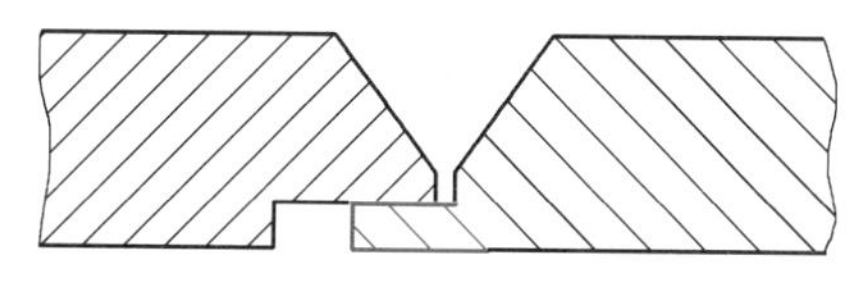

图 2-15 锁底对接接头示意图

二、对接接头双面埋弧焊技术

双面焊是埋弧焊对接接头最主要的焊接技术，这种方法在焊件的两面分别施焊，焊完一面后翻转焊件再焊另一面，适用于 10~40mm 中厚板的焊接。由于焊接过程全部在平焊位置完成，因而焊缝成形和焊接质量较易控制，焊接参数的波动小，对焊件装配质量的要求不是太高，一般都能获得满意的焊接质量。

在焊接双面埋弧焊的第一面时，既要保证一定的熔深，又要防止熔化金属的流溢或烧穿焊件。所以焊接时必须采取一些必要的工艺措施，以保证焊接过程顺利进行。依据采取的不同措施，双面埋弧焊技术可划分为以下几种。

1. 不留间隙双面焊技术

这种焊接方法就是在焊第一面时焊件背面不加任何衬垫或辅助装置，因此也叫悬空双面焊。为防止液态金属从间隙中流失或引起烧穿，要求焊件在装配时不留间隙或只留很小的间隙（一般不超过 1mm）。

第一面焊接时所选用的焊接参数不能太大，只需使焊缝的熔深达到或略小于焊件厚度的一半即可。而焊接反面时由于已有了第一面的焊缝作依托，且为了保证焊件焊透，便可采用较大的焊接参数进行焊接，要求焊缝的熔深应达到焊件厚度的 60%~70%。这种焊接方法一般不用于厚度太大的焊件焊接，其焊接参数见表 2-18。

表 2-18 不预留间隙双面埋弧焊的焊接参数

焊件厚度/mm	焊丝直径/mm	焊接顺序	焊接电流/A	电弧电压/V	焊接速度/(m/h)
6	4	正	380~420	30	34.6
		反	430~470	30	32.7
8	4	正	440~480	30	30
		反	480~530	31	30
10	4	正	530~570	31	27.7
		反	590~640	33	27.7
12	4	正	620~660	35	25
		反	680~720	35	24.8
14	4	正	680~720	37	24.6
		反	730~770	40	22.5

（续）

焊件厚度/mm	焊丝直径/mm	焊接顺序	焊接电流/A	电弧电压/V	焊接速度/(m/h)
16	5	正	800~850	34~36	38
		反	850~900	36~38	26
18	5	正	850~900	36~38	36
		反	900~950	38~40	24
20	5	正	850~900	36~38	35
		反	900~1000	38~40	24
22	5	正	900~950	37~39	32
		反	1000~1050	38~40	24

2. 预留间隙双面焊技术

这种焊接方法是在装配时，根据焊件的厚度预留一定的装配间隙，进行第一面的焊接时，为防止熔化金属流溢，接缝背面应衬以焊剂垫，如图 2-16 所示，或临时工艺垫板，如图 2-17 所示，并须采取措施使垫板在焊缝全长都与焊件贴合，并且压力均匀。

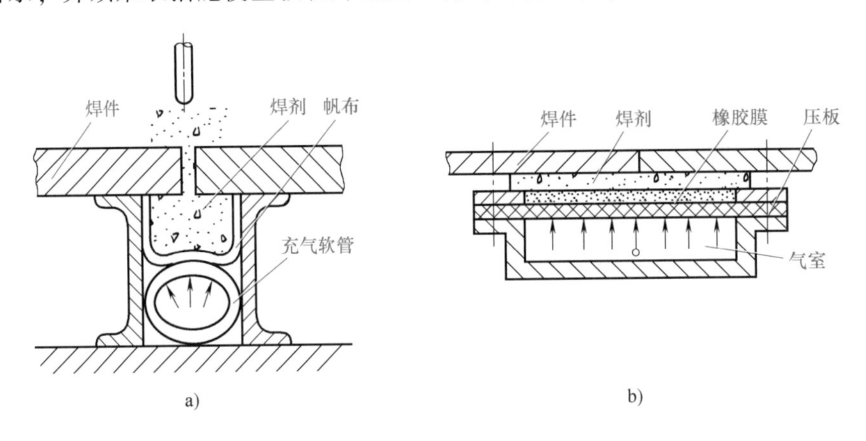

图 2-16 焊剂垫结构示意图
a）软管式 b）橡胶膜式

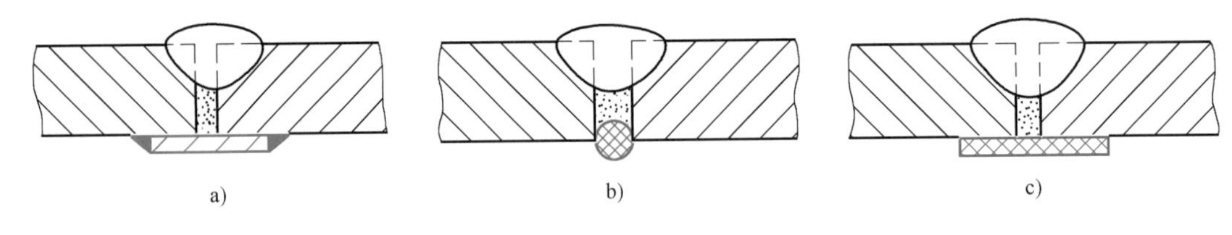

图 2-17 临时工艺垫板结构示意图
a）薄钢带垫 b）石棉绳垫 c）石棉板垫

第一面的焊接参数应保证焊缝熔深为焊件厚度的 60%~70%；焊完第一面后翻转焊件，进行反面焊接，其焊接参数可与第一面焊接时相同，但必须保证完全熔透。对于重要产品，在反面焊接前需进行清根处理，此时焊接参数可适当减小。预留间隙双面埋弧焊的焊接参数见表 2-19。

表 2-19 预留间隙双面埋弧焊焊接参数

焊件厚度/mm	装配间隙/mm	焊丝直径/mm	焊接电流/A	电弧电压/V	焊接速度/(m/h)
14	3~4	5	700~750	34~36	30
16	3~4	5	700~750	34~36	27
18	4~5	5	750~800	36~40	27
20	4~5	5	850~900	36~40	27
24	4~5	5	900~950	38~42	25
28	5~6	5	900~950	38~42	20
30	6~7	5	950~1000	40~44	16
40	8~9	5	1100~1200	40~44	12
50	10~11	5	1200~1300	44~48	10

3. 开坡口双面焊技术

对于不宜采用较大热输入焊接的焊件或厚度较大的焊件，可采用开坡口双面焊。坡口形式由焊件厚度决定，通常焊件厚度小于22mm时开V形坡口；大于22mm时开X形坡口。对于开坡口的焊件，焊接第一面时，可采用焊剂垫。当无法采用焊剂垫时，可采用不留间隙焊，此时坡口应加工平整，同时保证坡口装配间隙不大于1mm，以防止熔化金属流溢。开坡口双面埋弧焊的焊接参数见表2-20。

表 2-20 开坡口双面埋弧焊焊接参数

焊件厚度/mm	坡口形式示意图	焊丝直径/mm	焊接顺序	坡口尺寸			焊接电流/A	电弧电压/V	焊接速度/(m/h)
				α	b/mm	p/mm			
14	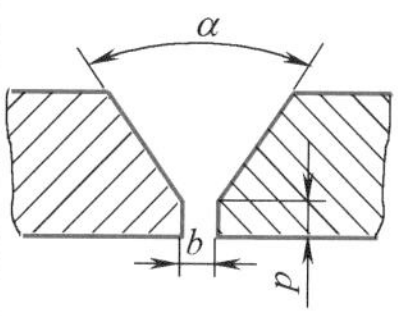	5	正	70°	3	3	830~850	36~38	25
			反				600~620	36~38	45
16		5	正	70°	3	3	830~850	36~38	20
			反				600~620	36~38	45
18		5	正	70°	3	3	830~860	36~38	20
			反				600~620	36~38	45
22		6	正	70°	3	3	1050~1150	38~40	18
		5	反				600~620	36~38	45
24	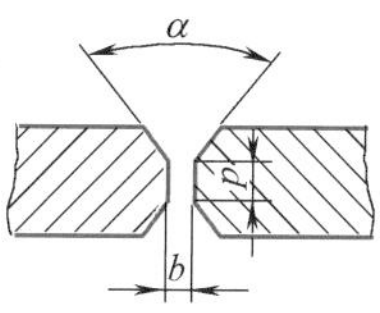	6	正	70°	3	3	1100	38~40	24
		5	反				800	36~38	28
30		6	正	70°	3	3	1000	36~40	18
			反				900~1000	36~38	20

4. 焊条电弧焊封底双面焊技术

对于无法使用衬垫或不便翻转的焊件，也可采用焊条电弧焊先仰焊封底，再用埋弧焊焊正面焊缝。这类焊缝可根据板厚情况开或不开坡口。一般厚板焊条电弧焊封底多层埋弧焊的典型坡口如图2-18所示，保证封底厚度大于8mm，以免埋弧焊时烧穿焊条电弧焊熔深。所以在正面进行埋弧焊时必须采用较大的焊接参数，以保证焊件熔透。

此外，对于重要构件，常采用 TIG 焊（钨极惰性气体保护电弧焊）打底，再用埋弧焊焊接的方法，以确保底层焊缝的质量。

双面埋弧焊虽然获得广泛应用，但由于施焊时焊件需翻转，给生产带来很大麻烦，也使生产率大大降低。在对接接头中采用单面埋弧焊，可用强迫成形的方法实现单面焊双面成形，因而可免除焊件翻转带来的问题，大大提高生产率，减轻劳动强度，降低生产成本。但用这种方法焊接时，电弧功率和热输入大，接头的低温韧性较差，通常适用于中、薄板的焊接。

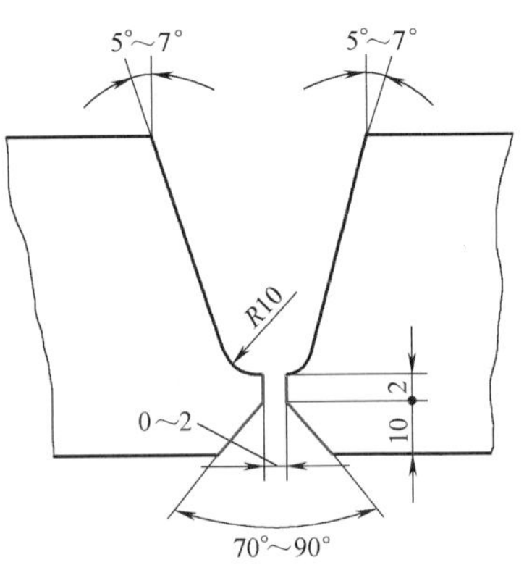

图 2-18 厚板焊件焊条电弧焊封底多层埋弧焊典型坡口示意图

三、多层双面埋弧焊技术

板厚大于 40mm 时，宜采用多层多道埋弧焊，其焊接参数见表 2-21。多层多道焊时的坡口多采用 V 形和 X 形，但都必须留有 4mm 的钝边和适当的坡口角度。如果角度太小，易产生梨形焊道，增加裂纹的倾向。

表 2-21 厚板多层多道埋弧焊焊接参数

焊丝直径/mm	焊接电流/A	电弧电压/V		焊接速度/(m/h)
		交流	直流	
4	600～700	36～38	34～36	25～30
5	700～800	38～42	36～40	28～32

四、角焊缝的埋弧焊技术

T 形接头和搭接接头的焊缝均是角焊缝，埋弧焊时可采用船形焊和平角焊两种形式。小焊件及焊件易翻转时多用船形焊；大焊件及焊件不易翻转时则用平角焊。

1. 船形焊缝埋弧焊技术

船形焊缝埋弧焊如图 2-19 所示。它是将装配好的焊件旋转一定的角度，相当于在呈 90° 的 V 形坡口内进行平对接焊。由于焊丝为垂直状态，熔池处于水平位置，因而容易获得理想的焊缝形状。

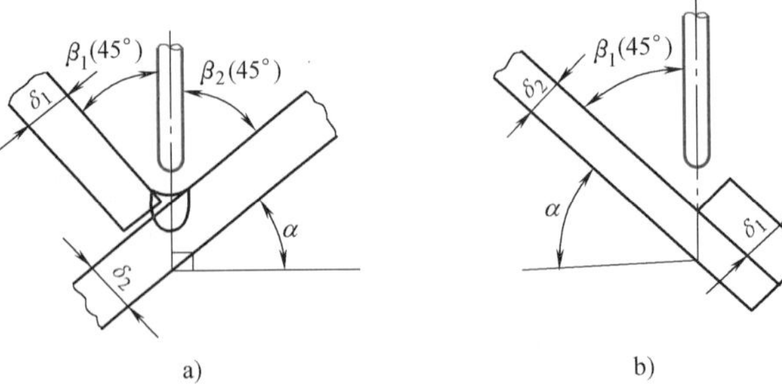

图 2-19 船形焊缝埋弧焊示意图
a）T 形接头 b）搭接接头

船形焊时，一次成形的焊脚尺寸较大，而且通过调整焊件旋转角度即图 2-19 中的 α 角就可有效地控制角焊缝两边熔合面积的比例。当板厚相等即 $\delta_1=\delta_2$ 时，可取 $\alpha=\beta_1=\beta_2=45°$，为对称船形焊。此时焊丝与接头中心线重合，熔池对称，焊缝在两板上的焊脚相等。当板厚不相等，如 $\delta_1<\delta_2$ 时，取 $\alpha<45°$，此为不对称船形焊，焊丝与接头中心线不重合，使焊丝端头偏向厚板，因而熔合区偏向厚板一侧。

船形焊对接头的装配质量要求较高，要求接头的装配间隙不得超过 1～1.5mm。否则，需采取工艺措施，如预填焊丝、预封底或在接缝背面设置衬垫等，以防止熔化金属从装配间隙中流失。选择焊接参数时应注意电弧电压不能过高，以免产生咬边。此外焊缝的成形系数不大于 2 才有利于焊缝根部焊透，也可避免咬边现象。船形焊的焊接参数见表 2-22。

表 2-22　船形焊焊接参数（交流电源）

焊脚尺寸/mm	焊丝直径/mm	焊接电流/A	电弧电压/V	焊接速度/(m/h)
6	2	450～475	34～36	40
8	3	550～600	34～36	30
8	4	575～625	34～36	30
10	3	600～650	34～36	23
10	4	650～700	34～36	30
12	3	600～650	34～36	15
12	4	725～775	36～38	20
12	5	775～825	36～38	18

2. 平角焊缝的埋弧焊技术

当采用 T 形接头和搭接接头的焊件太大，不便翻转或因其他原因不能进行船形焊时，可采用焊丝倾斜布置的平角焊来完成，如图 2-20 所示。平角焊在生产中应用很广，其优点是对接头装配间隙不敏感，即使间隙达到 2～3mm，也不必采取措施防止液态金属流失，因而对接头装配质量要求不严格。平角焊时由于熔池不在水平位置，熔池中的液体金属因自重原因不利于立板侧的焊缝成形，使焊接时达到的焊脚尺寸受到限制，因而单道焊的焊脚尺寸很难超过 8mm，更大的焊脚需采用多道焊接。

平角焊时焊丝与焊件的相对位置对焊缝成形影响很大。当焊丝与立板间距过大或过小时，易产生咬边或使立板产生未熔合，如图 2-21 所示。为了保证焊缝的良好成形，焊丝与立板的夹角 α 应保持在 15°～45°范围内（一般为 20°～30°）。

选择焊接参数时应注意电弧电压不宜太高，这样可减少焊剂量而使熔渣减少，以防止熔渣流溢。使用较细的焊丝可减小熔池体积，有利于防止熔池金属的流溢，并能保证电弧燃烧的稳定。平角焊的焊接参数见表 2-23。

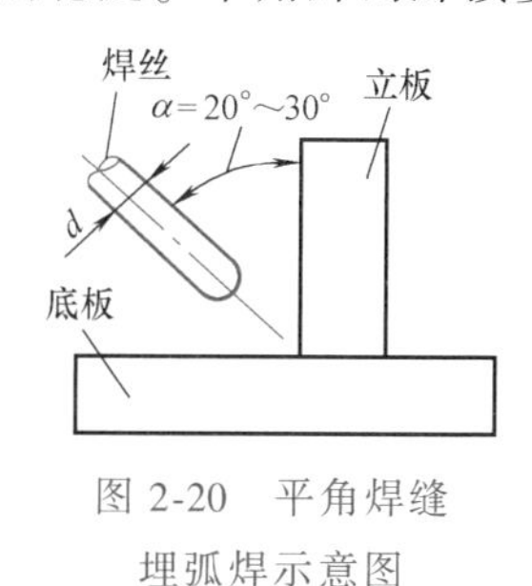

图 2-20　平角焊缝埋弧焊示意图

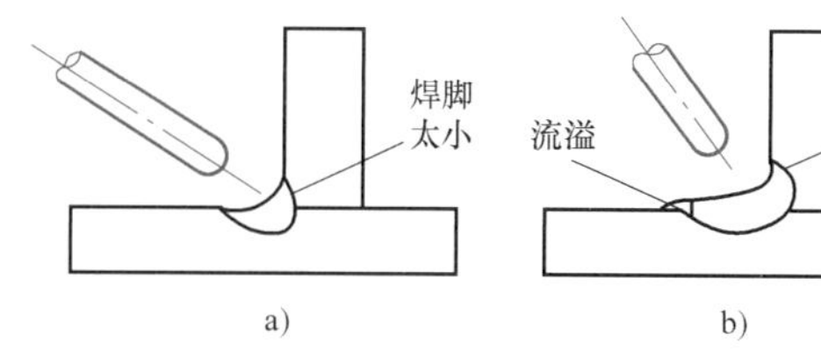

图 2-21　平角焊缝埋弧焊焊丝与立板间距示意图
a）焊丝与立板间距过大　b）焊丝与立板间距过小

表 2-23 平角焊焊接参数

焊脚尺寸/mm	焊丝直径/mm	焊接电流/A	电弧电压/V	焊接速度/(m/h)
3	2	200~220	25~28	60
4	2	280~300	28~30	55
4	3	350	28~30	55
5	2	375~400	30~32	55
5	3	450	28~30	55
7	2	375~400	30~32	48
7	3	500	30~32	48

五、对接接头环缝埋弧焊技术

锅炉及压力容器上的筒节与筒节以及筒节与封头间的对接环缝，通常采用悬臂式埋弧焊机进行焊接。焊接时机头固定，通过筒体在滚轮架上转动来完成整条焊缝的焊接。一般采用双面焊，如图 2-22 所示。

由于筒体内通风较差，为改善劳动条件，环缝坡口通常采用不对称布置，将主要焊接工作量放在外环缝，内环缝主要起封底作用。焊接时，通常采用机头不动，让焊件匀速转动的方法进行焊接，焊件转动的线速度即是焊接速度。环缝埋弧焊的焊接参数可参照平板双面对接的焊接参数，焊接操作技术也与平板对接埋弧焊时基本相同。

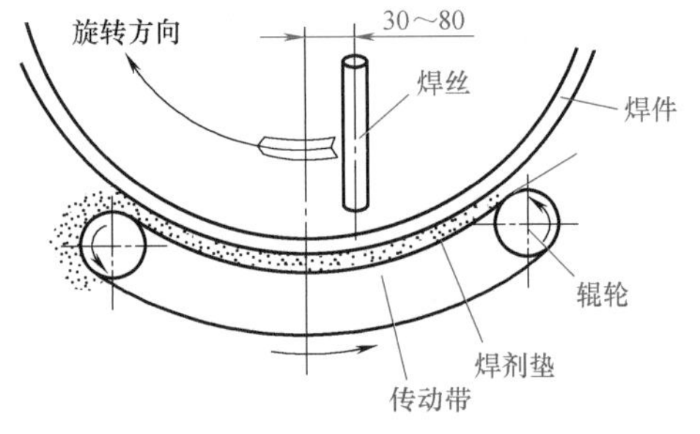

图 2-22 内环缝埋弧焊焊接示意图

为了防止熔池中液态金属和熔渣从转动的焊件表面流失，无论焊接内环缝还是外环缝，焊丝位置都应逆焊件转动方向偏离中心线一定距离，使焊接熔池接近于水平位置，以获得较好成形。焊丝的偏置距离随所焊筒体的直径而变，一般为 30~80mm，如图 2-23 所示。

六、埋弧焊安全操作规程

1）注意选用容量恰当的弧焊电源、电源开关、熔断器及辅助装置，以满足通常为 100%的满负载持续率的工作需求。

2）控制箱、弧焊电源及焊接小车等的壳体或机体必须可靠接地。

3）所有电缆接头必须拧紧。

4）接通电源和电源控制开关后，不可触及电缆接头、焊丝、导电嘴、焊丝盘及其支架、送丝滚轮、齿轮箱、送丝电动机支架等带电体，以免触电或因机器运动而发生挤伤、碰伤。

5）停止焊接后操作工离开岗位时，应切断电源开关。

6）搬动焊机时，应切断电源。

7）按下启动按钮引弧前，应施放焊剂，以避免引燃电弧。

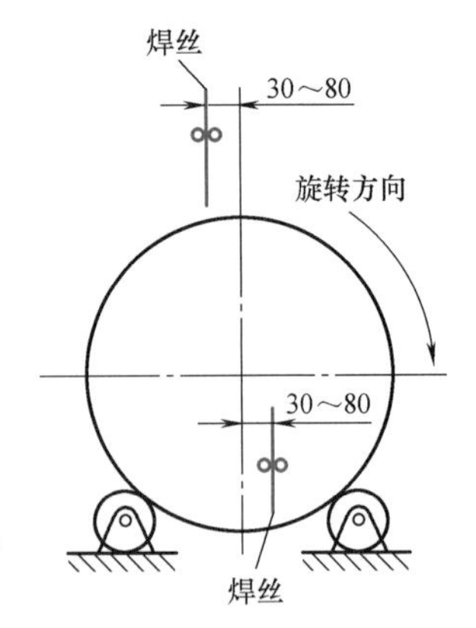

图 2-23 环缝埋弧焊焊丝偏移位置示意图

8）焊剂漏斗口相对于焊件应有足够高度，以免焊剂层堆高不足而造成电弧穿顶，变成明弧焊接。

9）清除焊机行走通道上可能造成焊头与焊件短路的金属构件，以免因短路中断正常焊接。

10）焊工应穿绝缘工作鞋，以防触电。应戴浅色防护眼镜，以防渣壳飞溅和泄漏弧光灼伤眼睛。

11）操作场地应设有通风设施，以便及时排走焊剂释放的粉尘及焊接过程中散发的烟尘和有害气体。

12）当埋弧焊机发生电气部分故障时，应立即切断电源，并及时通知电工修理。

习 题

一、填空题

1. 对接接头单面埋弧焊可焊接厚度在____________的焊件，一般____________。

2. 对接接头单面埋弧焊需留有较大的________________，并利用________________、________________或________________承托熔池。

3. 对接接头双面埋弧焊适用于________________的中厚板的焊接。这种方法须由焊件的两面分别施焊，焊完一面后________________再焊另一面。

4. 用埋弧焊焊接 T 形接头和搭接接头的焊缝时，可采用________________或________________两种形式。

二、单选题

1. 板材对接要求全焊透，采用 I 形坡口埋弧焊双面焊，要求先焊的背面焊道熔深达到板厚的（　　）。

A. 40%～50%　　B. 50%～60%　　C. 60%～70%　　D. 70%～80%

2. 板材对接要求全焊透，采用 I 形坡口埋弧焊双面焊，要求后焊的正面焊道熔深达到板厚的（　　）。

A. 40%～50%　　B. 50%～60%　　C. 60%～70%　　D. 70%～80%

3. 预留间隙双面焊时，第一面的焊接参数应保证焊缝熔深超过焊件厚度的（　　）。

A. 40%～50%　　B. 50%～60%　　C. 60%～70%　　D. 70%～80%

4. 对于不宜采用较大热输入焊接的钢材或厚度较大的焊件，可采用开坡口双面焊。坡口形式由焊件（　　）决定

A. 厚度　　B. 长度　　C. 宽度　　D. 无法确定

5. 对于无法使用衬垫或不便翻转的焊件，也可采用（　）先仰焊封底，再用埋弧焊焊正面焊缝的方法。

A. 焊条电弧焊　　B. 气焊　　C. 等离子弧焊　　D. 熔化极氩弧焊

三、判断题

1. 对于厚度大于 12～20mm 的板材，埋弧焊可以采用 I 形坡口；为了达到全焊透，在单面焊后，焊件背面应清根，再进行焊接。（　　）

2. 对接接头环缝埋弧焊坡口通常采用不对称布置，将主要焊接工作量放在外环缝，

内环缝主要起封底作用。

3. 埋弧焊停止焊接后，焊工离开岗位时应切断电源开关。（　）

4. 当埋弧焊机发生电气部分故障时，应立即切断电源，并及时通知电工修理。（　）

四、简答题

简述埋弧焊安全操作规程。

【焊接实践】

任务目标

1）能进行中厚板埋弧焊船形焊。

2）能进行中厚板埋弧焊平焊位对接双面焊。

任务一　12mm 厚 I 形坡口低碳钢板的船形焊

一、焊前准备

1. 焊件及坡口尺寸

焊件材质：Q235。

焊件尺寸及数量：600mm×400mm×12mm，两块。

坡口形式：I 形坡口，如图 2-24 所示。

2. 焊接位置及要求

船形焊，单面焊双面成形。

3. 焊接材料及设备

焊接材料：焊丝 H08A，ϕ4mm；焊剂 HJ431。

定位焊用焊条：E4303，ϕ4mm。

焊接设备：MZ-1000 型。

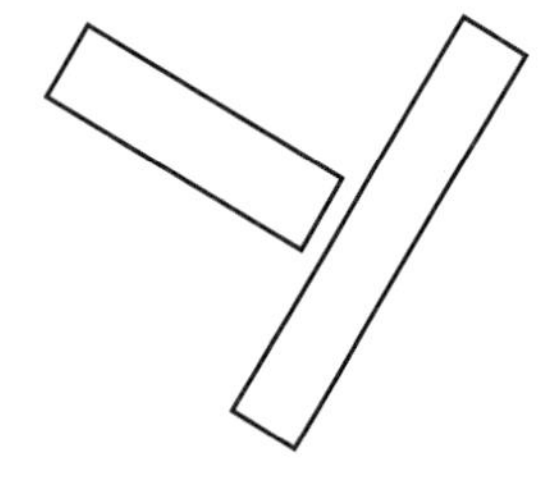

图 2-24　坡口形式示意图

4. 焊接参数

低碳钢板船形焊焊接参数见表 2-24。

表 2-24　低碳钢板船形焊焊接参数

板厚/mm	间隙/mm	焊丝直径/mm	焊接电流/A	电弧电压/V	焊接速度/(m/h)	电源种类和极性
12	0~1	4	700~750	34~38	25~30	直流反接

5. 装配与定位焊

组对间隙≤2mm，预留反变形量为 4°~5°，错边量≤1.5mm。用焊条电弧焊进行定位焊，定位焊焊缝长度为 50~60mm，焊缝间距为 400~500mm。

6. 焊前清理

坡口及其两侧 20mm 的油污、铁锈、氧化皮及其他污物，应采用有效的方法去除。焊丝应去油、锈及其他污物，焊条、焊剂要烘干。

二、焊接要点

1）焊件吊放在专用的焊接架上焊接，封闭缝隙使焊剂不会流入空隙中，以保证焊接过程顺利进行。开动焊接小车至焊件位置，调整焊接导电嘴对正焊缝，焊丝伸出后应垂直于焊缝中心，如图 2-25 所示。

2）检查焊件组对质量及间隙，当钢板有不平整处或间隙过大时，应先用焊条补焊。

3）焊接时，要调整好焊丝伸出长度。

4）无论是上坡焊还是下坡焊，焊件倾角不宜大于 6°。

5）正面焊道焊完，外观检验合格后，将试件背面朝上放好，在试件背部间隙处对称气刨一条宽 10~12mm、深 4~5mm 的 U 形槽，要求宽窄、深浅均匀，将未焊透及槽内熔渣、氧化皮全部清除干净。

6）封底焊按照正面焊接步骤完成。

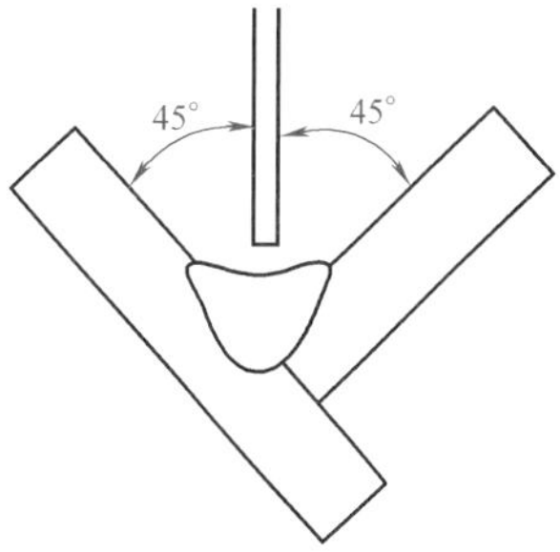

45° 45°

图 2-25 船形焊焊丝与焊件位置示意图

三、焊后清理

待焊缝金属及熔渣完全凝固并冷却后，敲掉焊渣，并检查背面焊道外观质量。

四、注意事项

1）焊前焊剂需要经 250℃烘焙 1h。焊剂铺撒厚度过大，或反复使用造成粒度发生变化时，会引起焊道成形恶化。

2）为确保良好的冲击韧度，焊接热输入应尽量低，一般不超过 30kJ/cm。

3）焊前必须对焊件、焊丝清除铁锈、油污、水分等杂质。

任务二 低碳钢板平焊位对接双面埋弧焊

一、焊前准备

1. 焊件及坡口尺寸

焊件材质：Q235。

焊件尺寸：400mm×150mmn×14mm，两块。

坡口形式：I 形坡口。

2. 焊接位置及要求

平焊，双面焊，焊透。

3. 焊接材料及设备

焊接材料：焊丝 H08A，ϕ5mm；焊剂 HJ431，经 350~400℃烘干 1~2h。

定位焊用焊条：E4303，ϕ4mm。

焊接设备：MZ-1000 型。

4. 焊接参数

14mm 厚板 I 形坡口对接双面埋弧焊焊接参数见表 2-25。

表 2-25 焊接参数

焊接位置	焊丝直径/mm	焊接电流/A	电弧电压/V	电源种类和极性	焊接速度 /(m/h)
正面	5	700~750	32~34	直流反接	25~30
背面		800~850			

5. 装配和定位焊

1）焊件装配要求如图 2-26 所示。

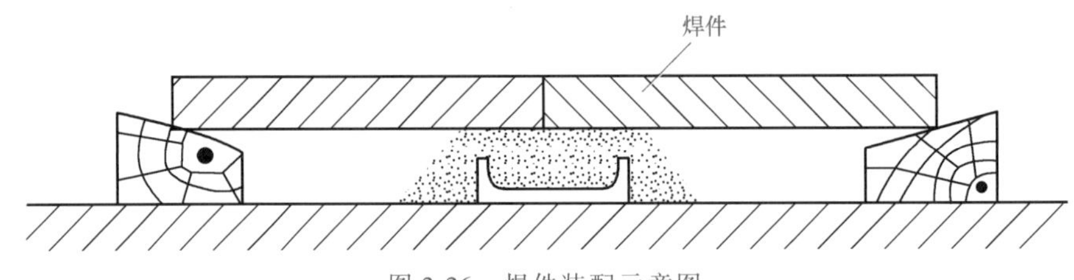

图 2-26 焊件装配示意图

2）始端装配间隙为 2mm，终端为 3mm，如图 2-27 所示；预留反变形量为 3°；错边量≤1.5mm。

3）在焊件两端焊引弧板及引出板，其尺寸为 100m×100mm×14mm。

4）在引弧板及引出板内进行定位焊，焊缝长度为 30~50mm。

6. 焊前清理

将坡口面和靠近坡口上、下侧 15~20mm 内的钢板上的油、锈、水及其他污物打磨干净，至露出金属光泽为止。

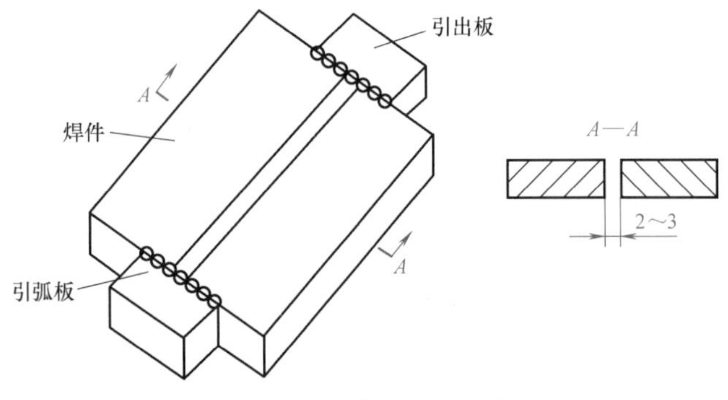

图 2-27 焊件预留间隙示意图

二、焊接要点

将焊件置于水平位置焊剂垫上，进行 2 层 2 道双面焊，先焊正面焊道，后焊背面焊道。

1. 正面焊道的焊接

（1）垫焊剂垫 必须垫好焊剂垫，以防熔渣和熔池金属流失。所用焊剂必须与焊件焊接所用的焊剂相同，使用前必须烘干。

（2）调整焊接小车 将焊接小车放在小车导轨上，开启焊接小车前端的照明指示灯，调节小车前后移动的手轮，使导向针在指示灯照射下的影子对准基准线。导向针端部与焊件表面要留出 2~3mm 间隙，避免焊接过程中与焊件摩擦产生电弧，甚至短路使主电弧熄灭。导向针应比焊丝超前一定的距离，以避免受到焊剂的阻挡而影响观察。焊前先将离合器松开，用手推动焊接小车在导轨上运动，观察导向针的影子是否始终照射在基准线上，以观察导轨与基准线的平行度。如果出现偏移，可轻敲导轨进行调整。调整以后，在焊接过程中不要再去碰动，否则会造成错误指示而使焊缝焊偏。最后打开焊剂漏斗阀门，待焊剂堆满预焊部位后，即可开始引弧焊接。

(3) 焊接过程　焊接过程中，应随时观察控制盘上电流表和电压表的指针、导电嘴的高低、导向针的位置和焊缝成形情况。如果电流表和电压表的指针摆动很小，表明焊接过程很稳定。如果发现指针摆动幅度增大、焊缝成形恶化时，可随时调整控制盘上的各个旋钮。当发现导向针偏离基准线时，可调节小车前后移动的手轮。调节时操作者所站的位置要与基准线对正，以防调偏。

为了保证焊缝有足够的厚度，又不被烧穿，要求正面焊缝的熔深达到试件厚度的40%~50%。在实际焊接过程中，这个厚度无法直接测出，焊工可将焊件略垫高一点，通过观察熔池背面母材的颜色来间接判断。如果熔池背面的母材呈红到淡黄色，就表示达到了所需要的厚度。若颜色较深或较暗，说明焊接速度太快，应适当降低焊接速度或适当增加焊接电流。

(4) 收弧　当熔池全部到达引出板后，开始收弧。先关闭焊剂漏斗，再按下半停止按钮，使焊丝停止送进，小车停止前进，但电弧仍在燃烧，以使焊丝继续熔化填满弧坑，并以按下一半按钮的时间长短来控制弧坑填满的程度。当弧坑填满后，将停止按钮按到底，熄灭电弧，结束焊接。

(5) 清理　待焊渣完全凝固，冷却到正常颜色时，松开小车离合器，将小车推离焊件；回收焊剂，清除渣壳。检查焊缝外观质量，如合格则继续焊接。

2. 背面焊道的焊接

(1) 炭弧气刨清根　在正面焊缝焊完以后，翻转焊件，在反面用炭弧气刨清根，如图2-28所示。

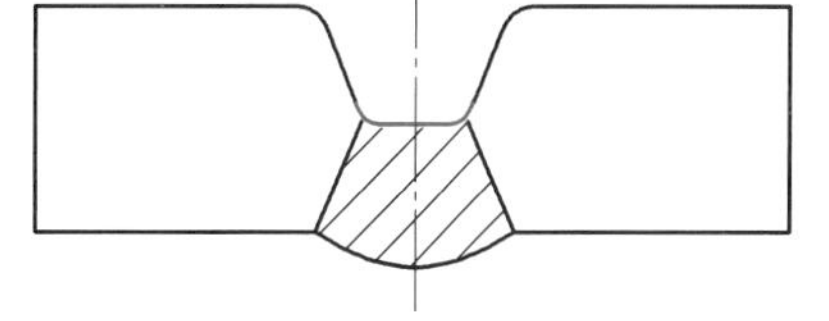
图 2-28　炭弧气刨清根示意图

炭弧气刨清根的主要工艺参数是：焊机 ZXG-400；直流反接；炭棒直径 6mm；刨削电流 280~300A；压缩空气压力 0.4~0.6MPa；槽深 5~7mm；槽宽 6~8m。

刨削时，要从引弧板的一端沿焊缝的中心线刨至引出板的一端。炭弧气刨清根后要彻底清除槽内和槽口表面两侧的焊渣，并用角磨机轻轻打光表面，方能进行背面焊缝的焊接。

(2) 焊接　正面焊缝焊完后，将焊件翻转进行反面焊缝的焊接。为了保证焊透，焊缝厚度应达到焊件厚度的 60%~70%。反面焊缝焊接时，可采用较大的焊接电流，其目的是达到所需的焊缝厚度，同时起封底的作用。由于正面焊缝已经焊完，较大的焊接电流也不会使焊件烧穿。

(3) 清理　焊接完成以后，去除焊缝表面渣壳，并检查焊缝的外观质量。

三、注意事项

1）防止未焊透或夹渣。要求背面焊道的熔深达到焊件厚度的 60%~70%，为此通常以加大焊接电流的方法来实现较为简便。

2）焊背面焊道时，可不再用焊剂垫，进行悬空焊接，这样可通过在焊接过程中观察背面焊道的加热颜色来估计熔深；也可在焊剂垫上进行焊接。

第三章　二氧化碳气体保护电弧焊

二氧化碳气体保护电弧焊是利用二氧化碳作为保护气体的熔化极电弧焊方法，简称 CO_2焊。二氧化碳气体保护电弧焊是20世纪50年代初期发展起来的一种焊接技术，目前已经发展成为一种重要的焊接方法，在许多金属结构的生产中已逐渐取代了焊条电弧焊和埋弧焊。

第一节　CO_2焊概述

学习目标

1）熟知 CO_2 焊的工艺特点。

2）熟知 CO_2 焊的冶金特点。

一、CO_2焊的工作原理

半自动 CO_2焊焊接回路由电源、送丝机构、焊枪及气路系统组成，如图3-1所示。

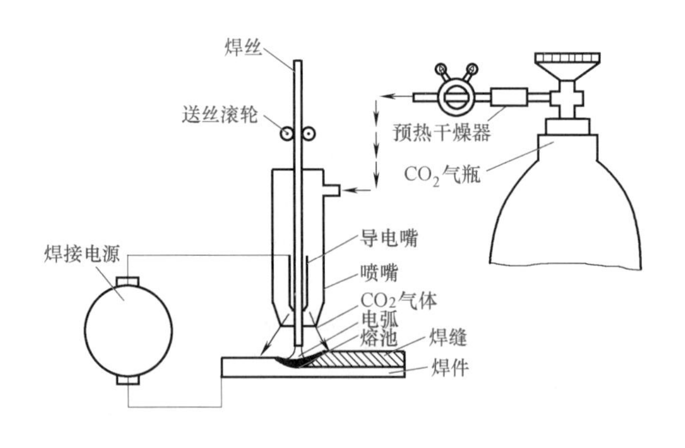

图3-1　半自动 CO_2 焊焊接回路组成示意图

由于 CO_2气体比空气重，因此从喷嘴中喷出的 CO_2气体可以在电弧区形成有效的保护层，防止空气进入熔池。采用与母材等强材质的焊丝作为电极，通过送丝滚轮不断地送进，与焊件之间产生电弧，在电弧热的作用下，焊丝熔化后形成熔滴过渡到熔池中，与母材熔化金属形成熔池，随着焊枪的移动，熔池凝固形成焊缝，如图3-2所示。

二、CO_2焊的工艺特点

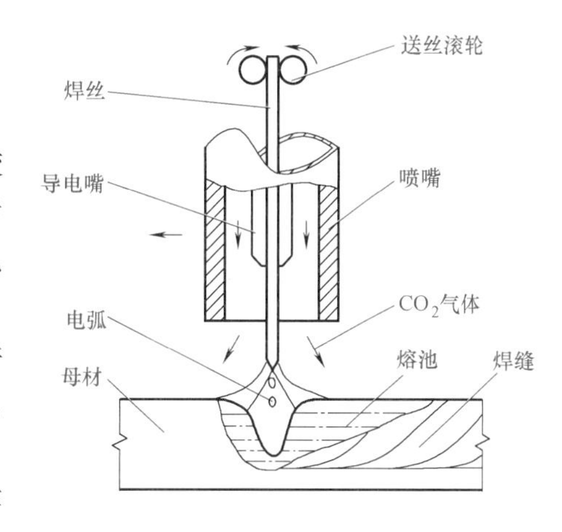

图 3-2　CO_2 焊焊缝形成示意图

1. CO_2焊的优点

(1) 焊接生产率高　由于焊接电流密度较大，故焊丝熔化率高；焊丝又是连续送进，焊后无须清渣，所以 CO_2焊的生产率比普通的焊条电弧焊高 2~4 倍。

(2) 焊接变形小　由于电弧加热集中，焊件受热面积小，同时 CO_2气流有较强的冷却作用，所以焊接变形小，特别适宜于薄板焊接。

(3) 焊接质量高　虽然 CO_2有强烈的氧化作用，但氧化了的熔化金属比较容易脱氧；另一方面较强的氧化性能够抑制焊缝中氢的存在，防止产生氢气孔和裂纹。CO_2具有良好的保护作用，能有效地防止空气中氮气对熔滴及熔池金属的有害作用。故 CO_2焊对铁锈敏感性小，焊缝含氢量少，抗裂性能好，焊接接头的力学性能好，焊接质量高。

(4) 焊接成本低　CO_2气体来源广，价格便宜，而且电能消耗少，故使焊接成本降低。通常 CO_2焊的成本只有埋弧焊或焊条电弧焊的 40%~50%。

(5) 操作简便　焊接时焊工可以观察到电弧和熔池的情况，故容易掌握，不易焊偏。

(6) 适用范围广　CO_2焊可实现全位置焊接，并且可焊接薄板、中厚板甚至厚板。

2. CO_2焊的缺点

1）飞溅率较大，并且焊缝表面成形较差，这是 CO_2焊的主要缺点。特别是焊接参数选择不当时，飞溅就更严重。

2）电弧气氛有很强的氧化性，不能焊接容易氧化的金属。

3）抗侧风能力较弱，室外作业须有防风措施。

4）焊接弧光较强，特别是大电流焊接时，要注意对操作人员的弧光辐射保护。

CO_2焊的缺点可以通过提高技术水准和改进焊接材料、焊接设备加以解决，而其优点却是其他焊接方法所不能比拟的。因此，可以认为 CO_2焊是一种高效率、低成本的节能焊接方法。

三、CO_2焊的分类

1. 按使用焊丝直径分类

CO_2焊可分为细丝 CO_2焊（焊丝直径≤1.2mm）和粗丝 CO_2焊（焊丝直径≥1.6mm）。由于细丝 CO_2焊的工艺比较成熟，因此应用最为广泛。

2. 按操作的方式分类

CO_2焊可分为半自动 CO_2焊和自动 CO_2焊。半自动 CO_2焊是手工操作完成热源的移动，而送丝、送气等同自动 CO_2焊一样，由相应的机械装置来完成。因为半自动 CO_2焊操作灵活，适用于各种位置焊缝的焊接，所以本章主要介绍半自动 CO_2焊。

四、CO_2焊的应用

1. 金属材料方面

CO_2焊主要用于焊接低碳钢及低合金钢等金属。对于不锈钢，由于焊缝金属有增碳现象，影响抗晶间腐蚀性能，所以 CO_2 焊只能用于对焊缝性能要求不高的不锈钢焊件。

2. 母材厚度和焊接位置方面

CO_2焊不仅能焊薄板，也能焊中、厚板，同时可进行全位置焊接。此外，CO_2焊还可用于耐磨零件的堆焊等。

CO_2焊自 20 世纪 50 年代发展以来，在世界各国得到迅速地推广应用。目前 CO_2焊已在机车和车辆制造、石油化工、冶金、造船、航空等领域得到了广泛的应用。

五、CO_2焊的冶金特点

CO_2焊使用的 CO_2气体在常温下呈中性，但高温时可分解，具有强烈的氧化作用，能导致合金元素氧化烧损。

1. 合金元素的氧化

CO_2气体在电弧高温作用下会发生分解，即

$$2CO_2 \rightleftharpoons 2CO\uparrow + O_2\uparrow$$

CO_2、CO 和 O_2在电弧空间同时存在，CO 气体在焊接条件下不溶解于金属，也不与金属发生反应，它对焊接质量危害不大。但是 CO_2和 O_2却能与铁和其他合金元素发生氧化反应。

(1) 直接氧化 在电弧的高温区域，即电弧空间和接近电弧的焊接熔池中，将发生如下反应（式中 [ ] 表示在液态金属中的反应物，( ) 表示在熔渣中的反应物）：

$$[Fe]+CO_2 \rightleftharpoons FeO+CO\uparrow$$

$$[Si]+2CO_2 \rightleftharpoons (SiO_2)+2CO\uparrow$$

$$[Mn]+CO_2 \rightleftharpoons (MnO)+CO\uparrow$$

焊件与高温分解的氧原子作用：

$$[Fe]+O \rightleftharpoons (FeO)$$

$$[C]+O \rightleftharpoons CO\uparrow$$

$$[Si]+2O \rightleftharpoons (SiO_2)$$

$$[Mn]+O \rightleftharpoons (MnO)$$

FeO 可溶于液体金属内部成为杂质或与其他元素发生反应，SiO_2和 MnO 成为熔渣并浮出，生成的 CO 从液体金属中逸出。

(2) 间接氧化 间接氧化指与氧结合能力比 Fe 大的合金元素把氧从 FeO 中置换出来而自身被氧化，其反应方程式为

$$2(FeO)+[Si] \rightleftharpoons 2[Fe]+(SiO_2)$$

$$(FeO)+[Mn] \rightleftharpoons [Fe]+(MnO)$$

$$(FeO)+[C] \rightleftharpoons [Fe]+(CO)\uparrow$$

上述反应的结果是 Si、Mn 和 C 等合金元素烧损，SiO_2和 MnO 成为熔渣并浮出，产生

CO 气体。

反应生成的 CO 气体有两种情况：一是在高温时反应生成的 CO 气体，由于 CO 气体体积急剧膨胀，在逸出液态金属的过程中往往会引起熔池或熔滴的爆破，发生金属的飞溅；二是在低温时反应生成的 CO 气体，由于液态金属呈现较大的黏度和较强的表面张力，产生的 CO 气体无法逸出，最终留在焊缝中形成气孔。

合金元素烧损、气孔和飞溅是 CO_2焊中 3 个主要的问题。它们都与 CO_2电弧的氧化性有关，因此必须在冶金方面采取脱氧措施。

（3）CO_2焊的脱氧　在 CO_2电弧中，溶入液态金属中的 FeO 是引起气孔、飞溅及合金元素烧损的主要因素。冶金上通常采取的措施是在焊丝中（或药芯焊丝的药粉中）加入足量的对氧亲和力比 Fe 大的合金元素（脱氧剂），利用这些元素使 FeO 中的 Fe 还原，即 FeO 脱氧。脱氧剂在完成脱氧任务之后，所剩余的量便作为补充合金元素留在焊缝中，起提高焊缝金属力学性能的作用。

CO_2焊常用 Al、Ti、Si、Mn 作为脱氧剂。在 Al、Ti、Si、Mn 4 种元素中，各自单独作用时的脱氧效果并不理想。实践证明，用 Si、Mn 联合脱氧时效果最好。目前，应用最广泛的 H08Mn2SiA 焊丝，就是采用 Si、Mn 联合脱氧的。

加入到焊丝中的 Si 和 Mn，在焊接过程中一部分直接被氧化和蒸发，一部分用于 FeO 的脱氧，剩余的部分则残留在焊缝中，起焊缝金属合金化作用。所以焊丝中加入的 Si 和 Mn 需要有足够的数量。但焊丝中 Si、Mn 的含量过多也不行：Si 含量过高会降低焊缝的抗热裂纹能力；Mn 含量过高会使焊缝金属的冲击韧性下降。因此，Si 和 Mn 之间的比例还必须适当，否则反应生成物不能很好地结合成硅酸盐浮出熔池，而会有一部分 SiO_2或者 MnO 夹杂物残留在焊缝中，使焊缝的塑性和冲击韧性下降。

根据试验，焊接低碳钢和低合金钢用的焊丝，一般 $w(Si)$ 为 1%左右，焊丝中 $w(Mn)$ 一般为 1%~2%。

2. CO_2焊过程中的气孔

CO_2焊时，由于熔池表面没有熔渣覆盖，CO_2气流又有冷却作用，因而熔池凝固比较快。如果焊接材料或焊接工艺处理不当，可能会出现 CO 气孔、氮气孔和氢气孔。

（1）CO 气孔　在焊接熔池开始结晶或结晶过程中，熔池中的 C 与 FeO 反应生成的 CO 气体来不及逸出，将形成 CO 气孔。这类气孔通常出现在焊缝的根部或近表面的部位，且多呈条虫状。

CO 气孔产生的主要原因是焊丝中的脱氧剂不足，并且含碳量过多。

要防止产生 CO 气孔，必须选用含有足够脱氧剂的焊丝，且焊丝中的含碳量要低，以抑制 C 与 FeO 的氧化反应。如果母材的含碳量较高，则在工艺上应选用较大热输入的焊接参数，增加熔池停留的时间，以利于 CO 气体的逸出。所以在 CO_2焊中，只要焊丝选择适当，产生 CO 气孔的可能性是很小的。

（2）氮气孔　氮气孔常出现在焊缝近表面的部位，呈蜂窝状分布，严重时还会以细小气孔的形式广泛分布在焊缝金属之中。这种细小气孔往往在金相检验中才能被发现，或者在水压试验时被扩大成渗透性缺陷而表露出来。

氮气孔产生的主要原因是保护气体层遭到破坏，大量空气侵入焊接区。造成保护气体层破坏的因素有：使用的 CO_2保护气体纯度不符合要求；CO_2气体流量过小；喷嘴被飞溅物部分堵塞；喷嘴与焊件距离过大及焊接场地有侧向风等。

要避免氮气孔，必须改善气体保护效果。要选用纯度合格的 CO_2气体，且焊接时采用适当的气体流量参数；要检验从气瓶至焊枪的气路是否有漏气或阻塞现象；要增加室外焊接的防风措施；此外，在野外施工中最好选用含有固氮元素（如 Ti、Al）的焊丝。

(3) 氢气孔 氢气孔产生的主要原因是，熔池在高温时溶入了大量氢气，在结晶过程中又不能及时排出，留在焊缝金属中成为气孔。

氢的来源是焊件、焊丝表面的油污、铁锈以及 CO_2气体中所含的水分。

要避免氢气孔，就要杜绝氢的来源。应去除焊件及焊丝上的铁锈、油污及其他杂质，更重要的是注意 CO_2气体中的含水量。因为 CO_2气体中的水分常常是引起氢气孔的主要原因。CO_2气体具有氧化性，可以抑制氢气孔的产生，只要焊前对 CO_2气体进行干燥处理，去除水分，清除焊丝和焊件表面的杂质，产生氢气孔的可能性很小。

3. CO_2焊过程中的飞溅

飞溅是 CO_2焊最主要的缺点，一般粗滴过渡时的飞溅程度比短路过渡时严重得多。大量飞溅不仅增加了焊丝的损耗，而且焊后焊件表面需要清理。同时，飞溅金属容易堵塞喷嘴，使气流的保护效果受到影响，严重时甚至会影响焊接过程的正常进行。因此，为了提高焊接生产率和质量，必须把飞溅减少到最低的程度。

(1) 飞溅产生的原因

1）气体爆炸引起的飞溅。熔滴过渡时，由于熔滴中的 FeO 与 C 反应产生的 CO 气体，在电弧高温下体积急剧膨胀，突破熔滴或熔池表面的约束，使熔滴或熔池爆破而引起金属飞溅。

2）由电弧的斑点压力而引起的飞溅。因 CO_2气体高温分解吸收大量电弧热量，对电弧的冷却作用较强，使电弧的电场强度提高，电弧收缩，弧根面积减小，增大了电弧的斑点压力，熔滴在斑点压力的作用下十分不稳定，形成飞溅。采用直流正接法时，熔滴受斑点压力大，飞溅也大。

3）由短路过渡不正常引起的飞溅。当短路电流增长速度过快，或短路最大电流值过大时，熔滴刚与熔池接触，由于短路电流强烈加热及电磁收缩力的作用，缩颈处的液体金属发生爆破，产生较多的细颗粒飞溅。如果短路电流增长速度过慢，则短路电流不能及时增大到要求的数值，缩颈处就不会迅速断裂，使伸出的焊丝在长时间电阻热的作用下变软和断落，并伴随着较多的大颗粒飞溅，如图 3-3 所示。

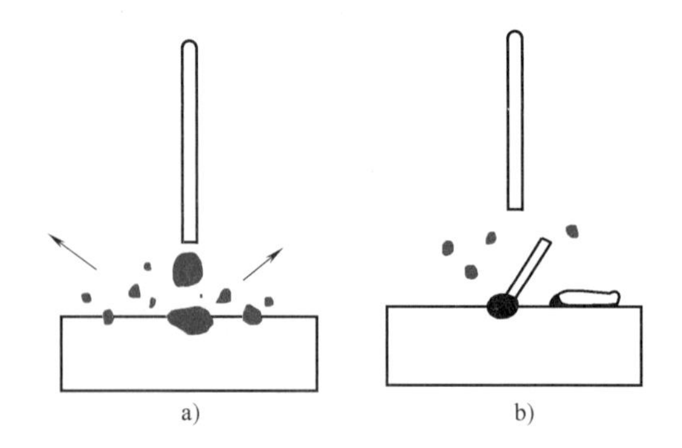

图 3-3 短路电流增长速度对飞溅的影响
a）短路电流增长过快 b）短路电流增长过慢

4）非轴向熔滴过渡引起的飞溅。这种飞溅是在粗滴过渡焊接时由于电弧的斥力所引起的。熔滴在斑点压力和弧柱中气流的压力共同作用下，被推向焊丝末端的一边，并被抛到熔池外面，使熔滴形成大颗粒的飞溅，如图 3-4 所示。

5）焊接参数选择不当引起的飞溅。在焊接过程中，焊接电流、电弧电压、电感值等参数选择不当时，也会引起飞溅。如电弧

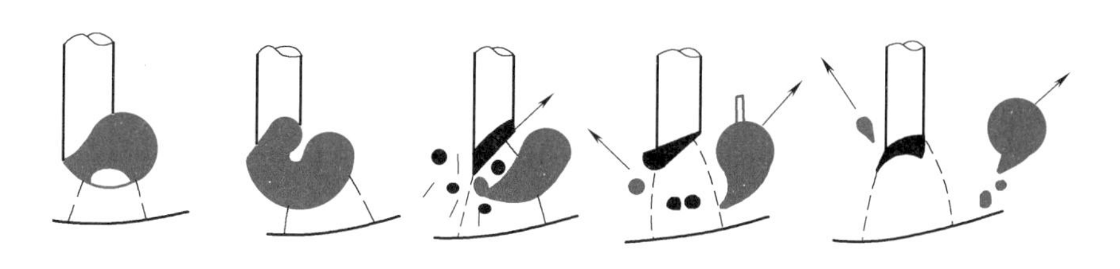

图 3-4　粗滴过渡时产生飞溅的示意图

电压升高，电弧变长，易引起焊丝末端熔滴长大，产生无规则的晃动而出现飞溅。

（2）减少金属飞溅的措施

1）正确选择焊接电流与电弧电压。CO_2焊时，采用不同直径的焊丝，飞溅率和焊接电流之间的关系如图 3-5 所示。在短路过渡区飞溅率较小，细滴过渡区飞溅率也较小，而混合过渡区飞溅率最大。以直径为 1.2mm 的焊丝为例，电流小于 150A 或大于 300A 时飞溅率都较小，介于两者之间则飞溅率较大。在选择焊接电流时，应尽可能避开飞溅率高的混合过渡区。电弧电压则应与焊接电流匹配。

2）控制焊丝伸出长度。一般焊丝伸出长度越长，飞溅率越高。对于直径为 1.2mm 的焊丝，焊丝伸出长度从 20mm 增至 30mm，飞溅率约增加 5%。所以在保证不堵塞喷嘴的情况下，应尽可能缩短焊丝的伸出长度。

3）控制焊枪角度。焊枪垂直时飞溅量最少，倾斜角度越大，飞溅越多。焊枪前倾或后倾最好不超过 20°。

4）细滴过渡时在 CO_2 气体中加入 Ar 气。CO_2 气体的物理性质决定了电弧的斑点力较大，这是 CO_2焊产生飞溅的最主要原因。在 CO_2 气体中加入 Ar 气后，改变了纯 CO_2 气体的物理性质。随着 Ar 气比例增大，飞溅逐渐减少，如图 3-6 所示。由图中可见，飞溅损失变化最显著的是细滴直径大于 0.8mm 的飞溅，对直径小于 0.8mm 的细滴飞溅影响不大。

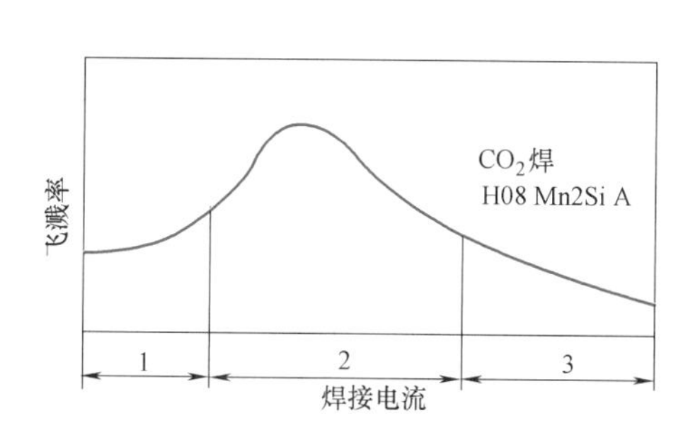

图 3-5　CO_2 焊飞溅率与焊接电流的关系
1—短路过渡区　2—混合过渡区　3—细滴过渡区

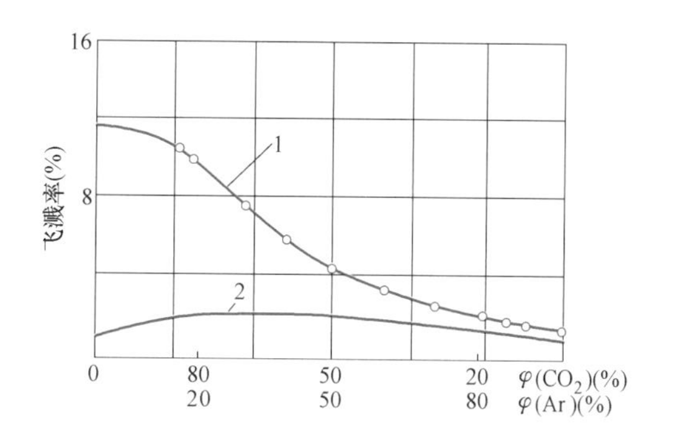

图 3-6　CO_2+Ar 混合气体中的飞溅率
1—细滴直径>0.8mm　2—细滴直径≤0.8mm
（焊丝直径 1.2mm，电流 250A，电弧电压 30V）

混合气体的成本虽然比纯 CO_2气体高，但可从材料损失降低和节省清理飞溅的辅助时间上得到补偿。所以采用 CO_2+Ar 混合气体，总成本还有减低的趋势。另外，采用 CO_2+Ar 混合气体时的焊缝金属低温韧性值也比采用纯 CO_2气体时的高。

5）短路过渡时限制金属液桥爆断能量。短路过渡 CO_2 焊时，当熔滴与熔池接触形成短路后，如果短路电流的增长速率过快，使液桥金属迅速地加热，造成了热量的聚集，将导致金属液桥爆裂而产生飞溅。因此必须设法使短路液桥的金属过渡趋于平缓。目前可采用在焊接回路中串接附加电感法、电流切换法或电流波形控制法。当这些方法的焊接参数合适时，飞溅较小，噪声较小，焊接过程比较稳定。

6）采用低飞溅率焊丝。目前低飞溅率焊丝有超低碳焊丝、药芯焊丝和活化处理焊丝。

在短路过渡或细滴过渡的 CO_2 焊中，采用超低碳的合金钢焊丝，能够减少由 CO 气体引起的飞溅。

由于熔滴及熔池表面有熔渣覆盖，并且药芯成分中有稳弧剂，通常药芯焊丝 CO_2 焊的飞溅率约为实心焊丝的1/3。

在焊丝的表面涂有极薄的活化涂料，如 CS_2CO_3 与 K_2CO_3 的混合物，即为活化处理的焊丝。这种稀土金属或碱土金属的化合物能提高焊丝金属发射电子的能力，从而改善 CO_2 焊时电弧的特性，使飞溅大大减少。但由于这种焊丝储存、使用比较困难，所以应用还不广泛。

习　　题

一、填空题

1. CO_2 焊主要用于焊接________等金属；不仅能焊薄板，也能焊________，同时可进行________。

2. CO_2 焊中3个主要的问题是：________、________和________。

3. CO_2 焊用________联合脱氧时效果最好。

4. CO_2 焊中可能会出现________、________和________气孔。

二、单选题

1. CO_2 焊的优点主要有生产率高，（　　），焊缝含氢量少，焊缝抗裂性能和力学性能好，焊接变形和应力小等。

A. 成本低　　B. 气体纯度要求低

C. 飞溅少　　D. 可焊所有金属

2. CO_2 焊有一些不足之处，但（　　）不是 CO_2 焊的缺点。

A. 成本低　　B. 飞溅较大

C. 焊缝表面成形较差　　D. 设备比较复杂

3. 焊条电弧焊比 CO_2 焊的生产率低（　　）。

A. 2.5~4倍　　B. 1.5~3倍　　C. 2.5~6倍　　D. 1~3倍

4. CO_2 焊时，用得最多的脱氧剂是（　　）。

A. Cr、Fe　　B. C、Si　　C. Fe、C　　D. Si、Mn

5. CO_2 焊时，（　　）是氮气孔产生的原因之一。

A. CO_2 气体流量过小　　B. 焊件上有锈未清除

C. 焊丝表面有油污未清除　　D. CO_2 气体中有水分

三、判断题

1. CO_2 焊的电弧气氛有很强的氧化性，不能焊接容易氧化的金属。　(　　)
2. CO_2焊只能用于对焊接性能要求不高的不锈钢焊件。　(　　)
3. CO_2焊的主要缺点是飞溅率较大，并且焊缝表面成形较差。　(　　)

四、简答题

1. CO_2焊引起飞溅的原因有哪些？
2. 减少 CO_2焊飞溅的措施有哪些？

第二节　CO_2 焊的焊接材料选用

学习目标

1）熟知 CO_2 气体的性质及要求。

2）熟知 CO_2 焊焊丝的选用原则。

CO_2焊的焊接材料包括 CO_2气体和焊丝。

一、CO_2气体的选用

1. CO_2气体的性质

CO_2气体是无色、无味、无毒的多原子气体，来源广、成本低。

在标准状态下，CO_2 气体的密度为 1.98kg/m^3，约为空气的 1.5 倍。由于它比空气重，因此能在熔池上方有效地将空气排开，保护焊接区。CO_2气体在电弧的高温作用下，将发生吸热反应。因此，对电弧的冷却作用较强；电弧弧柱区窄，热量集中，焊接热影响区窄，焊接变形小，特别适用于焊接薄板。

室温时 CO_2为气态，且很稳定。CO_2气体是一种氧化性气体，在电弧的高温作用下，CO_2气体将分解成 CO 和原子态氧。分解出的原子态氧具有强烈的氧化性，使金属氧化。因此，使用 CO_2气体要处理好对熔池金属的氧化问题。

2. CO_2气体纯度的要求

焊接用的 CO_2气体必须有较高的纯度，一般纯度≥99.5%。CO_2气体中的杂质为 H_2O、N_2。为了减少气体中的水分对焊接的影响，可采取如下措施：

（1）倒置排水　液态的 CO_2可溶解质量分数约 0.05%的水分，另外还有一部分自由态的水分沉积于钢瓶的底部。使用前首先应去除自由态水分。将新灌的 CO_2气瓶倒立静置 1～2h，以便使瓶中自由状态的水沉积到瓶口部位；然后打开阀门放水 2～3 次，每次放水间隔 30min；放水结束后，把钢瓶恢复放正。使用前再放气 2～3min。

（2）使用干燥器　可在焊接供气的气路中串接过滤式干燥器，用以干燥含水较多的 CO_2气体。

3. CO_2气体气压的要求

CO_2气体的压力越低，气体中水分的含量越高。使用时应注意瓶中的压力。在环境温度不变的情况下，只要瓶中存在着液态CO_2，则液态CO_2上方的气体压力就不会变化，CO_2气体中的水分含量也是不变化的。但当液态CO_2挥发完后，气体的压力将随着气体的消耗而下降。气体压力越低，水气分解压相对增大，水分挥发量越多，当瓶中的气体压力低于0.98MPa时，CO_2气体的含水量急剧增加，将引起在焊缝中形成气孔。所以低于该压力时不得再继续使用。

4. CO_2气体的储运

焊接用CO_2气体是由瓶装液态CO_2汽化而来。由于CO_2由液态变为气态的沸点很低，为-78.9℃，所以工业用CO_2都是使用液态的。常温下CO_2会从液态变为气态。

在0℃和101.3kPa（1个大气压）下，1kg液态CO_2可以汽化成509L的气态CO_2。通常容量为40L的标准钢瓶内，可以灌入25kg的液态CO_2，约占钢瓶容积的80%，其余20%左右的空间则充满汽化了的CO_2。一瓶液态CO_2可以汽化成12725L气体，当焊接时的气体流量为15L/min时，可以连续使用14h左右。

气瓶的压力与环境温度有关。当温度为0~20℃时，瓶中压力为$4.5 \sim 6.8 \times 10^6$Pa（40~60个大气压），当环境温度为30℃以上时，瓶中压力急剧增加，可达7.4×10^6 Pa（73个大气压）以上。因此，CO_2气瓶不得放在火炉、暖气等热源附近，也不得放在烈日下暴晒，以防压力增大而发生爆炸。

CO_2气瓶是钢质圆柱形的高压容器，其外表涂成铝白色，并标有黑色“液化二氧化碳”字样。CO_2气瓶使用时应直立放置，严禁敲击、碰撞等。气瓶出厂时应戴好瓶帽。

二、实心焊丝的选用

CO_2焊用焊丝既是填充金属又是电极，所以焊丝既要保证一定的化学成分和力学性能，又要保证具有良好的导电性和工艺性能。按制造方法和形状结构的不同，焊丝可分为实心焊丝和药芯焊丝。

1. 对焊丝的要求

(1) 焊丝必须含有足够的脱氧剂 焊丝必须含有一定数量的脱氧剂，以防止产生气孔、减少飞溅并提高焊缝金属的力学性能。用于低碳钢和低合金钢CO_2焊的焊丝，主要的脱氧剂是Si和Mn，其成分含量范围为$w(Si) = 0.5\% \sim 1\%$、$w(Mn) = 1\% \sim 2.5\%$。Mn、Si比约为1.2~2.5，达到Si-Mn联合脱氧的作用。

目前我国CO_2焊用的主要焊丝品种是H08Mn2Si，这类焊丝采取Si、Mn联合脱氧，具有很好的抗气孔能力。Si和Mn也起合金化的作用，使焊缝金属具有较高的力学性能。

(2) 焊丝的C、S、P含量要低 要求$w(C) < 0.11\%$，这对于避免气孔及减少飞溅是很重要的。对于一般焊丝，要求S及P含量均为$w(S, P) \leqslant 0.04\%$；对于高性能的优质CO_2焊焊丝，则要求S及P含量均为$w(S, P) \leqslant 0.03\%$。

(3) 镀铜 为防锈及提高导电性，焊丝表面最好镀铜。但镀铜焊丝的含铜量不能太大，否则会形成低熔点共晶体，从而影响焊缝金属的抗裂能力。要求镀铜焊丝的$w(Cu) \leqslant 0.5\%$。

2. 焊丝的规格

CO_2焊用焊丝直径系列有（0.5mm）、（0.6mm）、0.8mm、1.0mm、1.2mm、（1.4mm）、

1.6mm、2.0mm、2.5mm、(3.0mm)、3.2mm。

3. 焊丝的选用

选择焊丝时要考虑焊件的材料性质、用途以及焊接接头强度的设计要求，选用适当牌号的焊丝。通常焊接低碳钢和低合金钢时，可选用的焊丝较多，一般首选是H08Mn2SiA，也可选用其他焊丝，如H10MnSi。H10MnSi比较便宜，与H08Mn2SiA相比其C含量稍高，而Mn、Si含量较低，故焊缝金属强度略高，但焊缝金属的塑性和冲击韧性稍差。

合金钢用的焊丝冶炼和拔制困难，故CO_2焊用的合金钢焊丝逐渐向药芯焊丝方向发展。

CO_2焊常用焊丝的牌号、化学成分和用途见表3-1。

表3-1　CO_2焊常用焊丝的牌号、化学成分和用途

焊丝牌号	合金元素含量(质量分数,%)								用途
	C	Mn	Si	P	S	Cr	Mo	V	
H10MnSi	≤0.14	0.6~0.9	0.8~1.1	≤0.04	≤0.03	≤0.20	—	—	焊接低碳钢和低合金钢
H08MnSi	≤0.11	1.20~1.50	0.40~0.70	≤0.035	≤0.035	≤0.20	—	—	焊接低碳钢和低合金钢
H08Mn2Si	≤0.11	1.70~2.10	0.65~0.95	≤0.035	≤0.035	≤0.20	—	—	焊接低碳钢和低合金钢
H08Mn2SiA	≤0.11	1.80~2.10	0.65~0.95	≤0.030	≤0.030	≤0.20	—	—	焊接低碳钢和低合金钢
H08MnSiCrMoA	≤0.10	0.6~0.9	1.5~1.9	≤0.03	≤0.03	0.8~1.1	0.5~0.7	—	焊接低合金高强度钢
H08MnSiCrMoVA	≤0.10	0.6~0.9	1.5~1.9	≤0.030	≤0.030	0.95~1.25	0.6~0.8	0.25~0.4	焊接低合金高强度钢

三、药芯焊丝的选用

药芯焊丝是由薄钢带卷成圆形或异形钢管的同时，填满一定成分的药粉后拉制而成的一种焊丝。药粉的作用与焊条药皮相似。药芯焊丝用于气体保护焊、埋弧焊和自保护焊。它是继焊条、实心焊丝之后广泛应用的另一类焊接材料。

1. 药芯焊丝的特点

药芯焊丝CO_2焊的优点：

1）焊接生产率高。焊丝熔敷速度快，约为焊条电弧焊的3~5倍，为实心焊丝CO_2焊的1.5~2倍。

2）焊接工艺性能好，焊缝成形美观。采用气-渣联合保护，焊接工艺性能好，飞溅率为实心焊丝的1/3左右，且飞溅颗粒细，容易清除。焊缝因有熔渣覆盖成形美观。

3）焊接适应性强。通过调整药芯成分，不仅可以焊接各种结构钢，也可以焊接不锈钢等特殊材料。可采用较大电流进行全位置焊接。

药芯焊丝CO_2焊的缺点：

1）焊丝制造比较复杂，成本高。

2）焊丝外表容易锈蚀，药粉容易吸潮，使用前需经250~300℃温度下烘干。

3）送丝困难。与实心焊丝相比，药芯焊丝的刚性较差，焊丝体较软。送丝滚轮的压力不能太大，太大会使焊丝变形。通常需要用两对送丝滚轮，甚至用三对送丝滚轮的送丝机构。

2. 药芯焊丝的分类

(1) 按焊丝结构分类 药芯焊丝按其结构可分为无缝焊丝和有缝焊丝两类。

无缝焊丝是由无缝钢管压入所需的粉剂后，再经拉拔而成。这种焊丝可以镀铜，性能好，成本低。

有缝焊丝按其截面又可分为简单截面的O形和复杂截面的折叠形两类。折叠形又分为T形、E形、梅花形和中间填丝形等，如图3-7所示。O形截面的焊丝通常又叫管状焊丝。管状焊丝由于芯部粉剂不导电，电弧容易沿四周的钢皮旋转，电弧稳定性较差。折叠焊丝因钢皮在整个截面上分布比较均匀，焊丝芯部也能导电，所以电弧燃烧稳定，焊丝熔化均匀，冶金反应完善。

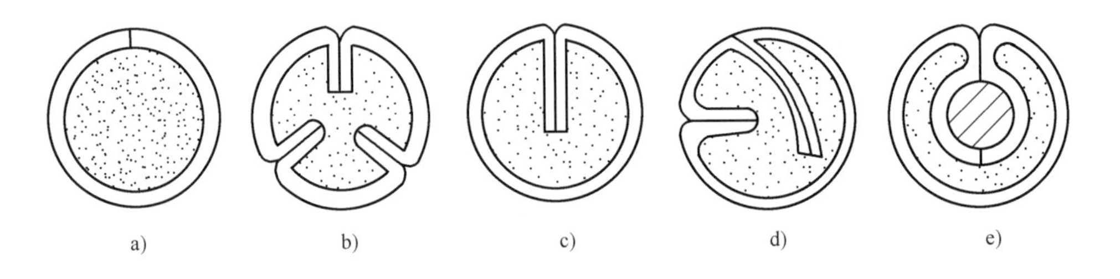

图3-7 药芯焊丝的截面形状示意图

a）O形 b）梅花形 c）T形 d）E形 e）中间填丝形

由于小直径折叠焊丝制造较困难，因此一般直径≤2.4mm的焊丝制成O形，直径>2.4mm的焊丝制成折叠形。

(2) 按保护方式分类 药芯焊丝有外加保护和自保护两种。外加保护的药芯焊丝在焊接时外加气体和熔渣保护。自保护焊丝依赖药芯燃烧分解出的气体来保护焊接区，不需要补加气体。药芯焊丝在产生气体的同时，也产生熔渣，从而保护了熔池和焊缝金属。

(3) 按适用的焊接方法分类 药芯焊丝用于气体保护焊、埋弧焊和自保护焊，因此，药芯焊丝可分为气体保护焊药芯焊丝、埋弧焊药芯焊丝及自保护焊药芯焊丝。气体保护焊药芯焊丝又有CO_2焊药芯焊丝、熔化极惰性气体保护焊药芯焊丝和混合气体保护焊药芯焊丝等。

(4) 按药芯性质分类 药芯焊丝芯部粉剂的成分和焊条的药皮类似，含有稳弧剂、脱氧剂、造渣剂和铁合金等，起造渣、保护熔池、渗合金、稳弧等作用。按填充药粉渣的碱度可分为钛型（酸性熔渣）、钛钙型（中性或弱碱性熔渣）和钙型（碱性熔渣）药芯焊丝。目前国产的CO_2焊药芯焊丝多为钛型药芯焊丝，直径有2.0mm、2.4mm、2.8mm、3.2mm等几种。

习　题

一、填空题

1. 按制造方法和形状结构不同，焊丝可分为________和________。

2. 药芯焊丝按其结构可分为________和________两类；按保护方式可分________和________两种。

3. 药芯焊丝按填充药粉渣的碱度可分为________、________和________焊丝。

二、单选题

1. CO_2气体没有（　　）特点。

A. 焊接时可以使用固态和气态 CO_2　　B. 在电弧高温下发生分解

C. 无色、无味　　D. 熔化极焊接时要使用干燥后的 CO_2气体

2. CO_2焊用的 CO_2气体纯度，一般要求不低于（　　）。

A. 99.5%　　B. 99.9%　　C. 99.95%　　D. 99.99%

3. 为减少 CO_2气体中的水分对焊接质量的影响，可以（　　）。

A. 将新灌气瓶倒立 1~2h，再打开气瓶将水排出，然后关闭瓶阀，将瓶放正。使用前再放气 2~3min

B. 保证纯度不低于 95%

C. 气瓶内压不低于 9.8MPa

D. 气瓶内压不低于 3MPa

4. CO_2气瓶瓶体表面涂（　　）色，并漆有“液化二氧化碳”黑色字样。

A. 铝白　　B. 银灰　　C. 淡蓝　　D. 淡黄

5. 储存 CO_2气体的气瓶容量为（　　）L。

A. 10　　B. 20　　C. 30　　D. 40

6. 在使用压力低的 CO_2气体焊接时，焊缝中容易出现气孔，要求瓶内压力不低于（　　）MPa。

A. 0.98　　B. 1.46　　C. 1.96　　D. 2.44

7. CO_2 气体中的杂质为（　　）。

A. H_2O 和 N_2　　B. H_2O 和 CO　　C. N_2 和 CO　　D. N_2 和 O_2

8. CO_2气瓶使用时须（　　）放置，严禁敲击、碰撞等。

A. 平　　B. 直立　　C. 倒立　　D. 倾斜

9. CO_2焊用于焊接低碳钢和低合金高强度钢时，主要采用通过焊丝的（　　）脱氧方法。

A. 碳锰联合　　B. 碳硅联合　　C. 硅锰联合　　D. 铝硅联合

10. 焊丝 H08Mn2Si 中“08”表示（　　）。

A. Mn 的质量分数为 0.08%　　B. Si 的质量分数为 0.8%

C. Mn 的质量分数为 0.8%　　D. C 的质量分数为 0.08%

三、判断题

1. CO_2焊的保护气体是CO_2气体和少量的氩气。（　）
2. CO_2气体是活性气体，但可以单独作为保护气体使用。（　）
3. CO_2焊时可在气路中设置高压干燥器和低压干燥器，对CO_2气体进行提纯。（　）
4. 经放水处理后的气瓶，可直接套接输气管进行CO_2焊。（　）
5. CO_2气瓶中压力低于1MPa时，要停止用气。（　）

四、简答题

如何选择CO_2焊用焊丝？

第三节　CO_2焊的焊件准备

学习目标

1）了解CO_2焊坡口的基本形式。

2）熟知坡口的清理方法。

3）掌握焊件定位焊的方法。

CO_2焊时，为保证焊接质量，除选择合适的焊接材料、设备和焊接参数外，还应做好焊件准备。

一、坡口的加工

1. 坡口的形式

CO_2焊时推荐使用的对接接头坡口形式见表3-2。细焊丝短路过渡的CO_2焊主要用于焊接薄板，一般开I形坡口；粗焊丝细滴过渡的CO_2焊主要用于焊接中厚板及厚板，可以开较小的坡口。开坡口不仅是为了熔透，而且要考虑焊缝成形的形状及熔合比。坡口角度过小时易形成指状熔深，在焊缝中心可能产生裂纹。尤其在焊接厚板时，由于拘束应力大，这种倾向很强，必须十分注意。

表3-2　CO_2焊推荐坡口形式

坡口形状	板厚/mm	有无垫板	坡口角度 α	根部间隙 b/mm	钝边 p/mm
I形	<12	无	—	0~2	—
		有	—	0~3	—
单边V形	<60	无	45°~60°	0~2	0~5
		有	25°~50°	4~7	0~3

续表

坡口形状		板厚/mm	有无垫板	坡口角度 α	根部间隙 b/mm	钝边 p/mm
Y形		<60	无	45°～60°	0～2	0～5
			有	35°～60°	0～6	0～3
K形		<100	无	45°～60°	0～2	0～5
X形		<100	无	45°～60°	0～2	0～5

2. 坡口的加工

加工坡口的方法主要有机械加工、气割和炭弧气刨等。坡口加工精度对焊接质量影响很大，坡口尺寸偏差能造成未焊透和未焊满等缺陷。CO_2焊时对坡口加工精度的要求比焊条电弧焊时更高。

3. 坡口的清理

焊缝附近有污物时，会严重影响焊接质量。焊前应将坡口面和靠近坡口上、下两侧周围10～20mm范围内的油污、油漆、铁锈、氧化皮及其他污物清除干净。6mm以下的薄板上的氧化物几乎对质量无影响；而焊厚板时，氧化皮会影响电弧稳定性、恶化焊道外观和导致气孔等缺陷。为了去除氧化皮、水分和油类，目前工厂常用的方法是用氧乙炔焰烘烤。

二、焊件定位焊的方法

CO_2焊时热输入较焊条电弧焊时更大，因此要求比焊条电弧焊更坚固的定位焊缝。若定位焊缝本身生成气孔和夹渣，它们将是随后进行CO_2焊时产生气孔和夹渣的主要原因。因此要求焊工要与焊接正式焊缝一样来焊接定位焊缝，定位焊缝不能有缺陷。

焊接薄板时，定位焊缝应细而短，长度为5～10mm，间距为100～150mm，如图3-8所示，这样可以防止变形及焊道不规整。焊接中厚板时，定位焊缝间距较大，达200～500mm；为增加定位焊的强度，应增大定位焊缝长度，一般为20～60mm，如图3-9所示。若为熔透焊缝时，点固处难以实现反面成形，应从反面进行点固。

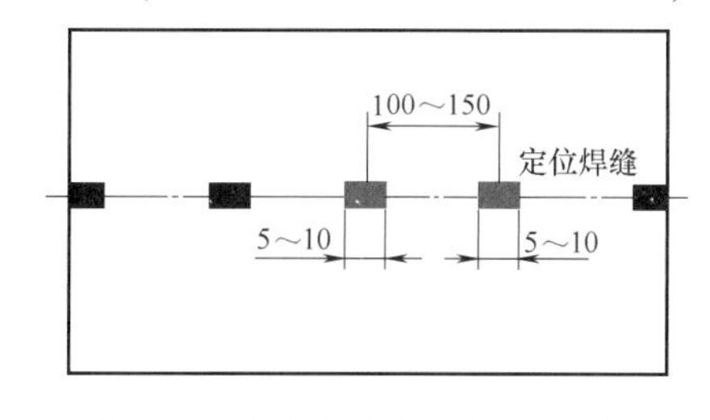

图3-8　薄板定位焊焊缝示意图

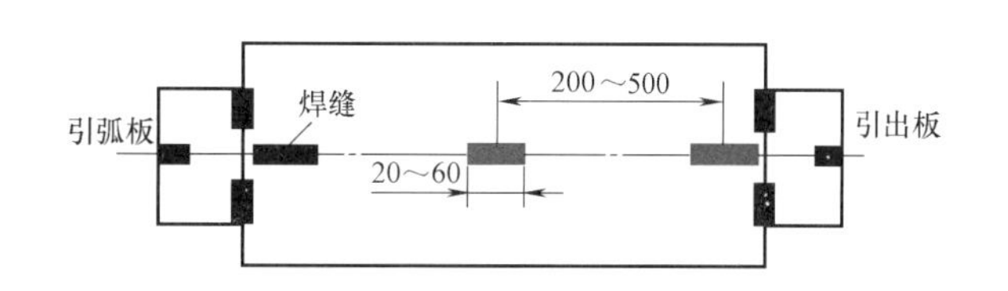

图3-9　中厚板定位焊焊缝示意图

习　题

一、填空题

1. 细焊丝短路过渡的 CO_2 焊一般开________坡口；粗焊丝细滴过渡的 CO_2 焊可以开________的坡口。

2. 若定位焊缝本身生成________，它们将是随后进行 CO_2 焊时产生________的主要原因。

二、单选题

1. CO_2 焊焊前应将坡口面和靠近坡口上、下两侧周围（　　）mm 范围内的油污、油漆、铁锈、氧化皮及其他污物清除干净。

A. 10～20mm　　B. 5～10mm　　C. 10～30mm　　D. 20～30mm

2. CO_2 焊时热输入较焊条电弧焊时更大，要求比焊条电弧焊（　　）的定位焊缝。

A. 更坚固　　B. 相同　　C. 更低　　D. 无法比较

三、判断题

1. CO_2 焊时对坡口加工精度的要求比焊条电弧焊时更高。（　　）

2. 为了去除氧化皮、水分和油类，目前工厂常用的方法是用氧乙炔焰烘烤。（　　）

四、简答题

CO_2 焊时对薄板和厚板定位焊有哪些要求？

第四节　CO_2 焊的焊接工艺

学习目标

1）了解 CO_2 焊的熔滴过渡形式。

2）掌握 CO_2 焊焊接参数的选择。

一、熔滴过渡的形式

在 CO_2 焊中，为了获得稳定的焊接过程，熔滴过渡通常有两种形式，即短路过渡和颗粒过渡。

1. 短路过渡

与普通焊接状态相比，短路过渡焊接首先让电弧长度变短，使焊丝和母材短路。如果焊丝短路，将产生更大的短路电流，在该短路电流的作用下，电磁收缩力变大，产生切断焊丝末梢的力量。同时，短路的焊丝末梢由于在此之前一直处于电弧的高温状态下，因此几乎为液态，它被电磁收缩力切断，并再次产生电弧。通过不断重复上述现象进行焊接，如图 3-10 所示。由于上述现象发生的时间非常短暂，只有 1/100s，因此用肉眼是看不到的。

为了实现稳定的短路过渡焊接，必须采用低电压和小电流，以能够使直径为 0.8～

1.2mm 的细焊丝在 1s 内发生 50～100 次短路，同时必须使用具有适当特性的焊接电源。

短路过渡时，熔滴细小而过渡频率高，电弧非常稳定，飞溅小，焊缝成形美观。由于在焊接时对母材施加的热量小且熔深较浅，而被广泛应用于薄板和打底焊道的焊接，尤其可在 100A 以下的小电流情况下实现稳定的焊接。

短路过渡焊接操作容易掌握，对焊工技术水准要求不高，因而短路过渡的 CO_2 焊易于在生产中得到推广应用。

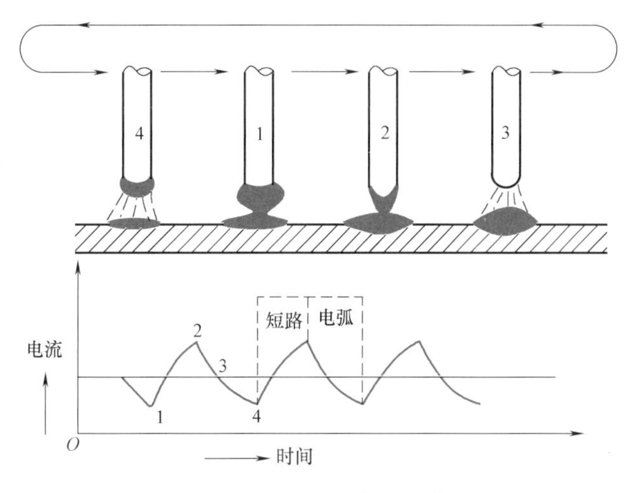

图 3-10　短路过渡焊接示意图

2. 颗粒过渡

在 CO_2 焊中，当二氧化碳被电弧热分解时，将从电弧中吸收热量。因此，电弧将收缩并向中间部位集中，由此产生防止熔滴脱离的力量。因此，当电弧电压比较高、焊接电流比较大时，熔滴也不会变细，而是以不规则的大粒子（直径与焊丝相同或超过焊丝的大熔滴）形态过渡，如图 3-11 所示，这种形态的熔滴过渡称为颗粒过渡。

在颗粒过渡中可以得到较大的熔深，适合于中等厚度及大厚度焊件的焊接。同时与埋弧焊相比，由于采用较细的焊丝通以大电流，电流密度较大，因而 CO_2 焊效率较高，但飞溅较多。

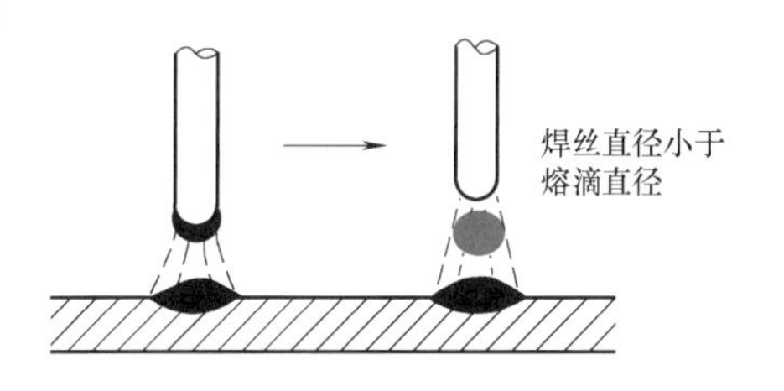

图 3-11　颗粒过渡示意图

二、焊接参数的选择

CO_2 焊的焊接参数主要有：焊丝直径、焊接电流、电弧电压、焊接速度、CO_2 气体流量、焊丝伸出长度、焊丝的位置、电源种类和极性等。必须充分了解这些参数对焊接质量的影响，以便能正确地选择焊接参数。

1. 焊丝直径

焊丝直径应根据焊件厚度、焊缝位置及生产率等条件来选择。薄板或中、厚板的立焊、横焊、仰焊时，多采用直径为 1.6mm 以下的焊丝。随着焊丝直径的增大，飞溅颗粒相应增大。在平焊位置焊接中、厚板时，可以采用直径大于 1.6mm 的焊丝。对于直径大于 1.6mm 的焊丝，如果采用短路过渡焊接，飞溅将相当严重，所以生产中很少应用。

各种直径焊丝的适用范围见表 3-3。

2. 焊接电流

焊接电流是重要的焊接参数，对熔深、焊丝熔化速度和工作效率影响最大。当焊接电流逐渐增大时，熔深、熔宽和余高都相应地增大，如图 3-12 所示。

表 3-3　各种直径焊丝的适用范围

焊丝直径/mm	焊件厚度/mm	焊接位置	熔滴过渡形式
0.5~0.8	1~2.5	各种位置	短路过渡
	2.5~4	平焊	细滴过渡
1.0~1.4	2~8	各种位置	短路过渡
	2~12	平焊	细滴过渡
≥1.6	3~12	立、横、仰焊	短路过渡
	>6	平焊	细滴过渡

在 CO_2焊中，焊接电流的大小主要通过送丝速度进行调节，如图 3-13 所示。从图 3-13 中可以清楚看到，随着送丝速度的增加，焊接电流也增加，大致成正比关系。焊丝的熔化速度随焊接电流的增加而增加，在相同电流下焊丝越细，其熔化速度越高。在细焊丝焊接时，若使用过大的电流，也就是使用很大的送丝速度，将引起熔池翻腾和焊缝成形恶化，因此各种直径焊丝的最大电流要有一定的限制。

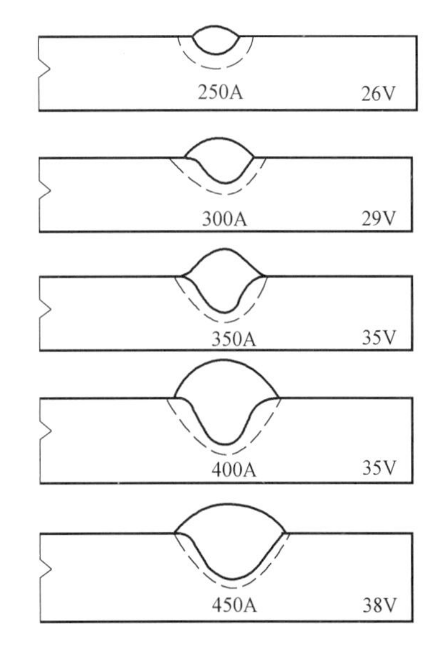

图 3-12　焊接电流与熔深的关系
（CO_2 焊实心焊丝，焊接速度 40cm/min）

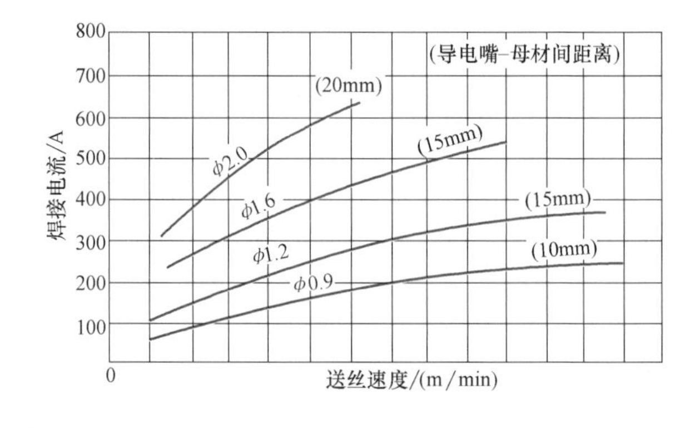

图 3-13　焊接电流与送丝速度的关系

焊接电流应根据焊件的厚度、焊丝直径、施焊位置以及熔滴过渡形式来选择。通常直径为 0.8~1.6mm 的焊丝，在短路过渡时，焊接电流在 50~230A 范围内选择；颗粒过渡时，焊接电流可在 250~500A 范围内选择。

焊丝直径与焊接电流的关系见表 3-4。

表 3-4　焊丝直径与焊接电流的关系

焊丝直径/mm	适用的电流范围/A	焊丝直径/mm	适用的电流范围/A
0.8	50~120	1.2	80~350
0.9	60~150	1.6	300~500
1.0	70~180	—	—

3. 电弧电压

电弧电压的选择与焊丝直径及焊接电流有关，它们之间存在着协调匹配的关系。细丝 CO_2焊的电弧电压与焊接电流的匹配关系如图 3-14所示。

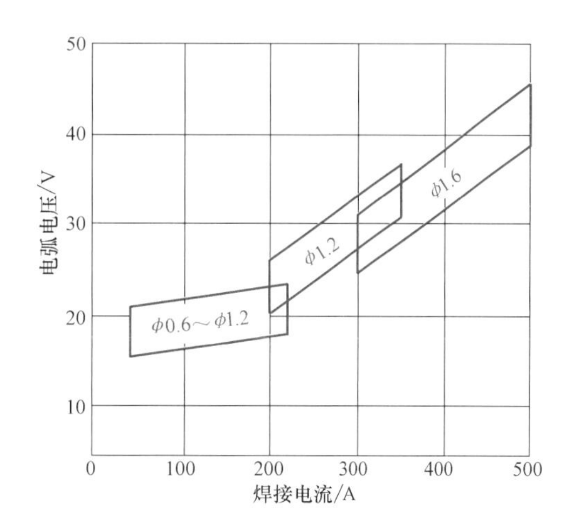

图 3-14　细丝 CO_2 焊的电弧电压与焊接电流匹配关系

短路过渡的电弧电压一般在 16～25V 之间。因为短路过渡只有在较短的弧长情况下才能实现，所以电弧电压是一个非常关键的焊接参数。如果电弧电压过高（如大于 29V），则无论其他参数如何选择，都不能得到稳定的短路过渡过程。

为了实现颗粒过渡，电弧电压必须在 25～40V 范围内选取。在一定焊丝直径下，选用较大的焊接电流，就要匹配较高的电弧电压。因为随着焊接电流增大，电弧对熔池金属的冲刷作用增加，势必恶化焊缝的成形，只有相应地提高电弧电压，才能减弱这种冲刷作用。

不同直径焊丝选用的焊接电流与电弧电压的范围见表 3-5。

表 3-5　不同直径焊丝选用的焊接电流与电弧电压

焊丝直径/mm	电弧电压/V	焊接电流/A	焊丝直径/mm	电弧电压/V	焊接电流/A
0.5	17～19	30 ～ 70	1.2	19 ～ 23	90 ～ 200
0.8	18 ～ 21	50 ～ 100	1.6	22 ～ 26	140 ～ 300
1.0	18 ～ 22	70 ～ 120	—	—	—

4. 焊接速度

焊接速度对焊缝成形、接头的力学性能及缺陷的产生都有影响。在焊接电流和电弧电压一定的情况下，焊接速度加快时，焊缝厚度、宽度和余高均减小，如图 3-15所示。

焊接速度过快时，会在焊趾处产生咬边，甚至出现驼峰焊道。相反，焊接速度过慢时，焊道变宽，在焊趾处产生焊瘤。通常半自动 CO_2焊时焊接速度为 15～40m/h，自动焊时不超过 90m/h。

400A 35V　30cm/min
400A 35V　35cm/min
400A 35V　40cm/min
400A 35V　45cm/min
400A 35V　50cm/min

图 3-15　焊接速度与焊缝成形的关系

5. CO_2气体流量

CO_2气体流量影响保护效果。保护效果不好则焊缝将产生气孔，甚至使焊缝成形变坏。

气体流量的大小应根据焊接电流、电弧电压、焊接速度等因素来选择。这些参数增大，气体流量也应相应增大，但不能太大，以免产生紊流，使空气卷入焊接区，降低保护效果。在正常焊接情况下，短路过渡时气体流量为 5～15L/min，颗粒过渡时气体流量为 15～25L/min。

强风对保护效果的影响十分显著。在强风的作用下，保护气流被吹散，使得熔池、电弧甚至焊丝端头暴露在空气中，破坏保护效果。风速在 1.5m/s 以下时，对保护作用无影响。当风速大于 2m/s 时，焊缝中的气孔明显增加。

6. 焊丝伸出长度

通常焊丝伸出长度取决于焊丝直径，焊丝伸出长度大约等于焊丝直径的 10 倍。对于不同的熔滴过渡形式，焊丝的伸出长度也有所差别。

短路过渡焊接时采用的焊丝都比较细，因此焊丝伸出长度对熔滴过渡、电弧的稳定性和焊缝成形的影响很大。伸出长度过大时，电阻热增大，焊丝容易因过热而熔断，导致严重飞溅及电弧不稳。焊丝伸出长度过小时，会缩短喷嘴与焊件间的距离，飞溅金属容易堵塞喷嘴。同时，还妨碍焊工观察电弧，影响焊工操作。短路过渡焊接时焊丝的伸出长度一般应控制在 5～15mm 范围内。

颗粒过渡焊接时采用的焊丝较粗，焊丝伸出长度对熔滴过渡、电弧的稳定性及焊缝成形的影响不像短路过渡时那样大。但由于飞溅较大，喷嘴易被堵塞，因此焊丝的伸出长度应比短路过渡时选得大一些，一般应控制在 10～20mm 范围内。

7. 焊丝的位置

根据焊枪前进的方向，CO_2焊可分为左焊法和右焊法。左焊法时，焊枪指向待焊部位，焊接过程自右向左，如图 3-16a 所示。右焊法又叫作后退焊法，右焊时，焊枪指向已完成的焊缝，焊接过程自左向右，如图 3-16b 所示。

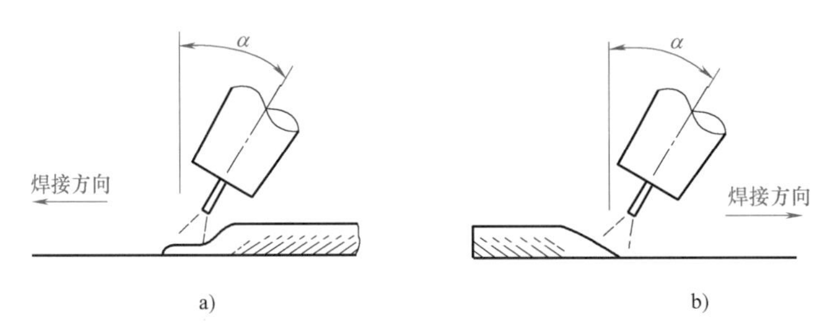

图 3-16 左焊法和右焊法示意图
a）左焊法 b）右焊法

左焊法容易观察焊接方向、看清焊缝，电弧不直接作用于母材上，因而熔深较浅、焊道平而宽，抗风能力强、保护效果好，特别适合于焊接速度较大时。右焊法的特点则刚好与此相反。因此，半自动 CO_2焊通常都采用左焊法。

在左焊法和右焊法中，如果焊枪的倾斜角度变大，电弧力作用的方向也会倾斜，因此，焊枪的倾斜角度最好保持在一定范围之内。在左焊法中，焊枪倾斜角度通常保持为 15°～20°。当倾斜角变大时，电弧的前侧将有大量的熔化金属堆积，并且焊道宽度不均匀，会产生大量大颗粒的飞溅，熔深也会变浅。因此，当进行多层焊接或焊接面上有凹凸部位时，将产生熔合不良的现象，在坡口内的焊接中将产生坡口根部边缘熔深不足的现象。右焊法的焊枪倾斜角度也应保持为 15°～20°。当该角度变大时，焊道形状将变得凸起，易产生咬边现象。

8. 电源种类和极性

CO_2焊一般都采用直流反接。这时电弧稳定，飞溅小，焊缝成形好，焊缝熔深大，生产率高。采用正接时，在相同的电流下，焊丝的熔化速度大大提高，大约为反接时的1.6倍，而熔深较浅，余高较大且飞溅很大。只有在堆焊及铸铁补焊时才采用正接，以提高熔敷速度。

习　题

一、填空题

1. CO_2焊熔滴过渡的形式主要有________和________。

2. CO_2焊焊接参数主要有：________、________、________、________、________、________等。

3. 当焊接电流逐渐增大时，________、________和________都相应地增大。

4. 在一定焊丝直径下，选用较大的焊接电流，就要匹配________的电弧电压。

5. 在焊接电流和电弧电压一定的情况下，焊接速度加快时，________、________和________均减小。

6. CO_2气体流量的大小，应根据________、________、________等因素来选择。这些参数增大，气体流量也应相应________。

7. 通常，焊丝伸出长度取决于________，焊丝伸出长度大约等于焊丝直径的________倍左右。短路过渡CO_2焊时焊丝伸出长度一般应控制在________内。颗粒过渡CO_2焊时焊丝伸出长度一般应控制在________内。

8. 根据焊枪前进的方向，CO_2焊可分为________和________。

二、单选题

1. 当CO_2焊采用细焊丝、小电流、低电弧电压施焊时，所出现的熔滴过渡形式是（　　）过渡。

A. 粗滴　　B. 短路　　C. 喷射　　D. 颗粒

2. 薄板CO_2焊时，熔滴过渡形式应采用（　　）。

A. 喷射过渡　　B. 颗粒过渡　　C. 短路过渡　　D. 粗滴过渡

3. CO_2焊用焊丝直径小于或等于（　　）mm时为细丝CO_2焊。

A. 1.2　　B. 1.4　　C. 1.6　　D. 2.0

4. 粗丝CO_2焊的焊丝直径为（　　）。

A. 小于1.2mm　　B. 1.2mm　　C. ≥1.6mm　　D. 1.2~1.5mm

5. （　　）不是CO_2焊时选择焊丝直径的依据。

A. 焊件厚度　　B. 母材成分　　C. 施焊位置　　D. 生产率的要求

6. （　　）不是CO_2焊时选择焊接电流的依据。

A. 焊件厚度　　B. 电源种类与极性　　C. 焊丝直径　　D. 熔滴过渡形式

7. CO_2焊时，焊丝直径为1.6mm，当焊接电流为（　　）时，焊接过程稳定，焊缝成形好，熔深大，焊丝熔化效率高。

A. 400A以上　　B. 400A以下　　C. 200A以上　　D. 200A以下

8. （　　）不是CO_2焊时选择电弧电压的依据。

A. 焊接电流　　B. 电源种类与极性

C. 焊丝直径　　D. 熔滴过渡形式

9. CO_2焊时，若选用的焊丝直径小于或等于1.2mm，则气体流量一般为（　　）。

A. 2~5L/min　B. 5~15L/min　C. 15~25L/min　D. 25~30L/min

10. 左焊法的特点是容易观察焊接方向，熔深较浅，焊道平而宽，（　　）。

A. 抗风能力强，保护效果较好

B. 抗风能力较强，保护效果一般

C. 抗风能力弱，保护效果较差

D. 抗风能力一般，保护效果较差

三、判断题

1. CO_2焊时，当焊接电流相同时，焊丝直径越粗，熔滴体积越大，过渡频率越低。（　　）

2. CO_2焊一般都采用直流反接。（　　）

四、简答题

比较CO_2焊左焊法和右焊法的特点。

第五节　CO_2焊操作技术

学习目标

1）掌握CO_2焊基本操作技术。

2）掌握CO_2焊安全操作规程。

一、CO_2焊基本操作技术

1. 引弧

半自动CO_2焊常采用短路引弧法。引弧前，首先将焊丝端头剪去，因为焊丝端头常常有很大的球形直径，容易产生飞溅而造成缺陷。经剪断的焊丝端头应为锐角。

引弧时，焊接姿势与正式焊接时一样，焊丝端头距焊件表面的距离为2~3mm。然后按下焊枪开关，随后自动送气、送电、送丝，直至焊丝与焊件表面相碰撞短路起弧。此时，由于焊丝与焊件接触而产生一个反弹力，焊工应紧握焊枪，勿使焊枪因冲击而回升，一定要保持喷嘴与焊件表面的距离恒定，这是防止引弧时产生缺陷的关键。CO_2焊的引弧过程如图3-17所示。

引弧处由于焊件的温度较低，熔深都比较浅，特别是在短路过渡时容易引起未焊透。为防止产生这种缺陷，可以采用倒退引弧法，如图3-18所示，即引弧后快速返回焊件端头，再沿焊接方向移动，在焊道重合部分进行摆动，使焊道充分熔合，完全消除弧坑。

重要产品焊接时，为消除在引弧时产生的飞溅、烧穿、气孔及未焊透等缺陷，可采用引弧板，如图3-19所示。

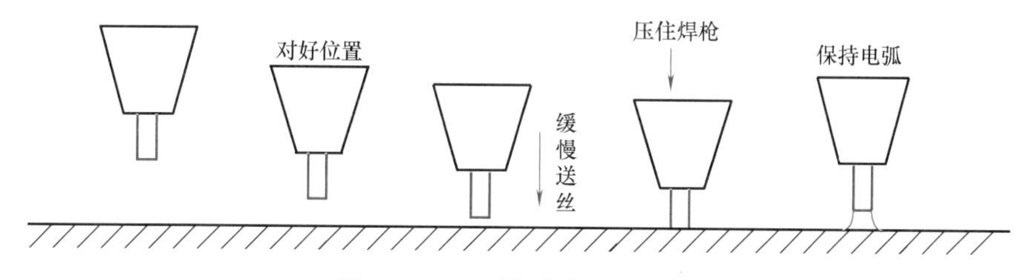

图 3-17　CO_2 焊引弧过程示意图

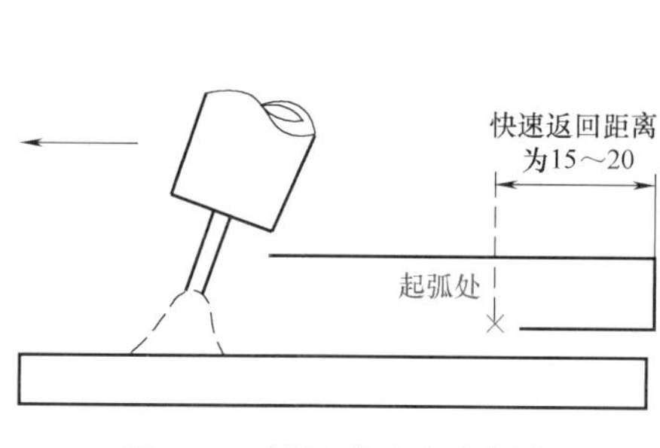

图 3-18　倒退引弧法示意图

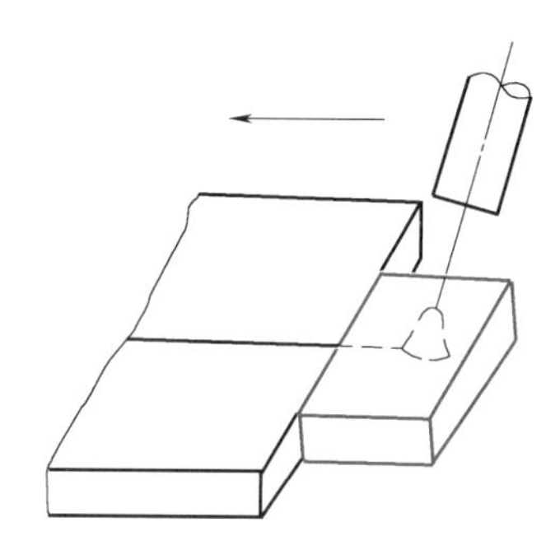

图 3-19　引弧板位置示意图

2. 焊枪的摆动方式

为了保证焊缝的宽度和两侧坡口的熔合，CO_2焊时要根据不同的接头类型及焊接位置做横向摆动。常见的摆动方式及应用范围见表 3-6。

表 3-6　焊枪的摆动方式及应用范围

摆动方式	应用范围
	薄板及中厚板的第一层焊接
	小间隙及中厚板打底焊接
	采用横向摆动送丝的厚板第二层焊接等
	堆焊、多层焊接时的第一层焊接
	大间隙焊接
⑧ ⑥⑦④⑤②③ ①	薄板根部有间隙焊接、坡口有钢垫板或施工物时

为了减少热输入，减小热影响区和变形，通常不采用大的横向摆动来获得宽焊缝，推荐采用多层多道焊的方法来焊接厚板。当坡口横向尺寸较小时，可采用锯齿形较小的横向摆动，如图 3-20 所示；当坡口横向尺寸较大时，可采用弯月形的横向摆动，如图3-21所示。

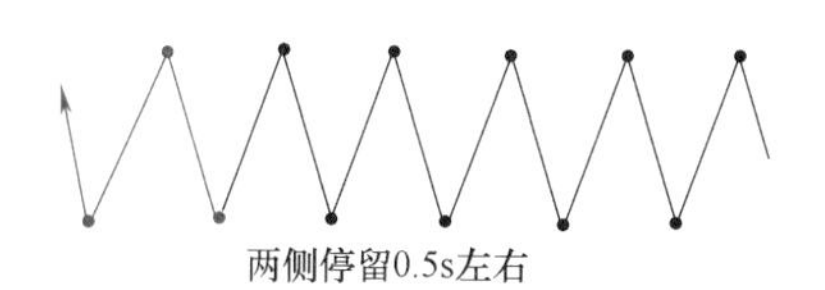

图 3-20　锯齿形横向摆动示意图

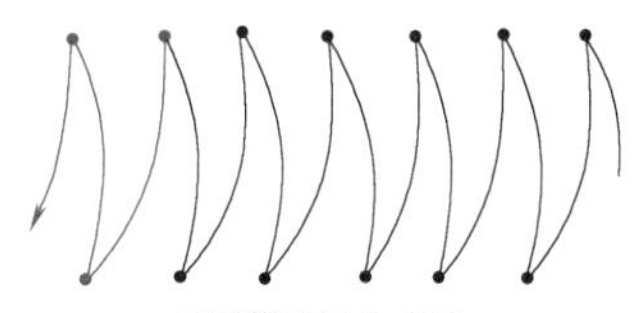

图 3-21　弯月形横向摆动示意图

3. 收弧

焊道收尾处往往会出现弧坑。CO_2焊时的焊接电流比一般焊条电弧焊时的焊接电流大，所以弧坑也大。弧坑处易产生火口裂纹及气孔等缺陷。为此，应设法减小弧坑尺寸。目前主要应用的方法如下：

（1）焊机有弧坑控制装置 焊机有弧坑控制装置时，焊枪在收弧处停止前进，同时接通弧坑控制电路，焊接电流和电弧电压会自动减少到适宜的数值，待熔池填满时断电。

（2）焊机无弧坑控制装置 焊机无弧坑控制装置时，焊枪在收弧处停止前进，并在熔池未凝固时反复断弧、引弧，直至弧坑填满为止，如图3-22所示。操作时动作要快，若熔池已凝固再引弧，则容易产生气孔、未焊透等缺陷。

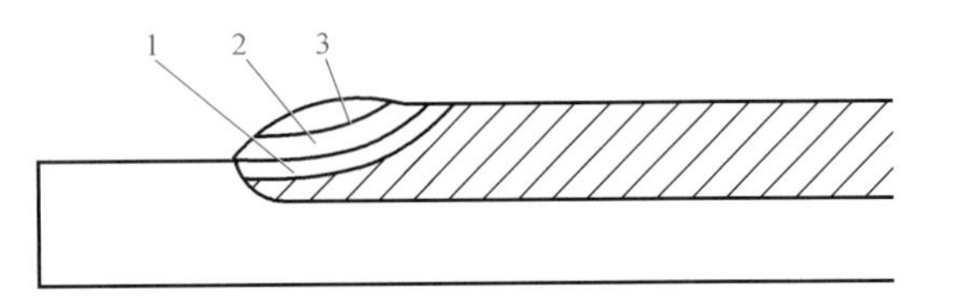

图3-22 断续引弧法填充弧坑示意图

1—断弧后第一次重新引燃电弧焊接的焊缝金属层
2—断弧后第二次重新引燃电弧焊接的焊缝金属层
3—断弧后第三次重新引燃电弧焊接的焊缝金属层

（3）采用引出板 对于重要产品，可采用引出板，将收弧处引至焊件之外，可以省去弧坑处理的操作。焊完之后去掉引出板。

收弧时，特别要注意克服焊条电弧焊的习惯性动作，就是将焊枪向上抬起。CO_2焊收弧时如将焊枪抬起，则将破坏弧坑处的保护效果。同时，即使在弧坑已填满、电弧已熄灭的情况下，也要让焊枪在弧坑处停留几秒钟后方能移开，以保证熔池凝固时得到可靠的保护。

4. 接头操作

接头前，首先将接头处用角磨机打磨成斜面，如图3-23所示，然后在斜面顶部引弧。引燃电弧后，将电弧斜移至斜面底部，转一圈后返回引弧处再继续向左焊接，如图3-24所示。

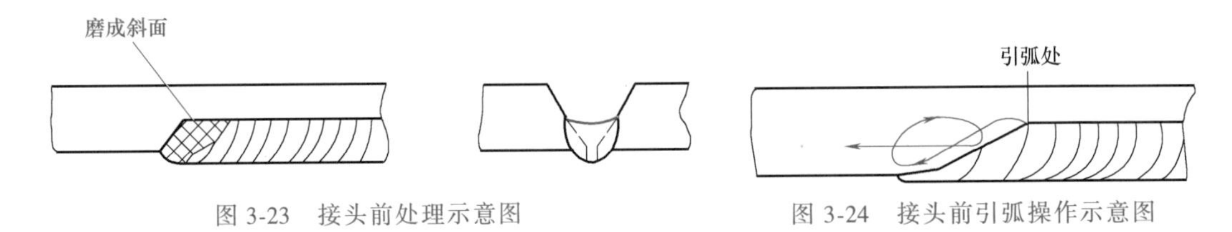

图3-23 接头前处理示意图 图3-24 接头前引弧操作示意图

（1）直线焊接的接头方法 直线焊接时，接头时在弧坑稍前10~20mm处引弧，然后将电弧快速移到原焊道的弧坑中心。当熔化金属与原焊缝相连后，再沿焊接方向移动，如图3-25a所示。

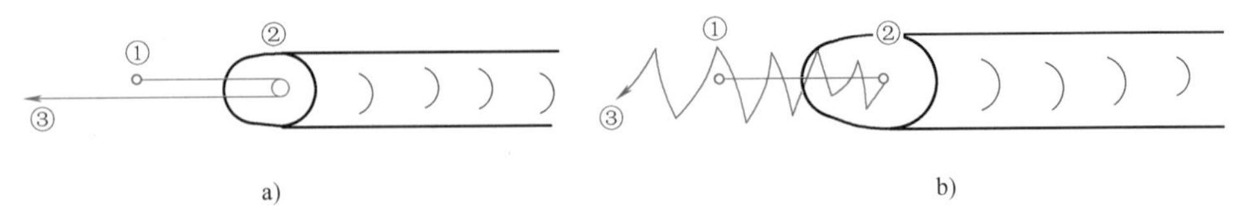

a) b)

图3-25 焊道接头方法示意图

a）直线焊接 b）摆动焊接

(2) 摆动焊接的接头方法　在摆动焊接的情况下，按图3-25b所示的①→②→③顺序进行，从②点开始摆动焊接时，先做较小的摆动，不应超出焊缝宽度，随后一点一点地加宽摆幅，达到焊缝宽度。

二、CO_2焊安全操作规程

1）保证工作环境有良好的通风。由于CO_2焊是以CO_2气体作为保护气体，在高温下有大量的CO_2气体将发生分解，生成CO气体以及产生大量的烟尘。CO极易和人体血液中的血红蛋白结合，造成人体缺氧。当空气中只有很少量的CO时，会使人感到身体不适、头痛；而当CO的含量超过一定范围时，会造成人呼吸困难、昏迷等，严重时甚至引起死亡。如果空气中CO_2气体的浓度超过一定的范围，也会引起上述反应。这就要求焊接工作环境应有良好的通风条件，在不能进行通风的局部空间施焊时，焊工应佩戴能供给新鲜氧气的面具及氧气瓶。

2）注意选用容量恰当的电源、电源开关、熔断器及辅助设备，以满足高负载持续工作的要求。

3）采取必要的防触电措施并使用良好的隔离防护装置和自动断电装置。焊接设备必须保护接地或接零线，并经常进行检查和维修。

4）由于金属飞溅引起火灾的危险性比其他焊接方法大，要求在焊接作业的周围采取可靠的隔离、遮蔽或防止火花飞溅的措施。焊工应有完善的劳动防护用具，以防止人体灼伤。

5）由于CO_2焊时的弧光比普通埋弧焊时的弧光更强，紫外线辐射更强烈，应选用颜色更深的滤光片。

6）采用CO_2气体电热预热器时，电压应低于36V，外壳要可靠接地。

7）由于CO_2是以高压液态盛装在气瓶中，要防止CO_2气瓶直接受热，气瓶不能靠近热源，也要防止剧烈振动。

8）加强个人防护。焊工应戴好面罩、手套，穿好工作服、工作鞋等。

9）当焊丝送入导电嘴后，不允许将手指放在焊枪的末端来检查焊丝送出情况，也不允许将焊枪放在耳边来试探保护气体的流动情况。

10）使用水冷系统的焊枪，应防止绝缘破坏而发生触电。

11）焊接工作结束后，必须切断电源和气源，并仔细检查工作场所周围及防护设施，确认无起火危险后方能离开。

习　　题

一、填空题

1. 当坡口横向尺寸较小时，可采用________________的横向摆动；当坡口横向尺寸较大时，可采用________________的横向摆动。

2. CO_2焊收弧时，主要应用的方法有____________________、____________________和________________________。

二、单选题

1. 半自动CO_2焊引弧时，常采用（　　）引弧。

A. 短路　　B. 高频　　C. 高压　　D. 非接触

2. CO_2焊时，CO_2气体在高温下将发生分解，生成（　　）气体以及产生大量的烟尘。

A. CO　　B. O_2　　C. CO_2　　D. 颗粒

三、判断题

1. 为了减少热输入，减小热影响区和变形，通常不采用大的横向摆动来获得宽焊缝，推荐采用多层多道焊的方法来焊接厚板。（　　）

2. 由于CO_2焊时的弧光比普通埋弧电弧焊时的弧光更强，紫外线辐射更强烈，应选用颜色更深的滤光片。（　　）

3. 采用CO_2气体电热预热器时，电压应低于36V，外壳要可靠接地。（　　）

四、简答题

1. 简述CO_2焊引弧和收弧的操作要点。

2. 简述CO_2焊接头的操作要点。

【焊接实践】

任务目标

1）能利用CO_2焊对薄板进行单面焊双面成形操作。

2）能利用CO_2焊对中厚板进行单面焊双面成形操作。

任务一　低碳钢薄板对接接头CO_2焊

一、焊前准备

1. 焊件及坡口形式

焊件材质：Q235。

焊件尺寸：300mm×100mm×2mm，两块。

坡口形式：Ⅰ形坡口。

2. 焊接材料及设备

焊接材料：H08Mn2SiA，ϕ0.8mm；CO_2气体，纯度为99.5%。

焊接设备：NBC-500，直流反接。

3. 焊前清理

将坡口面和靠近坡口上、下两侧15~20mm内的钢板上的油、锈、水分及其他污物打磨干净，直至露出金属光泽。为防止飞溅不易清理和堵塞喷嘴，可在焊件表面涂一层飞溅防黏剂，在喷嘴上涂一层喷嘴防堵剂。

4. 装配和定位焊

组对间隙：0~0.5mm。

预留反变形量：0.5°~1°。

装配间隙和定位焊要求如图3-26所示。

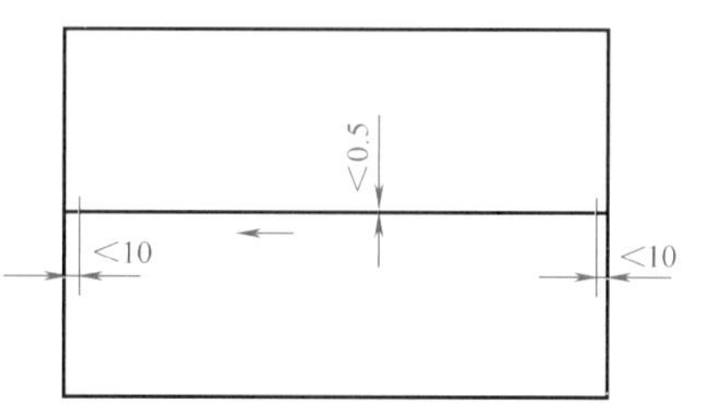

图3-26　装配间隙及定位焊示意图

二、平焊位操作

1. 焊接参数

薄板对接单面焊双面成形平焊位焊接参数见表3-7。

表3-7　薄板对接单面焊双面成形平焊位焊接参数

焊接层次	焊丝直径/mm	伸出长度/mm	焊接电流/A	电弧电压/V	焊接速度/(cm/min)	气体流量/(L/min)
1层1道	0.8	10~15	60~70	17~19	40~45	8~10

2. 焊枪角度和指向位置

采用左焊法，单层单道焊。焊枪角度如图3-27所示。

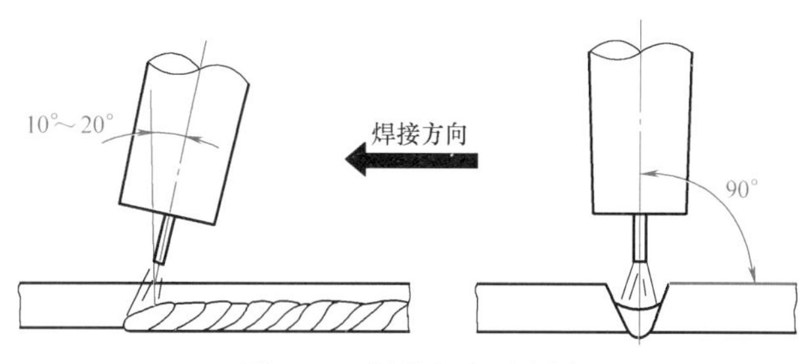

图3-27　焊枪角度示意图

3. 焊件位置

检查焊件装配间隙及反变形量符合要求后，将焊件平放在水平位置，注意将间隙小的一端放在右侧。

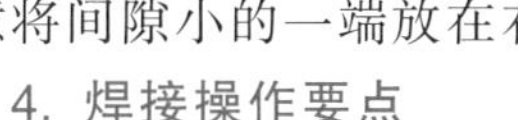

4. 焊接操作要点

1）调试好焊接参数后，在焊件的右端引弧，从右向左焊接。

2）焊枪沿装配间隙前后摆动或小幅度横向摆动，摆动幅度不能太大，以免产生气孔。熔池停留时间不宜过长，否则容易烧穿。

3）在焊接过程中，正常熔池呈椭圆形，如出现椭圆形熔池被拉长，即为烧穿前兆。这时应根据具体情况，改变焊枪操作方式以防止烧穿。例如，加大焊枪前后摆动或横向摆动幅度等。

4）选择的焊接电流较小，电弧电压较低，采用短路过渡的方式进行焊接时，要特别注意保证焊接电流与电弧电压相匹配。如果电弧电压太高，则短路过渡频率降低，电弧功率增大，容易引起烧穿，甚至熄弧；如果电弧电压太低，则可能在熔滴很小时就引起短路，会产生严重的飞溅，影响焊接过程。当焊接电流与电弧电压配合良好时，焊接过程中电弧稳定，可以观察到周期性的短路，听到均匀的、周期性的“啪、啪”声，熔池平稳，飞溅小，焊缝成形好。

三、立焊位操作

1. 焊接参数

薄板对接单面焊双面成形立焊位焊接参数见表3-8。

表3-8　薄板对接单面焊双面成形立焊位焊接参数

焊接层次	焊丝直径/mm	伸出长度/mm	焊接电流/A	电弧电压/V	气体流量/(L/min)
1层1道	0.8	10~15	60~70	18~20	9~11

2. 焊枪角度和指向位置

采用单层单道、向下立焊的操作方法，即从上面开始向下焊接，焊枪角度如图 3-28 所示。向下立焊的焊缝熔深较浅，成形美观，适用于薄板对接，T 形接头及角接接头。

3. 焊件位置

检查焊件装配间隙及反变形量符合要求后，将焊件垂直固定，间隙处于垂直位置，注意将间隙小的一端放在上端。

4. 焊接操作要点

1）调试好焊接参数后，在焊件的顶端引弧，注意观察熔池，待焊件底部完全熔合后，开始向下焊接。

2）焊接过程采用直线法，焊枪不做横向摆动。

3）由于熔化金属受重力作用，为了不使熔池中的液态金属流淌，焊接过程中电弧应始终对准熔池的前方，对熔池起上托的作用，如图 3-29a 所示。如果掌握不好，液态金属则会流到电弧的前方，发生液态金属导前现象，如图 3-29b 所示。这时候要加速焊枪的移动，并使焊枪的角度减小，靠电弧吹力把液态金属推上去，避免产生焊瘤及未焊透等缺陷。

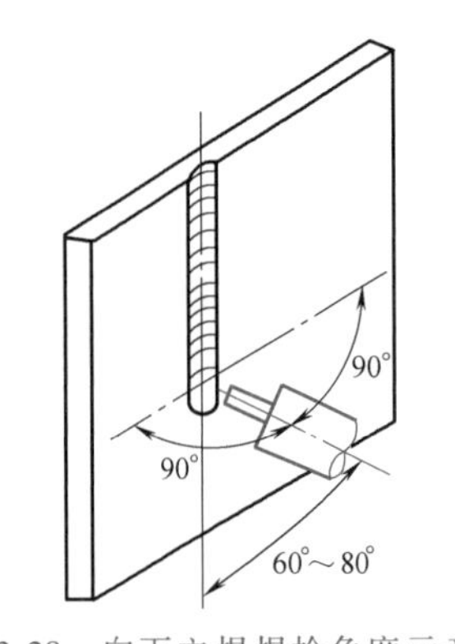

图 3-28　向下立焊焊枪角度示意图

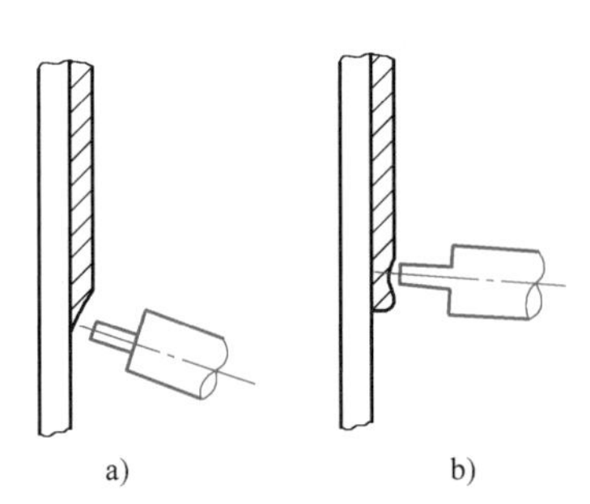

图 3-29　向下立焊焊枪角度与熔池的关系

a）正常焊接　b）液态金属导前的情况

4）向下立焊采用短路过渡的方式进行焊接，焊接电流较小，电弧电压较低，焊接速度较快。为了保证正反两面的焊缝成形，焊接时要保证焊接电流与电弧电压的良好配合，并注意观察熔池，随时调整焊接姿态。

四、横焊位操作

1. 焊接参数

薄板对接单面焊双面成形横焊位焊接参数见表 3-9。

表 3-9　薄板对接单面焊双面成形横焊位焊接参数

焊接层次	焊丝直径/mm	伸出长度/mm	焊接电流/A	电弧电压/V	气体流量/(L/min)
1 层 1 道	0.8	10～15	60～70	18～20	9～10

2. 焊枪角度和指向位置

采用左焊法，单层单道焊。焊枪角度如图 3-30 所示。

3. 焊件位置

检查焊件装配间隙及反变形量符合要求后，将焊件垂直固定，间隙处于水平位置，注意将间隙小的一端放在右侧。

4. 焊接操作要点

1）调试好焊接参数后，在焊件的右端引弧，注意观察熔池，待焊件底部完全熔合后，开始向左焊接。

2）焊接过程采用直线法或小幅摆动法。注意焊接时摆动幅度一定要小，过大的摆动幅度会造成液态金属下淌。焊枪的摆动方式如图3-31所示。焊接速度要稍快，避免引起烧穿。

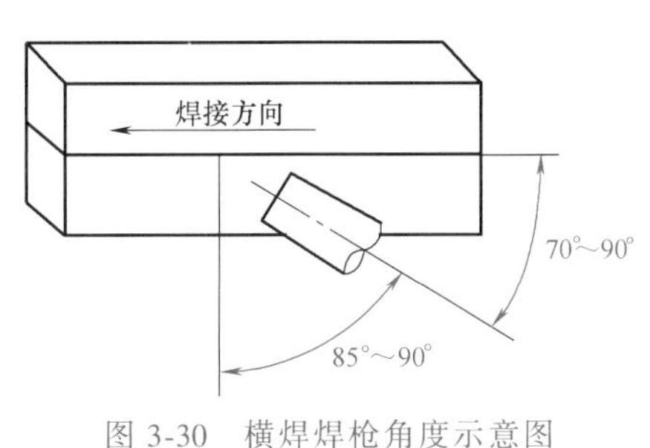

图3-30　横焊焊枪角度示意图

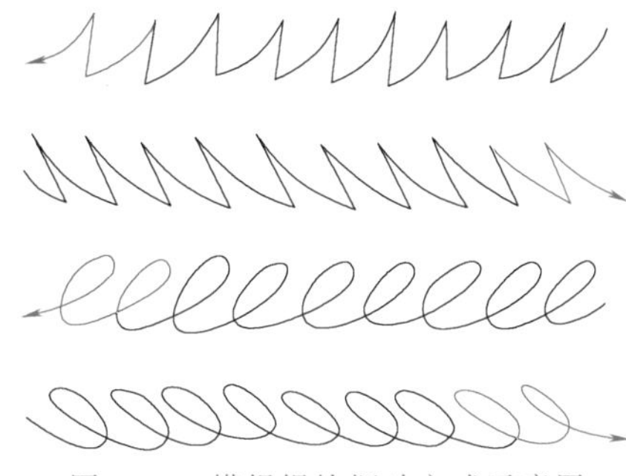

图3-31　横焊焊枪摆动方式示意图

3）采用短路过渡的方式进行焊接，电流小、电压低，注意焊接电流与电弧电压的配合。焊接速度较快，注意观察熔池，随时调整焊接姿态。

五、仰焊位操作

1. 焊接参数

薄板对接单面焊双面成形仰焊位焊接参数见表3-10。

表3-10　薄板对接单面焊双面成形仰焊位焊接参数

焊接层次	焊丝直径/mm	伸出长度/mm	焊接电流/A	电弧电压/V	气体流量/(L/min)
1层1道	0.8	10～15	60～70	18～19	15

2. 焊枪角度和指向位置

采用右焊法，单层单道焊。焊枪角度如图3-32所示。

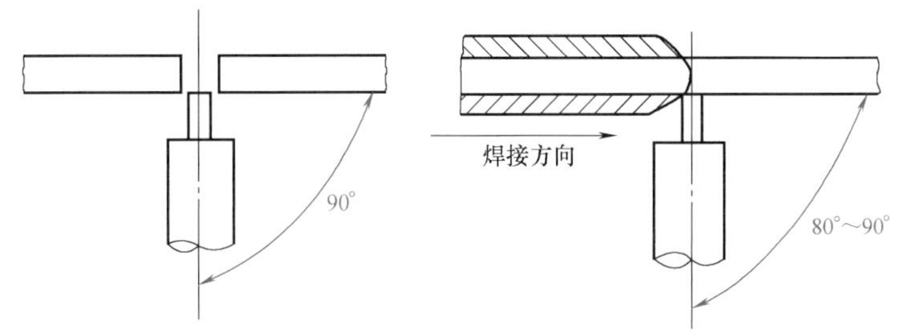

图3-32　仰焊焊枪角度示意图

3. 焊件位置检查

焊件装配间隙及反变形量符合要求后，将焊件水平固定，注意将间隙小的一端放在左侧。焊件高度要保证焊工处于蹲位或站位焊接时，有充足的空间，操作方便。

4. 焊接操作要点

1）调试好焊接参数后，在焊件的左端引弧，注意观察熔池，待焊件底部完全熔合后，开始向右焊接。

2）焊接过程采用直线法或小幅摆动法。摆动焊接时，焊枪在中间位置稍快，两端稍停。

3）焊枪角度和焊接速度的调整是保证焊接质量的关键。焊接时焊枪角度过大，会造成凸焊道及咬边；焊接速度过慢，则会导致焊道表面凹凸不平。在焊接过程中，要根据熔池的具体情况及时调整焊接速度和摆动方式，才能有效地避免咬边、熔合不良、焊道下垂等缺陷的产生。

任务二　低碳钢中厚板对接接头 CO_2焊

一、焊前准备

1. 焊件及坡口形式

焊件材质：Q235。

焊件尺寸：300mm×100mm×12mm，两块。

坡口形式及尺寸：V 形坡口；坡口尺寸如图 3-33 所示。

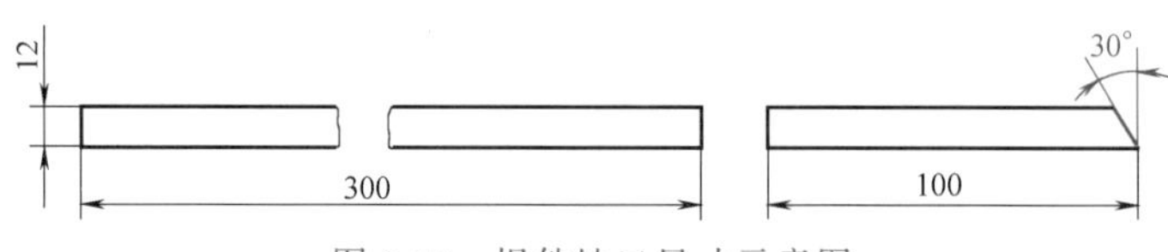

图 3-33　焊件坡口尺寸示意图

2. 焊接材料及设备

焊接材料：H08Mn2SiA，ϕ1.2mm；CO_2气体，纯度为 99.5%。

焊接设备：NBC-500，直流反接。

3. 焊前清理

将坡口面和靠近坡口上、下两侧 15~20mm 内的钢板上的油、锈、水分及其他污物打磨干净，直至露出金属光泽。为防止飞溅不易清理和堵塞喷嘴，可在焊件表面涂一层飞溅防黏剂，在喷嘴上涂一层喷嘴防堵剂。

4. 装配和定位焊

采用与正式焊接时相同的焊接材料及焊接参数。定位焊位置在焊件背部的两端处，如图 3-34 所示。定位焊必须与正式焊接一样并焊牢，防止焊接过程中因收缩而造成坡口变窄。

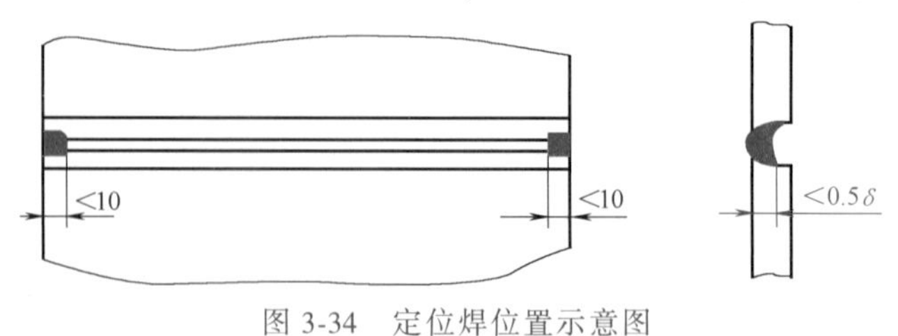

图 3-34　定位焊位置示意图

5. 预留反变形量

为了保证焊后焊件没有角变形，要求焊件在装配完正式焊接前预留反变形量，如图 3-35 所示。通过焊缝检验尺或其他测量工具来保证反变形角度。

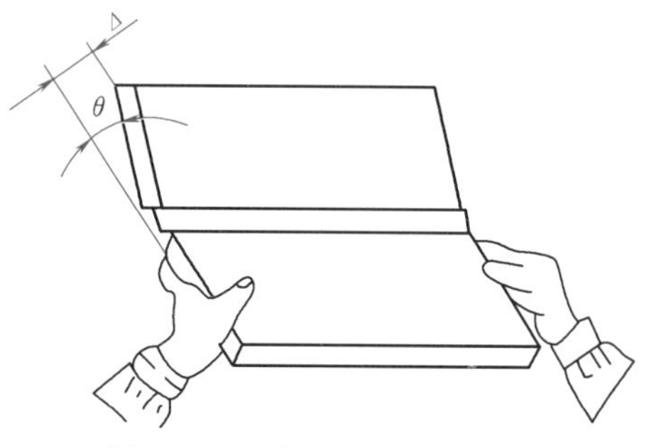

图 3-35　预留反变形量示意图

二、平焊位操作

1. 焊件装配尺寸

焊件装配尺寸见表 3-11。

表 3-11　焊件装配尺寸

坡口角度	钝边/mm	装配间隙/mm	错边量/mm	反变形量
60°	0	始焊端:3; 终焊端:4	≤1	3°~4°

2. 焊接参数

CO_2焊中厚板对接单面焊双面成形平焊位焊接参数见表 3-12。

表 3-12　中厚板对接单面焊双面成形平焊位焊接参数

焊接层次	焊丝直径/mm	伸出长度/mm	焊接电流/A	电弧电压/V	气体流量/(L/min)
打底层	1.2	20~25	90~100	18~19	10~15
填充层	1.2	20~25	210~230	23~25	15~20
盖面层	1.2	20~25	220~240	24~25	15~20

3. 焊件位置

检查焊件装配及反变形量符合要求后，将焊件平放在水平位置，注意将间隙小的一端放在右侧。

4. 焊枪角度和指向位置

采用左焊法，3 层 3 道焊。焊枪角度如图 3-36 所示，焊道分布如图 3-37 所示。

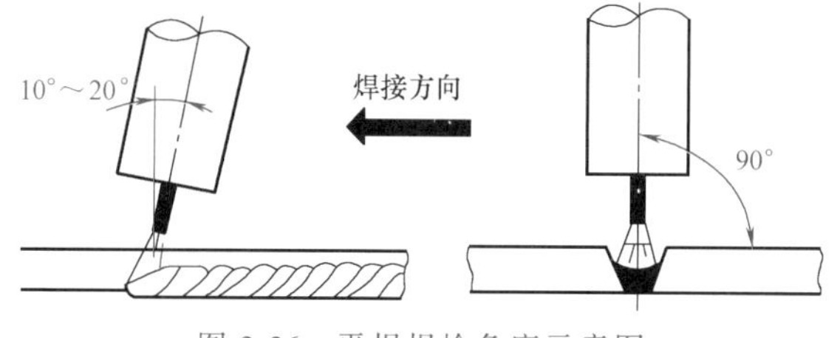

图 3-36　平焊焊枪角度示意图

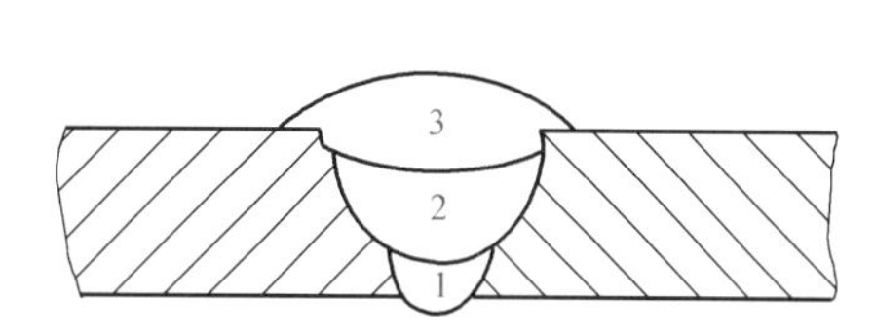

图 3-37　焊道分布示意图

5. 打底焊

(1) 控制引弧位置　首先调试好焊接参数，然后在焊件右端距待焊处左侧约 15~20mm 坡口一侧引燃电弧，快速移至焊件右端起焊点，当坡口底部形成熔孔后，开始向左焊接。焊枪做小幅度横向摆动，在坡口两侧稍作停留，中间稍快，连续向左移动。

(2) 控制熔孔的大小　熔孔的大小决定背部焊缝的宽度和余高，要求焊接过程中控制熔孔直径始终比间隙大 1~2mm，如图 3-38 所示。若熔孔太小，则根部熔合不好；若熔孔太大，则根部焊道变宽和变高，容易引起烧穿和产生焊瘤。这就要求焊接过程中仔细观察熔孔大小，并根据间隙和熔孔直径的变化、焊件温度的变化情况及时调整焊枪角度、摆动幅度和焊接速度。施焊中只有保持熔孔直径不变，才能熟练地掌握单面焊双面成形操作技术，获得宽窄与高低均匀的背部焊道。

（3）保证两侧坡口的熔合 焊接过程中注意观察坡口面的熔合情况，依靠焊枪的摆动和电弧在坡口两侧的停留，保证坡口面熔化并与熔池边缘熔合在一起。

（4）控制喷嘴的高度 焊接过程中，始终保持电弧在离坡口根部 2~3mm 处燃烧，并控制打底层焊道厚度不超过 4mm，如图 3-39 所示。

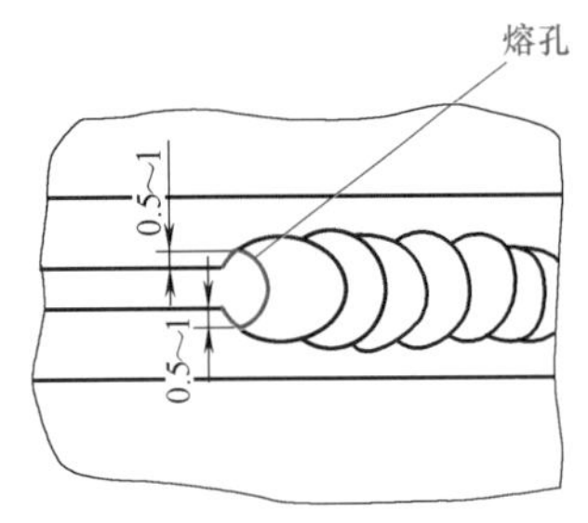

图 3-38 平焊熔孔控制示意图

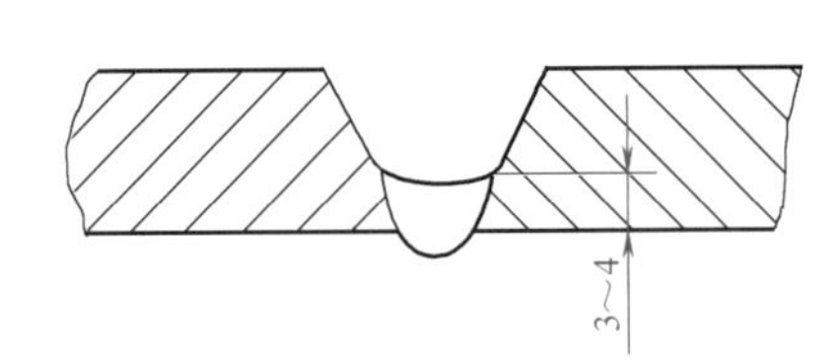

图 3-39 打底焊道示意图

6. 填充焊

（1）焊接前的清理 焊前先将打底焊层的飞溅和焊渣清理干净，将凸起不平的地方磨平。

（2）控制两侧坡口的熔合 填充焊时，焊枪的横向摆动比打底焊时稍大些，应保证两侧坡口有一定的熔深，焊道平整并有一定的下凹。

（3）控制焊道的厚度 填充焊时，焊道的表面应低于母材表面约 1.5~2mm，一定不能熔化坡口两侧的棱边，如图 3-40 所示，以使盖面焊时能够看清坡口，为盖面焊打好基础。

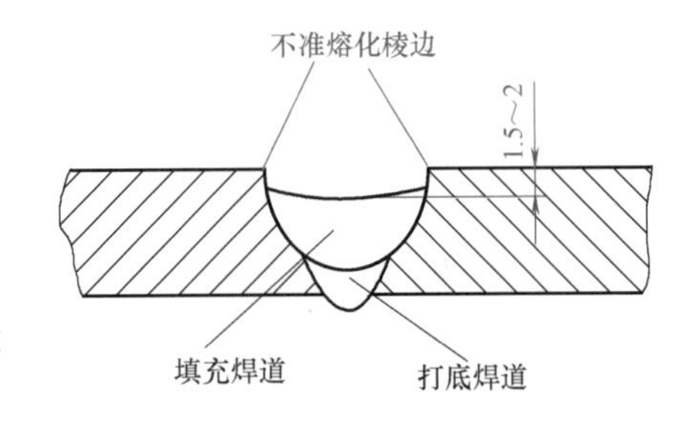

图 3-40 填充焊道示意图

7. 盖面焊

（1）焊接前的清理 焊前先将填充焊层的飞溅和焊渣清理干净，将凸起不平的地方磨平。

（2）控制焊枪的摆动幅度 焊枪的摆动幅度比填充焊时更大一些，摆动时要幅度一致，速度均匀。注意观察坡口两侧的熔化情况，保证熔池的边缘超过坡口两侧棱边不大于 2mm，以避免咬边。

（3）控制喷嘴的高度 保持喷嘴的高度一致，才能得到均匀美观的焊缝表面。

（4）控制收弧 收弧时，应填满弧坑并待电弧熄灭、熔池凝固后方能移开焊枪，避免出现弧坑裂纹和气孔。

三、立焊位操作

1. 焊件装配尺寸

焊件装配尺寸见表 3-13。

表 3-13　焊件装配尺寸

坡口角度	钝边/mm	装配间隙/mm	错边量/mm	反变形量
60°	0	始焊端:3;终焊端:3.5	≤1	3°~4°

2. 焊接参数

CO_2焊中厚板对接单面焊双面成形立焊位焊接参数见表 3-14。

表 3-14　中厚板对接单面焊双面成形立焊位焊接参数

焊接层次	焊丝直径/mm	伸出长度/mm	焊接电流/A	电弧电压/V	气体流量/(L/min)
打底层	1.2	15~20	90~100	18~19	10~15
填充层	1.2	15~20	130~140	20~21	10~15
盖面层	1.2	15~20	130~140	20~21	10~15

3. 焊件位置

检查焊件装配及反变形量符合要求后，将焊件垂直固定，焊缝位于垂直位置，注意将间隙小的一端放在下侧。

4. 焊枪角度和指向位置

采用向上立焊法，3 层 3 道焊。焊枪角度如图 3-41 所示。

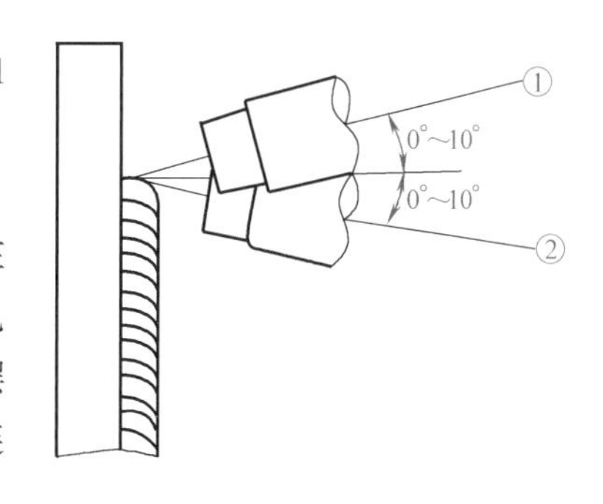

图 3-41　立焊焊枪角度示意图

5. 打底焊

(1) 控制引弧位置　首先调试好焊接参数，然后在焊件下端定位焊缝上侧约 15~20mm 处引燃电弧，并将电弧快速移至定位焊缝上，停留 1~2s 后开始做锯齿形摆动。当电弧越过定位焊缝的上端并形成熔孔后，转入连续向上的正常焊接。

(2) 控制焊枪角度和摆动　为了防止熔池金属在重力的作用下下淌，除了采用较小的焊接电流外，正确的焊枪角度和摆动方式也很关键。如图 3-42 所示，焊接过程中应始终保持焊枪角度在与焊件表面垂线上下成 10°的范围内。焊工要克服习惯地将焊枪指向上方的操作方法，这种不正确的操作方法会减小熔深，影响焊透。摆动时，要注意摆幅与摆动波纹间距的匹配。小摆幅和月牙形大摆幅可以保证焊道成形好，而下凹的月牙形摆动则会造成焊道下坠。采用小摆幅时，由于热量集中，要防止焊道过分凸起；为防止熔池金属下淌，摆动时在焊道中间要稍快；为了防止咬边，在坡口两侧稍作停留。

(3) 控制熔孔的大小　由于熔孔的大小决定背部焊缝的宽度和余高，要求焊接过程中控制熔孔直径一直保持比间隙大 1~2mm，如图 3-43 所示。焊接过程中应仔细观察熔孔大小，角度、摆动幅度和焊接速度，尽可能地维持熔孔直径不变。

焊接过程中，注意观察坡口面的熔合情况，依靠焊枪的摆动、电弧在坡口两侧的停留，保证坡口面熔化并与熔池边缘熔合在一起。

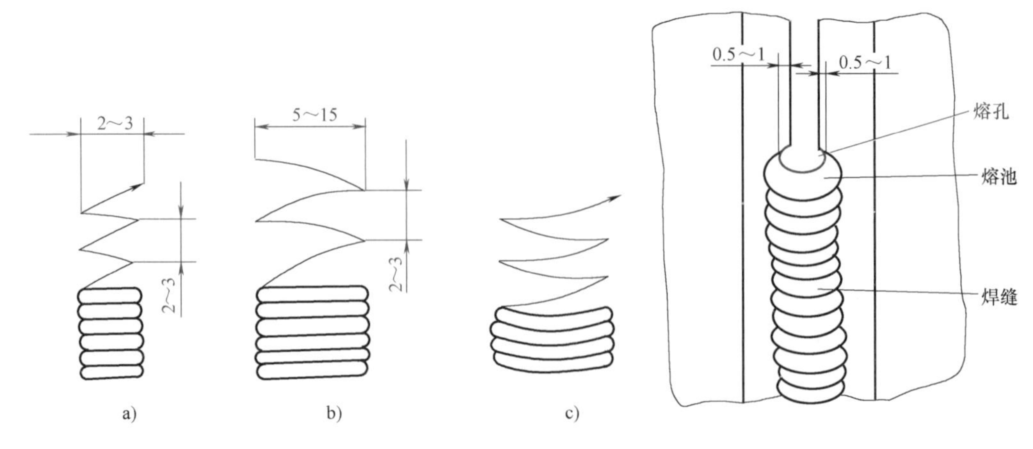

图 3-42　立焊焊枪摆动方式示意图

a）小摆幅　b）月牙形大摆幅　c）不正确

图 3-43　立焊熔孔控制示意图

6. 填充焊

(1) 焊前清理　焊前先将打底焊层的飞溅和焊渣清理干净，将凸起不平的地方磨平。

(2) 控制两侧坡口的熔合　填充焊时，焊枪的横向摆动较打底焊时稍大些。同时，焊枪从坡口的一侧摆至另一侧时速度要稍快，防止焊道形成凸形。电弧在坡口两侧有一定的停留，保证有一定的熔深，焊道平整且有一定的下凹。

(3) 控制焊道的厚度　填充焊时，焊道的表面应低于母材表面约 1.5~2mm。不能熔化坡口两侧的棱边，以便盖面焊时能够看清坡口，为盖面焊打好基础。

7. 盖面焊

(1) 焊接前的清理　焊前先将填充焊层的飞溅和焊渣清理干净，将凸起不平的地方磨平。

(2) 控制焊枪的摆动幅度　焊枪的摆动幅度比填充焊时更大一些。做锯齿形摆动时注意幅度一致，上升速度均匀。注意观察坡口两侧的熔化情况，保证熔池的边缘超过坡口两侧棱边不大于 2mm，避免咬边和焊瘤。同时控制喷嘴的高度和收弧，避免出现弧坑裂纹和产生气孔。

四、横焊位操作

1. 焊件装配尺寸

焊件装配尺寸见表 3-15。

表 3-15　焊件装配尺寸

坡口角度	钝边/mm	装配间隙/mm	错边量/mm	反变形量
60°	0	始焊端:3；终焊端:4	≤1	3°~4°

2. 焊接参数

CO_2焊中厚板对接单面焊双面成形横焊位焊接参数见表 3-16。

表 3-16　中厚板对接单面焊双面成形横焊位焊接参数

焊接层次	焊丝直径/mm	伸出长度/mm	焊接电流/A	电弧电压/V	气体流量/(L/min)
打底层	1.2	20~25	90~100	18~19	10~15
填充层	1.2	20~25	130~140	20~22	10~15
盖面层	1.2	20~25	130~140	20~22	10~15

3. 焊件位置

检查焊件装配及反变形量，待其符合要求后，将焊件垂直固定，焊缝位于水平位置，注意将间隙小的一端放在右侧。

4. 焊枪角度和焊接顺序

采用左焊法，3 层 6 道焊，焊道分布如图 3-44 所示。按照图中 1~6 的顺序进行焊接。

图 3-44　横焊焊道分布示意图

5. 打底焊

(1) 控制引弧位置　首先调试好焊接参数，然后在焊件右端定位焊缝左侧 15~20mm 处引燃电弧，并快速移至焊件右端起焊点。当坡口底部形成熔孔后，开始向左焊接。打底焊焊枪角度如图 3-45 所示，做小幅度锯齿形横向摆动，连续向左移动。

(2) 控制熔孔的大小　熔孔的大小决定背部焊缝的宽度和余高，要求焊接过程中控制熔孔直径一直保持比间隙大 1~2mm，如图 3-46 所示。焊接过程中应仔细观察熔孔大小，并根据间隙和熔孔直径的变化、焊件温度的变化情况及时调整焊枪角度、摆动幅度和焊接速度，尽可能地维持熔孔直径不变。

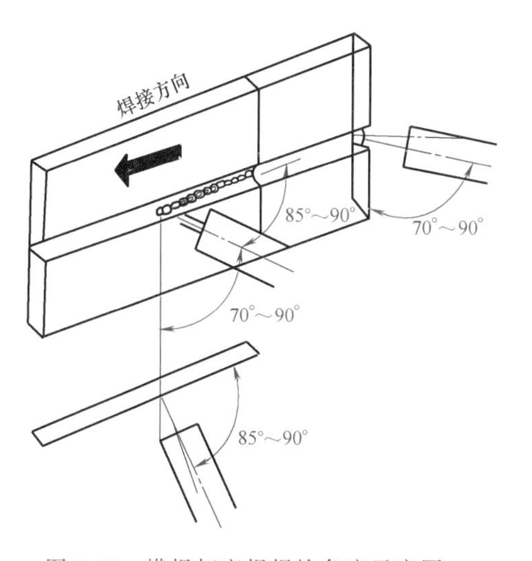

图 3-45　横焊打底焊焊枪角度示意图

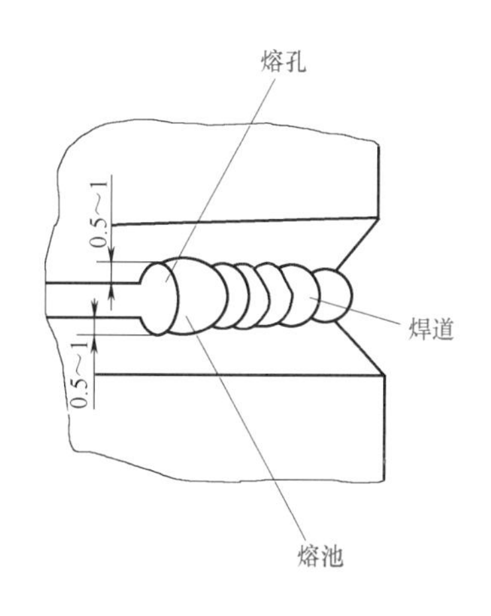

图 3-46　横焊熔孔控制示意图

(3) 保证两侧坡口的熔合　焊接过程中注意观察坡口面的熔合情况。依靠焊枪的角度及摆动、电弧在坡口两侧的停留时间，保证坡口面的熔合。注意焊枪角度和停留时间，避免下坡口熔化过多，造成背部焊道出现下坠或产生焊瘤。

6. 填充焊

(1) 焊接前的清理　焊前先将打底焊层的飞溅和焊渣清理干净，将凸起不平的地方磨平。

(2) 控制焊枪角度和摆动 填充焊时，焊枪的位置及角度如图 3-47 所示。焊接填充焊道 2 时，焊枪指向第一层焊道的下趾端部，形成 0°~10°的俯角，采用直线式焊法；焊接填充焊道 3 时，焊枪指向第一层焊道的上趾端部，形成 0°~10°的仰角，以第一层焊道的上趾处为中心做横向摆动，注意避免形成凸形焊道和咬边。

(3) 控制焊道的厚度 填充焊时，焊道的表面应低于母材表面约 0.5~2mm，距上坡口表面约 0.5mm，距下坡口表面约 2mm。注意一定不能熔化坡口两侧的棱边，以便盖面焊时能够看清坡口，为盖面焊打好基础。

7. 盖面焊

(1) 焊接前的清理 焊前先将填充焊层的飞溅和焊渣清理干净，磨平凸起不平的地方。

(2) 控制焊枪的摆动幅度 盖面焊时，焊枪的位置及角度如图 3-48 所示。盖面焊共 3 道，依次从下往上焊接。摆动时注意幅度一致，速度均匀。每条焊道要压住前一焊道的 2/3，焊接盖面焊道 4 时，特别要注意坡口下侧的熔化情况，保证坡口下边缘均匀熔化，避免产生咬边和未熔合。焊接盖面焊道 5 时，控制熔池的下边缘在盖面焊道 4 的 1/2~2/3 处。焊接盖面焊道 6 时，特别要注意调整焊接速度和焊枪的角度，保证坡口上边缘均匀地熔化，避免熔池金属下淌而产生咬边。

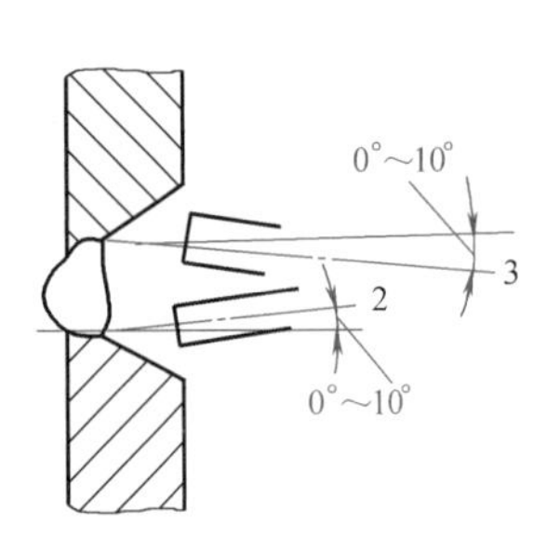

图 3-47 横焊填充焊焊枪位置及角度示意图

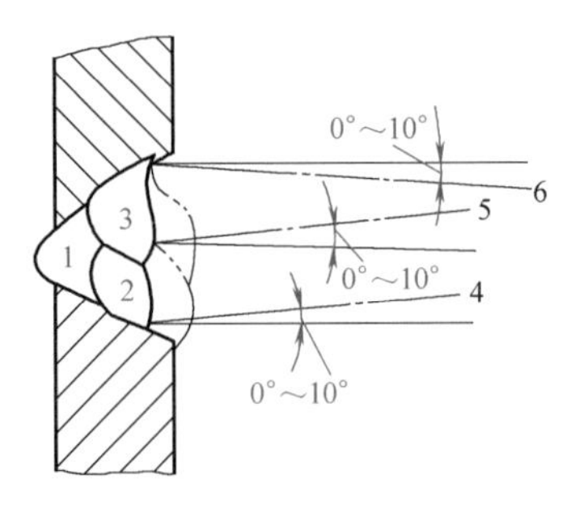

图 3-48 横焊盖面焊焊枪位置及角度示意图

五、仰焊位操作

1. 焊件装配尺寸

焊件装配尺寸见表 3-17。

表 3-17 焊件装配尺寸

坡口角度	钝边/mm	装配间隙/mm	错边量/mm	反变形量
60°	0	始焊端:3；终焊端:4	≤1	3°~4°

2. 焊接参数

CO_2焊中厚板对接单面焊双面成形仰焊位焊接参数见表 3-18。

3. 焊件位置

检查焊件装配及反变形量，待其符合要求后，将焊件水平固定，坡口朝下，将间隙小的一端放在左侧。焊件高度要保证焊工能够处于蹲位或站位进行焊接，有足够的操作空间。

表 3-18　中厚板对接单面焊双面成形仰焊位焊接参数

焊接层次	焊丝直径/mm	伸出长度/mm	焊接电流/A	电弧电压/V	气体流量/(L/min)
打底层	1.2	20~25	100~110	18~19	10~15
填充层	1.2	20~25	140~150	20~22	10~15
盖面层	1.2	20~25	130~140	20~22	10~15

4. 焊枪角度和指向位置

采用右焊法，3 层 3 道焊。焊枪角度如图 3-49 所示。

5. 打底焊

(1) 控制引弧位置　首先调试好焊接参数，然后在焊件左端距待焊处右侧约 15~20mm 处引燃电弧。之后，将电弧快速移至焊件左端起焊点。当坡口底部形成熔孔后，开始向右连续焊接，焊枪做小幅度锯齿形横向摆动。焊接过程中，电弧不能脱离熔池，利用电弧吹力托住熔化金属，防止液态金属下淌。

(2) 控制熔孔的大小　打底焊的关键是保证背部焊透，下凹小，正面平。须注意观察和控制熔孔的大小，如图 3-50 所示。既要保证根部焊透，又要防止焊道背部下凹而正面下坠。这就要求焊枪的摆动幅度要小，且摆幅大小和前进速度要均匀，停留时间较其他位置要短，使熔池尽可能小而浅，防止液态金属下坠。

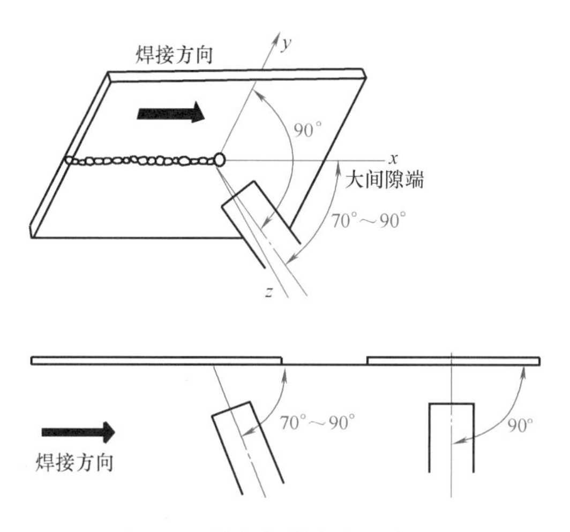

图 3-49　仰焊焊枪角度示意图

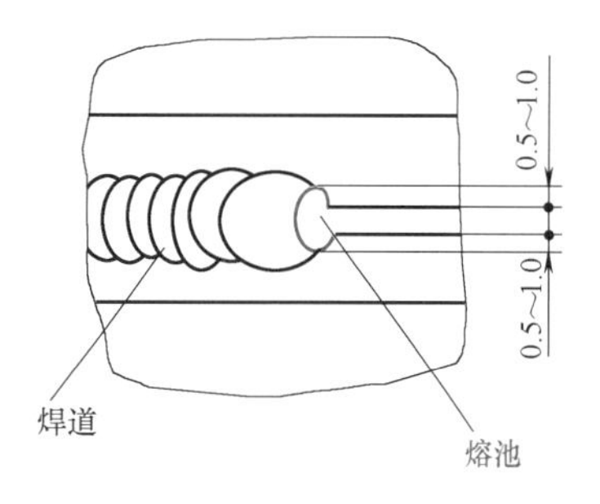

图 3-50　仰焊熔孔控制示意图

6. 填充焊

(1) 焊接前的清理　焊前先将打底焊层的飞溅和焊渣清理干净，将凸起不平的地方磨平。

(2) 控制两侧坡口的熔合　填充焊时，焊枪的横向摆动较打底焊时稍大些。注意焊枪在坡口两侧的停留时间，既要保证焊道两侧熔合良好又要防止焊道下坠。

(3) 控制焊道的厚度　填充焊时，焊道的表面应低于母材表面约 1.5~2mm，不能熔化坡口两侧的棱边，以便盖面焊时能够看清坡口，为盖面焊打好基础。

7. 盖面焊

(1) 焊接前的清理　焊前先将填充焊层的飞溅和焊渣清理干净，将凸起不平的地方磨平。

(2) 控制焊枪的摆动幅度 焊枪的摆动幅度比填充焊时更大一些。摆动时应注意幅度一致、速度均匀。注意观察坡口两侧的熔化情况，避免咬边，保证熔池的边缘超过坡口两侧棱边不大于2mm。焊枪在从坡口的一侧摆至另一侧时应稍快些，防止熔池金属下坠产生焊瘤。

(3) 控制收弧 收弧时，应注意填满弧坑并待电弧熄灭、熔池凝固后方能移开焊枪，避免出现弧坑裂纹和产生气孔。

第四章　钨极惰性气体保护电弧焊

钨极惰性气体保护电弧焊是以钨棒（纯钨或钍钨、铈钨）作为电极，利用惰性气体（如氩气、氦气等）作为保护气体的电弧焊方法，简称 TIG 焊。当采用氩气作为保护气体时，钨极惰性气体保护电弧焊称为钨极氩弧焊，是典型的惰性气体保护焊。焊接时，钨极不熔化，所以钨极氩弧焊又称为非熔化极氩弧焊。

第一节　TIG 焊概述

学习目标

能正确描述手工 TIG 焊的原理、特点及应用。

一、TIG 焊的工作原理

TIG 焊是在惰性气体的保护下，利用钨极与焊件间产生的电弧热熔化母材和填充焊丝（也可以不加填充焊丝），形成焊缝的焊接方法。如图 4-1 所示，TIG 焊焊接回路由焊接电源、引弧及稳弧装置、焊枪、供气系统、焊件等组成。

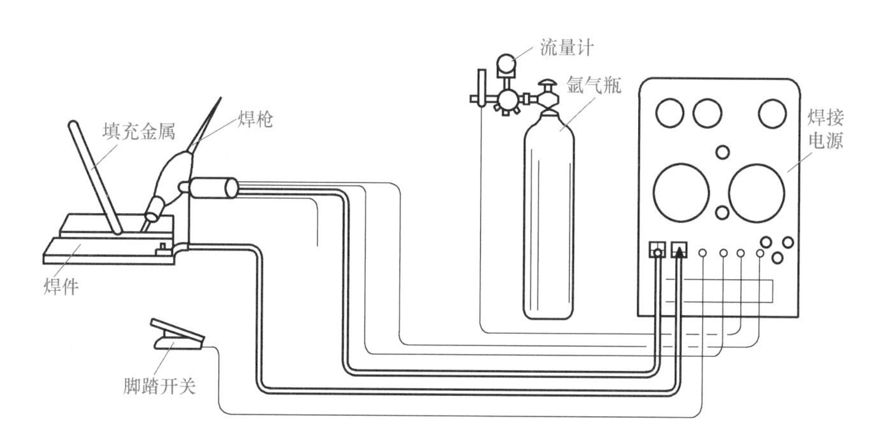

图 4-1　TIG 焊焊接回路示意图

焊接时，钨极作为电极被夹持在电极夹上，从 TIG 焊焊枪的喷嘴中伸出一定长度，在伸出的钨极端部与焊件之间产生电弧，对焊件进行加热。与此同时，惰性气体进入枪体，从钨极的周围通过喷嘴连续喷向焊接区，在电弧周围形成气体保护层，以防止空气对钨极、熔池及热影响区的有害作用，从而获得优质的焊接接头。焊接过程根据焊件的具体要求可以加或者不加填充焊丝，如图 4-2 所示。

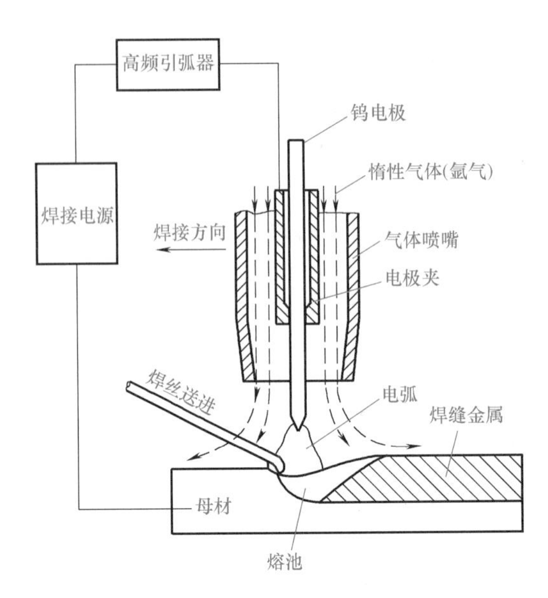

图 4-2 TIG 焊工作原理示意图

二、TIG 焊的工艺特点

1. TIG 焊的优点

（1）保护效果好，焊缝质量高 氩气作为保护气体时，氩气本身不与金属发生反应，也不溶于金属，焊接过程基本上只是金属熔化与结晶的简单过程，因此 TIG 焊能获得较为纯净及质量高的焊缝。

（2）可焊金属多 几乎所有的金属材料都可以进行钨极氩弧焊。特别适宜焊接化学性质活泼的金属与合金，如不锈钢、铝、镁、钛等。

（3）钨极电弧稳定 即使在很小的焊接电流下（如小于 10A），电弧也能稳定燃烧，特别适合于薄板焊接。由于填充焊丝不通过电流，故不会产生飞溅，焊缝成形美观，焊后不需清渣。

（4）易控制熔池尺寸 由于电极和焊丝可分别控制，因而热输入容易调节，焊工能够很好地控制熔池尺寸，因而这种焊接方法可进行全位置的焊接，这也是实现单面焊双面成形的理想方法。

（5）焊接变形和应力小 由于电弧受氩气流的压缩和冷却作用，电弧热量集中，热影响区很窄，焊接变形与应力均较小，尤其适于薄板焊接。

2. TIG 焊的缺点

（1）焊接生产率低 由于钨极承载电流能力较差，过大的电流会引起钨极熔化和蒸发，其颗粒可能进入熔池，造成夹钨，因而 TIG 焊使用的电流小，焊缝熔深浅，熔敷速度小，生产率低。

（2）生产成本较高 由于惰性气体较贵，且氩弧焊机又比较复杂，与其他焊接方法相比生产成本高，故主要用于要求较高产品的焊接。

（3）不适宜室外作业 氩弧受周围气流影响较大，不适宜室外作业。

(4) 焊件准备工作要求严格　氩气没有脱氧和去氢作用，所以焊前对焊件的除油、去锈、去水等准备工作要求严格，否则易产生气孔、裂纹等缺陷，影响焊缝的质量。

(5) 需加强防护　钍钨极中的钍元素是放射性元素，但钨极氩弧焊时钍钨极的放射剂量很小，在允许范围之内，危害不大。

采用高频引弧时，产生的高频电场强度为60～110V/m，超过参考卫生标准20V/m数倍。但由于时间很短，对人体影响不大。如果频繁起弧，或者把高频振荡器作为稳弧装置在焊接过程中持续使用，则高频电磁场可成为有害因素之一。

氩弧焊时，弧柱温度高，氩弧焊产生的紫外线是焊条电弧焊的5～30倍，因此在焊接过程中会产生大量的臭氧和氮氧化物，尤其臭氧的浓度远远超出参考卫生标准。如不采取有效通风措施，这些气体对人体健康影响很大，是氩弧焊最主要的有害因素。

由于氩弧焊具有放射性、高频电磁场和有害气体等有害因素，所以氩弧焊时要加强防护。

三、TIG焊的应用

1. 金属材料范围

TIG焊几乎可用于所有金属及合金的焊接。由于其成本较高，通常用于焊接铝、镁、钛、铜等有色金属以及不锈钢、耐热钢等。对于低熔点和易蒸发的金属（如铅、锡、锌），焊接较困难。

2. 厚度范围

由于钨极的承载电流能力有限，电弧功率受到限制，致使焊缝熔深浅，焊接速度低。从生产率方面考虑，TIG焊一般只用于焊接厚度为6mm以下的焊件。

对于某些厚壁重要构件，如压力容器及管道，在底层熔透焊道焊接、全位置焊接和窄间隙焊接时，为了保证底层焊接质量，往往采用TIG焊打底。

四、TIG焊的分类

1）按电流波形不同，TIG焊分为直流氩弧焊、交流氩弧焊和脉冲氩弧焊。

2）按操作方式不同，TIG焊分为手工氩弧焊和自动氩弧焊。

3）按保护气体成分不同，TIG焊分为氩弧焊、氦弧焊和混合气体保护焊。

4）按填充焊丝的状态不同，TIG焊分为冷丝焊、热丝焊和双丝焊。

上述几种TIG焊方法中手工钨极氩弧焊应用最为广泛。

习　题

一、填空题

1. 钨极惰性气体保护焊是以________________作为电极，利用________________作为保护气体的电弧焊方法，简称________焊。

2. TIG焊几乎可用于____________________的焊接，由于其成本较高，通常用于焊接____________________等有色金属以及____________________等。

3. 氩弧焊时，在焊接过程中会产生大量的____________________，这些气体对人体健康影响很大，是氩弧焊最主要的有害因素。

二、单选题

1. TIG 焊的特点是（　　）。

A. 完成的焊缝性能较差　　B. 焊后焊件变形大

C. 可焊的材料范围很广　　D. 可焊的材料太少

2. 钨极惰性气体保护电弧焊的焊接方法代号是（　　）。

A. 135　　B. 111　　C. 131　　D. 141

3. TIG 焊的分类不正确的有（　　）。

A. 按照填充焊丝的状态可以分为冷丝焊、热丝焊和多丝焊

B. 按照电流波形可以分为直流氩弧焊、交流氩弧焊和脉冲氩弧焊

C. 按照填充焊丝的状态可以分为冷丝焊、热丝焊和双丝焊

D. 按照操作方式可以分为手工氩弧焊和自动氩弧焊

4. TIG 焊的生产率（　　）。

A. 低　　B. 高　　C. 很高　　D. 无法确定

三、判断题

1. 钨极氩弧焊是以氩气作为保护气体的一种气体保护电弧焊方法。（　　）

2. TIG 焊保护效果良好，焊后可获得高质量的焊缝。（　　）

四、简答题

简述 TIG 焊的工作原理。

第二节　TIG 焊的焊接材料选用

学习目标

1）熟悉钨极的种类及使用。

2）熟悉保护气体的性质及要求。

3）了解焊丝选用原则。

TIG 焊的焊接材料包括电极、保护气体和焊丝。

一、钨极的选用

1. 对钨极材料的要求

在 TIG 焊中，钨极是钨极氩弧焊的电极材料。它对电弧的稳定性和焊接质量有很大的影响。因此，对钨极材料的要求是发射电子能力强、耐高温、不易熔化烧损、有较大的许用电流。

2. 钨极的种类

钨的熔点为 3410℃，沸点为 5900℃，不易熔化和蒸发，适合用作不熔化电极。目前国内所用的钨极有纯钨极、钍钨极和铈钨极 3 种。

（1）纯钨极　纯钨极含钨 99.85%（质量分数）以上，基本上能满足焊接的要求，但电流承载能力低，空载电压高，目前很少使用。在所有的钨电极中价格最便宜。适合在交流条

件下镁、铝及其合金的焊接。

(2) 钍钨极　在纯钨极的基础上加入1%~2%（质量分数）的ThO_2的钨极即为钍钨极。由于钨棒内含有钍元素，显著提高了钨极的电子发射能力。与纯钨极相比，引弧容易，电弧稳定，不易烧损，使用寿命长；但成本比较高，且有微量放射性，因此工作时必须加强劳动防护。

(3) 铈钨极　在纯钨极中加入1%~2%（质量分数）的CeO称为铈钨极。与钍钨极相比，引弧容易，电弧稳定，许用电流密度大，电极烧损小，使用寿命长，几乎没有放射性，是一种理想的电极材料。

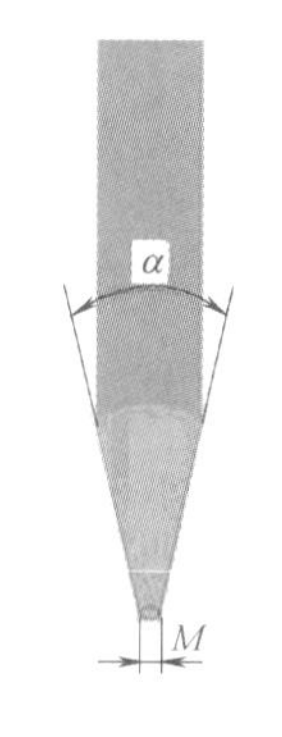

图4-3　钨极的端部形状

3. 钨极的选用

选用钨极时，尽量采用铈钨极。

4. 钨极端部形状

钨极的端部形状以尖端夹角 α 和尖端直径 M 表示，如图4-3所示。钨极的锥度和尖端直径越大，可承受的焊接电流越大。钨极端部的形状对电弧稳定性、电弧的集中程度和焊缝成形有一定的影响，见表4-1。

表4-1　钨极端部形状的影响

电极端部形状	锥形平端	平状	圆球形	锥形尖端
电弧稳定性	稳定	不稳定	不稳定	稳定
焊缝成形	良好	一般	焊缝弯曲	焊道不均、波纹粗

从结果看，采用锥形平端的效果最好，是目前经常采用的端部形状。

5. 钨极的使用

修磨钨极时，要戴口罩和手套，工作后要洗手。存放钨极时，若数量较大，最好放在铅盒中保存。

二、保护气体的选用

焊接时，保护气体不仅仅是焊接区域的保护介质，也是产生电弧的气体介质，因此保护气体的特性，如物理特性、化学特性，不仅影响保护效果，也影响电弧的引燃、焊接过程的稳定以及焊缝的成形与质量。

TIG焊的保护气体使用最广泛的是氩气，其次是氦气，使用较少的是混合气体，如氩-氦混合气体和氩-氢混合气体。由于氦气比较稀缺，制备困难，价格昂贵，国内用得极少。

1. 氩气

(1) 氩气的性质　氩气是一种无色无味的单原子惰性气体，其密度为空气的1.4倍。因为氩气比空气重，使用时不易漂浮散失，因此能够很好地覆盖在熔池及电弧的上方，形成良好的保护。另外，在用氩气作为保护气体时，产生的烟雾少，便于控制熔池和电弧。

氩气是惰性气体，几乎不与任何金属发生反应，也不溶于金属。因此，可以避免金属中合金元素的烧损及由此带来的其他焊接缺陷，使得焊接的冶金过程变得简单和容易控制。

氩气的另一个特点是热导率小且是单原子气体，高温时不分解、不吸热，所以在氩气中燃烧的电弧热量损失少。在氩气中，电弧一旦引燃，燃烧就很稳定。在各种保护气体中，氩弧的稳定性最好，即使在低电压时也十分稳定。但氩弧呈典型的钟罩形，容易扩散，加热不够集中。

（2）对氩气纯度的要求 若氩气中杂质含量多，在焊接过程中不但影响对熔化金属的保护，而且易使焊缝产生气孔、夹渣等缺陷，并使钨极的烧损增加。按我国现行规定，氩气纯度应达到99.99%，才完全符合焊接铝、钛等活泼金属的要求。

（3）氩气的储运 氩气可在低于-184℃的温度下以液态形式储存和运送，但焊接时氩气大多装入钢瓶中，供焊接使用。

氩气瓶是一种钢质圆柱形高压容器，其外面涂成银灰色，用深绿色漆标以字样“氩”。焊接过程中通常使用瓶装氩气。氩气瓶的容积为40L，满瓶时的压力为15MPa。

氩气瓶在使用中应直立放置，严禁敲击、碰撞等，不得用电磁起重搬运机搬运，防止日光暴晒。装运时应带好瓶帽，以免损坏接口螺纹。

2. 氦气

氦气也是惰性气体，但和氩气相比，由于其电离电位高，热导率大，在相同的焊接电流和电弧长度下，氦弧的电弧电压比氩弧高，使电弧有较大的功率。氦气的冷却效果好，电弧能量密度大，弧柱细而集中，焊缝有较大的熔透。

氦气比空气轻，要有效地保护焊接区域，其流量要比氩气大得多。氦气的电离电位很高，故焊接时引弧较困难。由于价格昂贵，氦气只在某些特殊场合下应用，如核反应堆的冷却棒，大厚度铝合金的焊接等。

焊接过程中通常使用瓶装氦气。外面涂成银灰色，并用深绿色漆标以字样“氦”。氦气瓶的容积为40L，满瓶时压力为14.7MPa。

3. 混合气体

在单一气体的基础上加入一定比例的某些气体可以改变电弧形态，提高电弧能量，改善焊缝成形及力学性能，从而可提高焊接生产率。目前用得较多的混合气体有以下两种。

（1）氩-氦混合气体 氩气电弧稳定柔和，阴极清理效果好；氦气电弧热量大而集中，可获得较大的熔深。采用氩-氦混合气体可同时具有两者的优点。焊接速度几乎是氩弧焊的两倍。一般混合比例是75%～80%（体积分数）氦加25%～20%（体积分数）氩。氩-氦混合气体主要用于焊接厚板和高热导率、高熔点金属。

（2）氩-氢混合气体 氩气中添加氢气可提高电弧电压，从而提高电弧热功率，增加熔透，并防止咬边，抑制CO气孔。氩-氢混合气体中氢气是还原性气体，该气体只限于焊接不锈钢、镍基合金和镍-铜合金。常用的混合比例是氩加5%～15%（体积分数）氢，焊接厚度为1.6mm以下的不锈钢对接接头时，焊接速度比纯氩弧焊时快50%。氢气的添加过量会出现氢气孔，TIG焊时氢气的体积分数以5%为宜，焊后焊缝表面很光洁。

三、焊丝的选用

1. 焊丝的规格

薄板TIG焊可以不加填充金属，厚板TIG焊需开坡口，因此焊接时需要填充金属。手工TIG焊用的填充金属是直棒（条），其直径范围为0.8～6mm，长度在1000mm内，焊接时用手送进焊接熔池。自动焊用的填充金属是盘状焊丝，其直径最细为 0.5mm，大电流或堆焊用的焊丝直径可达 5mm。

2. 焊丝的选择

一般要求填充金属的化学成分与母材相同，这是因为在惰性气体保护下焊接时不会发生金属元素的烧损，填充金属熔化后其成分基本不变。因此，在对焊缝金属没有特殊要求的情况下，可以采用从母材上剪下的一定规格的条料，或采用成分与母材相当的标准焊丝作填充金属材料。

目前我国尚无专用 TIG 焊的焊丝标准，一般选用熔化极气体保护焊用焊丝或焊接用钢丝。焊接低碳钢及低合金高强度钢时，一般按照等强度原则选择焊接用钢丝；焊接铜、铝、不锈钢时，一般按照等成分原则选择熔化极气体保护焊焊丝。焊接异种钢时，如果两种钢的组织不同，则选用焊丝时应考虑抗裂性及碳的扩散问题；如果两种钢的组织相同，而力学性能不同，则最好选用成分介于两者之间的焊丝。

习　　题

一、填空题

1. TIG 焊的焊接材料包括____________、____________和____________。

2. 目前常用的钨极氩弧焊的电极材料是__________、__________和____________。

3. TIG 焊的保护气体使用最广泛的是____________，其次是____________，使用较少的是____________。

二、单选题

1. TIG 焊时，作为电极，负担传导电流，(　　) 是钨极的作用。

A. 控制电流　　B. 熔化金属　　C. 引弧和维持电弧　　D. 控制极性

2. 要求钨极具有电流容量大、施焊损耗小、引弧和 (　　) 好等特性。

A. 稳弧性　　B. 耐用性　　C. 耐磨性　　D. 抗氧化性

3. 对钨极氩弧焊所用惰性气体（氩气）的描述正确的是 (　　)。

A. 氩气具有良好的保护作用，但稳弧特性差

B. 不同金属焊接时对氩气纯度要求不同

C. 氩气溶于大多数金属中

D. 氩气几乎与任何金属发生化学反应

4. 氩气瓶外表涂成银灰色并注有 (　　)“氩”字标志字样。

A. 铝白色　　B. 银灰色　　C. 黑色　　D. 深绿色

5. 氩气瓶的使用正确的是 (　　)。

A. 瓶阀冻结时，可以用火烤　　B. 瓶阀冻结时，用热水解冻

C. 气体用尽再换瓶　　D. 卸车时，气瓶可以从车上直接扔下

6. 目前我国生产的氩气纯度可达 (　　)。

A. 99%　　B. 99.1%　　C. 99.5%　　D. 99.99%

三、判断题

1. 铈钨极是一种理想的钨极氩弧焊的电极材料，也是我国目前建议尽量采用的钨极。(　　)

2. 钨极氩弧焊比焊条电弧焊引燃电弧容易。(　　)

3. 同等条件下，钨极氦弧焊的焊接速度比钨极氩弧焊的焊接速度低。 （ ）

四、简答题

简述作为保护气体的氩气的特点。

第三节 TIG 焊的焊件准备

学习目标

1）了解 TIG 焊焊接接头及坡口形式。
2）熟悉坡口的清理方法。

一、焊接接头及坡口形式的选择

1. 焊接接头形式

TIG 焊的焊接接头形式有对接、搭接、角接、T 形和端接接头 5 种基本类型，如图 4-4 所示，其中最常见的是板材对接接头。

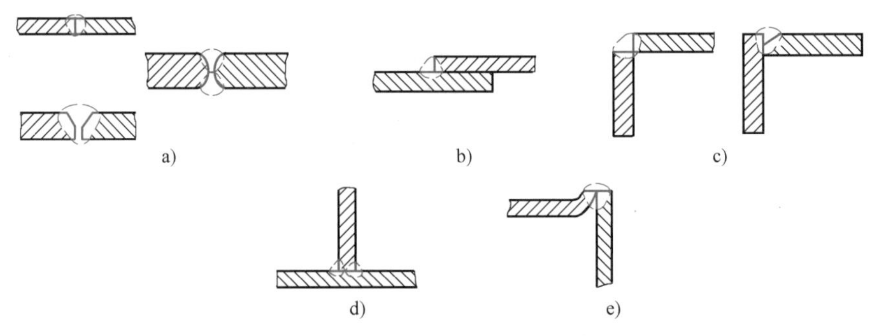

图 4-4 TIG 焊基本接头形式示意图
a）对接接头 b）搭接接头 c）角接接头 d）T 形接头 e）端接接头

2. 坡口形式

坡口形式及尺寸应根据材料类型、板厚等来选择。一般情况下，板厚小于 3mm 时，可开 I 形坡口，不需要填充焊丝，焊件装配后可以利用自身的熔化形成接头，这样得到的焊缝表面实际上略有凹陷，如图 4-5a 所示。因此，有时也将焊件卷边后装配焊接。在焊接厚度

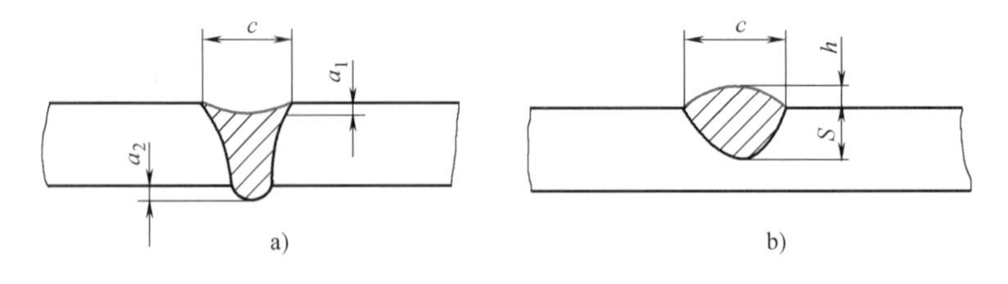

图 4-5 TIG 焊焊缝截面示意图
a）不填充焊丝 b）填充金属

为 6mm 以上的厚板时，通常需要焊件开有坡口，并需加填充金属，形成的焊缝如图 4-5b 所示。

表 4-2 为铝及铝合金 TIG 焊焊接接头和坡口形式。

表 4-2　铝及铝合金 TIG 焊焊接接头和坡口形式

接头坡口形式		示意图	板厚 δ/mm	间隙 b/mm	钝边 p/mm	坡口角度 α
对接接头	卷边	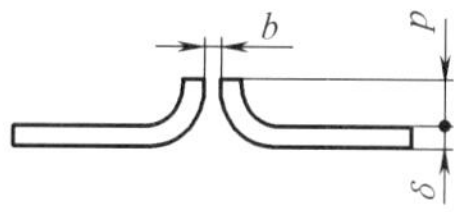	≤2	<0.5	<2	—
	I 形坡口	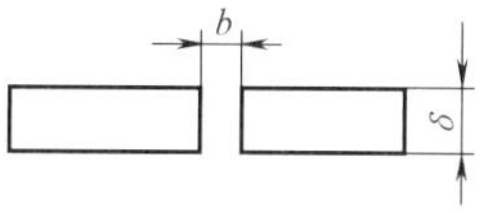	1~5	0.5~2	—	—
	Y 形坡口	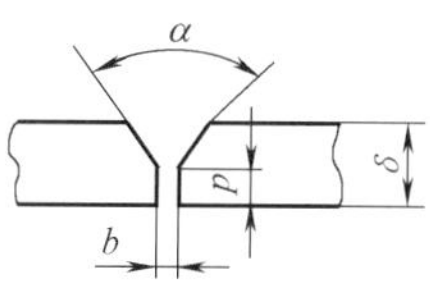	3~5	1.5~2.5	1.5~2	60°~70°
			5~12	2~3	2~3	60°~70°
	X 形坡口	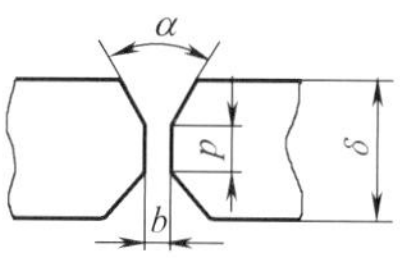	>10	1.5~3	2~4	60°~70°
搭接接头		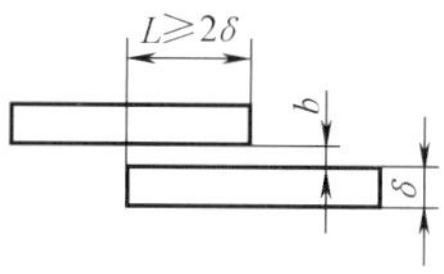	<1.5	0~0.5	—	—
			1.5~3	0.5~1	—	—

（续）

接头坡口形式		示意图	板厚 δ/mm	间隙 b/mm	钝边 p/mm	坡口角度 α
角接接头	I 形坡口	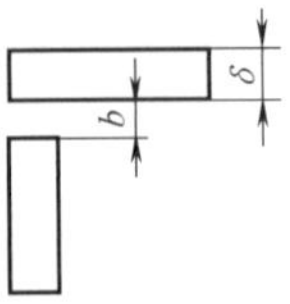	<12	<1	—	—
	Y 形坡口	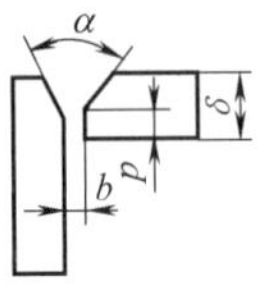	3~5	0.8~1.5	1~1.5	50°~60°
			>5	1~2	1~2	50°~60°
T 形接头	I 形坡口	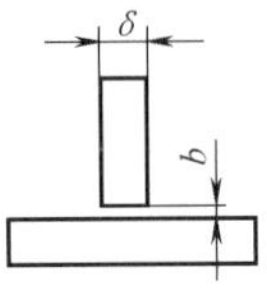	3~5	<1	—	—
			6~10	<1.5	—	—
	K 形坡口	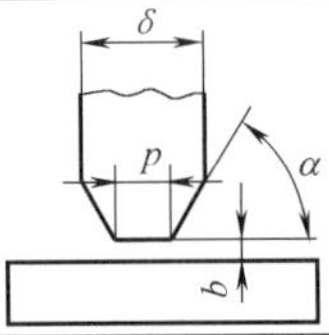	10~16	<1.5	1~2	60°

二、焊前清理

为了确保焊接质量，焊前对焊件及焊丝必须进行清理，不应残留油污、氧化皮、水分和灰尘等。如果采用工艺垫板，同样也要进行清理，否则它们就会从内部破坏氩气的保护作用，这往往是造成焊接缺陷的重要原因。TIG 焊常用的清理方法有以下几种。

1. 清除油污、灰尘

常用汽油、丙酮、三氯乙烯等有机溶剂清洗焊件与焊丝表面，然后擦干。也可按焊接生产说明书规定的方法进行清理。

2. 清除氧化膜

常用的方法有机械清理和化学清理两种，或两者联合使用。

机械清理主要用于焊件，有机械加工、打磨、刮削、喷砂及抛光等方法。机械清理通常是用不锈钢丝或铜丝刷，将坡口及其两侧氧化膜清除。对于不锈钢或其他钢材，常用砂布打磨或用抛光法，将焊件接头两侧 30~50mm 宽度内的氧化膜清除。铝及其合金由于材质较软，不宜用喷砂清理，可用细钢丝轮、钢丝刷或刮刀将焊件接头两侧一定范围内的氧化膜除掉。但这些方法效率低，所以成批生产时常采用化学法清理。

铝、镁、钛及其合金等有色金属的焊件与焊丝表面氧化膜的清理采用化学清理效果好，且生产率高。不同金属材料所采用的化学清理剂与清理程序是不一样的，可按焊接生产说明书的规定进行。

清理后的焊件与焊丝必须妥善放置与保管，一般应在 24h 内用于焊接。为防止再次沾上油污，通常焊前再用酒精或丙酮在坡口处擦一遍。如果存放中弄脏或放置时间太长，其表面氧化膜仍会增厚并吸附水分，因而为保证焊缝质量，必须在焊前重新清理。

习　题

一、填空题

1. 一般情况下，板厚小于3mm时，可开__________坡口，__________填充焊丝；在焊接厚度为6mm以上的厚板时，通常需要焊件__________，并__________填充金属。

2. 焊前对焊件及焊丝必须进行清理，不应残留________________等。

二、单选题

1. （　　）、T形接头、角接接头、搭接接头、端接接头是TIG焊时常用的接头形式。

A. 卷边接头　B. 套管接头　C. 对接接头　D. 焊缝接头

2. 10mm铝合金板对接TIG焊时，坡口尺寸合适的是（　　）。

A. 80°X形坡口，间隙4mm，钝边0.5mm

B. 80°Y形坡口，间隙4mm，钝边0.5mm

C. 60°X形坡口，间隙2mm，钝边0.5mm

D. 60°Y形坡口，间隙4mm，钝边0.5mm

3. TIG焊焊接对接板材时，不能使用的坡口形式有（　　）。

A. I形　B. V形　C. X形　D. K形

4. TIG焊时，填充焊丝、坡口及两侧（　　）范围都要清理。

A. 20mm　B. 30～50mm　C. 50mm　D. 10mm

三、判断题

1. TIG焊焊前清理不包括焊丝的清理。（　　）

2. 清理后的焊件与焊丝必须妥善放置与保管，一般应在24h内用于焊接。为防止再次沾上油污，通常焊前再用酒精或丙酮在坡口处擦一遍。（　　）

四、简答题

简述TIG焊焊前清理油污、氧化皮、水分和灰尘等的方法。

第四节　TIG焊的焊接工艺

学习目标

1）了解TIG焊熔滴过渡形式。

2）掌握TIG焊焊接参数的选择。

一、熔滴过渡的形式

TIG焊时，如果需要填丝焊接，熔滴过渡形式为搭桥过渡。搭桥过渡时，焊丝在电弧热作用下熔化形成熔滴与熔池接触，在表面张力、重力和电弧力的作用下，熔滴进入熔池，如图 4-6 所示。

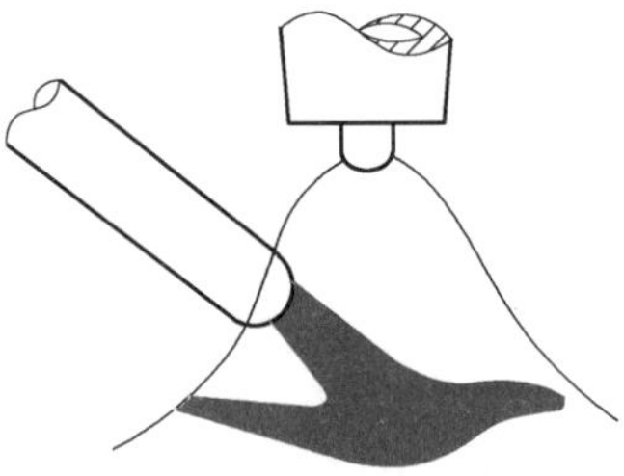

图 4-6 搭桥过渡示意图

二、焊接参数的选择

TIG 焊焊接参数主要有：焊接电源种类和极性、焊接电流、钨极直径和端部形状、电弧电压、焊接速度、保护气体流量和喷嘴孔径、喷嘴与焊件的距离、钨极伸出长度、焊丝直径与送丝速度等。合理的焊接参数是获得优质焊接接头的重要保证。

1. 焊接电源种类和极性

根据所采用的电源种类，TIG 焊分为直流、交流和直流脉冲 3 种。

（1）直流 TIG 焊 直流 TIG 焊分为直流正接和直流反接两种。

直流正接焊接时，焊件接电源正极，钨极接电源负极。由于钨极熔点很高，热发射能力强，电弧中带电粒子绝大多数是从钨极上以热发射形式产生的电子。这些电子撞击焊件，释放出全部逸出功，产生大量热能加热焊件，从而形成深而窄的焊缝，如图 4-7a 所示。

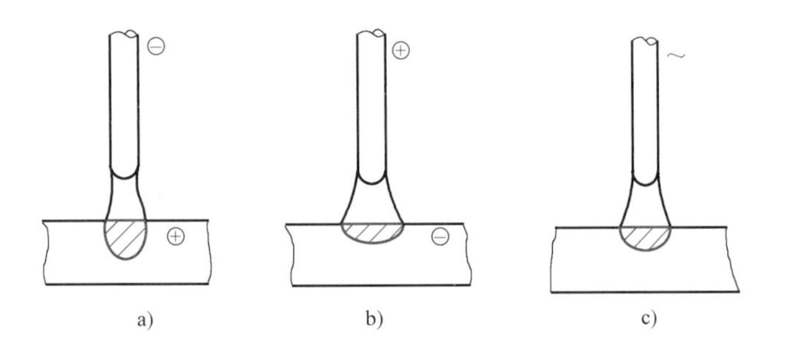

图 4-7 TIG 焊电流种类与极性对焊缝形状的影响示意图

a）直流正接 b）直流反接 c）交流

直流正接生产率高，焊件收缩应力和变形小。另一方面，由于钨极上接受正离子撞击时放出的能量比较小，而且由于钨极在发射电子时需要获得大量的逸出功，所以钨极上总的产热量比较小，因而钨极不易过热，烧损少。在相同焊接电流的条件下可以采用直径较小的钨极。再者，由于钨极热发射能力强，采用小直径钨棒时，电流密度大，有利于电弧稳定。

总之，直流正接优点较多，除铝、镁及其合金的焊接以外，TIG 焊一般都采用直流正接焊接。

直流反接焊接时，焊件接电源负极，钨极接电源正极。这时焊件和钨极的导电和产热情况与直流正接时相反。由于焊件一般熔点较低，电子发射比较困难，往往只能在焊件表面温度较高的阴极斑点处发射电子，而阴极斑点总是出现在电子逸出功较低的氧化膜处。当阴极斑点受到弧柱中的正离子流的强烈撞击时，温度很高，氧化膜很快被汽化破碎，显露出焊件金属表面，电子发射条件也由此变差。这时阴极斑点就会自动转移到附近有氧化膜存在的地方，如此下去，就会把焊件焊接区表面的氧化膜清除掉，这种现象称为阴极破碎（或称阴极雾化）现象。

阴极破碎现象对于焊件表面存在难熔氧化物的金属有特殊的意义，如铝是易氧化的金属，它的表面有一层致密的 Al_2O_3 附着层，其熔点为 2050℃，比铝的熔点（657℃）高很多，用一般的方法很难去除铝的表面氧化层，使焊接过程难以顺利进行。若采用直流反极性 TIG 焊则可获得弧到膜除的显著效果，使焊缝表面光亮美观，成形良好。

但是直流反接焊接时，钨极处于正极，TIG 焊阳极产热量多于阴极，大量电子撞击钨极，放出大量热量，很容易使钨极过热熔化而烧损。使用同样直径的电极时，就必须减小许用电流，或者为了满足焊接电流的要求，就必须使用更大直径的电极。另一方面，由于在焊件上放出的热量不多，使焊缝熔深浅，如图 4-7b 所示，因而生产率低。所以 TIG 焊中，除了铝、镁及其合金的薄件焊接外，很少采用直流反接。

（2）交流 TIG 焊　交流 TIG 焊时，电流极性每半个周期交换一次，因而兼备了直流正接和直流反接两者的优点。在交流负极性半周期里，焊件金属表面氧化膜会因“阴极破碎”作用而被清除；在交流正极性半周期里，钨极又可以得到一定程度的冷却，可减轻钨极烧损，且此时发射电子容易，有利于电弧的稳定燃烧。交流 TIG 焊时，焊缝形状也介于直流正极性与直流反极性之间，如图 4-7c 所示。实践证明，用交流 TIG 焊焊接铝、镁及其合金能获得满意的焊接质量。

但是，由于交流电弧每秒钟要 100 次过零点，加上交流电弧在正负半周期里导电情况的差别，又出现了交流电弧过零点后复燃困难和焊接回路中产生直流分量的问题，因此，必须采取适当的措施才能保证焊接过程的稳定进行。

综上所述，TIG 焊既可以使用交流电流也可以使用直流电流进行焊接；对于直流电流，还有极性选择的问题。焊接时应根据被焊材料来选择适当的电源种类和极性，见表 4-3。

表 4-3　TIG 焊电源种类和极性的选择

电源种类和极性	被焊金属材料
直流正接	低碳钢，低合金钢，不锈钢，耐热钢，铜，钛及其合金
直流反接	TIG 焊很少采用，特殊情况下可以焊接铝、镁及其合金的薄板
交流电源	铝、镁及其合金

2. 焊接电流

焊接电流是根据焊件材料、厚度、接头形式、焊接位置等因素选定的。随着焊接电流的增大，熔深、焊缝宽度都相应地增大，而焊缝余高相应地减小。因此，焊接电流越大，可焊接的材料厚度越大。过大或过小的焊接电流都会使焊缝成形不良或产生焊接缺陷。当焊接电流太大时，易引起焊缝咬边、烧穿等缺陷；反之，焊接电流太小时，易形成未焊透焊缝。所以，必须在不同钨极直径允许的焊接电流范围内，正确选择焊接电流。不同直径钨极的许用电流范围见表 4-4。

表 4-4　不同直径钨极的许用电流范围

钨极直径/mm	许用电流/A		
	直流正接	直流反接	交流
1	15～80	—	20～60
1.6	70～150	10～20	60～120
2.4	140～235	15～30	100～180
3.2	225～325	25～40	160～250

（续）

钨极直径/mm	许用电流/A		
	直流正接	直流反接	交流
4.0	300~400	40~55	200~320
5.0	400~500	55~80	290~390

3. 钨极直径和端部形状

（1）钨极直径 钨极直径的选择取决于焊件厚度、焊接电流的大小、电源种类。原则上应尽可能选择小的电极直径来承担所需要的焊接电流。此外，钨极的许用电流还与钨极的伸出长度及冷却程度有关，如果伸出长度较大或冷却条件不良，则许用电流将下降。

（2）钨极端部形状 TIG 焊时应根据焊接电流大小来确定钨极的形状。在焊接薄板或焊接电流较小时，为便于引弧和稳弧可用小直径钨极并将其端部磨成约 20°的尖锥角，如图 4-8a 所示。电流较大时，电极锥角小将导致弧柱的扩散，焊缝厚度小而宽度大。电流越大，上述变化越明显。因此，大电流焊接时，应将电极磨成钝角或平顶锥形，如图 4-8b 所示。这样，可使弧柱扩散减小，对焊件加热集中。

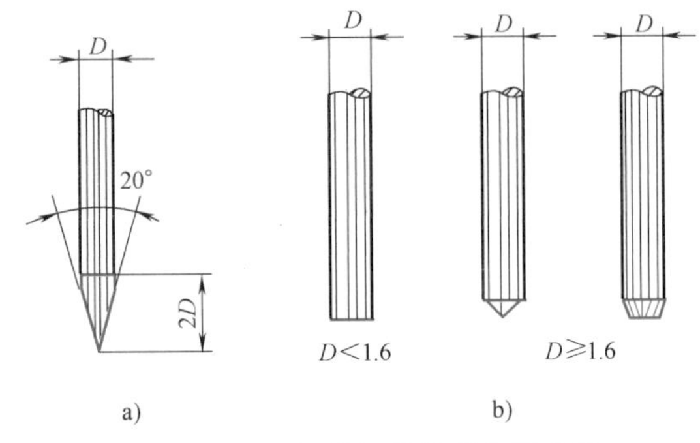

图 4-8 TIG 焊钨极端部形状示意图
a）直流正接小电流 b）交流、直流正接大电流

4. 电弧电压

电弧电压主要影响焊缝宽度，其大小由电弧长度决定。一般在保证不短路的情况下，应尽量采用较短的电弧进行焊接。不加填充焊丝焊接时，弧长以控制在 1~3mm 之间为宜；加填充焊丝焊接时，弧长约 3~6mm。

电弧长度过长，电弧对母材的熔透能力降低，保护效果差，电极易烧损，焊缝中易产生气孔。反之，电弧长度过短，容易造成电极与熔池的接触，钨极被污染或断弧，或在焊缝中出现夹钨缺陷。

5. 焊接速度

在其他条件不变的情况下，焊接速度越小，热输入越大，熔透深度、熔宽都相应增大。反之上述参数减小。当焊接速度过快时，焊缝易产生未焊透、气孔、夹渣和裂纹等缺陷。反之，焊接速度过慢时，焊缝易产生烧穿和咬边现象。

在高速自动焊时，还要考虑焊接速度对气体保护效果的影响。随着焊接速度的增大，从喷嘴喷出的柔性保护气流，因为受到前方静止空气的阻滞作用，会产生变形和弯曲，如图 4-9b 所示。当焊接速度过快时，就可能使电极末端、部分电

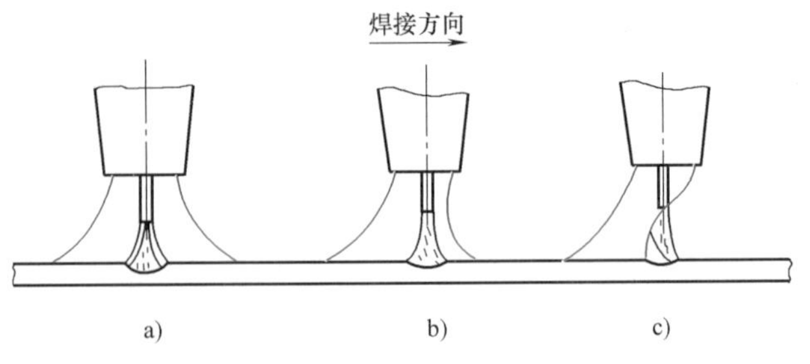

图 4-9 焊接速度对气体保护效果的影响
a）静止 b）正常速度 c）速度过快

弧和熔池暴露在空气中，如图 4-9c 所示，从而恶化了保护作用。这种情况在自动高速焊时容易出现。此时，为了扩大有效保护范围，可适当加大喷嘴孔径和保护气体流量。

鉴于以上原因，在 TIG 焊时，采用较低的焊接速度比较有利。焊接不锈钢、耐热合金和钛及钛合金材料时，尤其要注意选用较低的焊接速度，以便得到较大范围的气体保护区域。焊接速度一般取 5~50cm/min。

6. 保护气体流量和喷嘴孔径

(1) 氩气保护效果　氩气保护效果可根据焊件表面颜色来判别，见表 4-5。

表 4-5　焊件表面颜色与氩气保护效果

材料 \ 保护效果	焊件表面颜色				
	最好	良好	较好	不良	最坏
不锈钢	银白、金黄	蓝色	红灰	灰色	黑色
钛合金	亮银白色	橙黄色	蓝紫(带乳白色)	青灰色	一层白色氧化钛粉

(2) 保护气体流量和喷嘴孔径的关系　保护气体流量和喷嘴孔径的选择是影响气体保护效果的重要因素。气体流量和喷嘴孔径与气体保护有效直径之间的关系如图 4-10 所示。可见，无论是气体流量或是喷嘴孔径，在一定条件下，都有一个最佳值（M 点），在这个最佳值时，气体保护有效直径最大，其保护效果最佳。

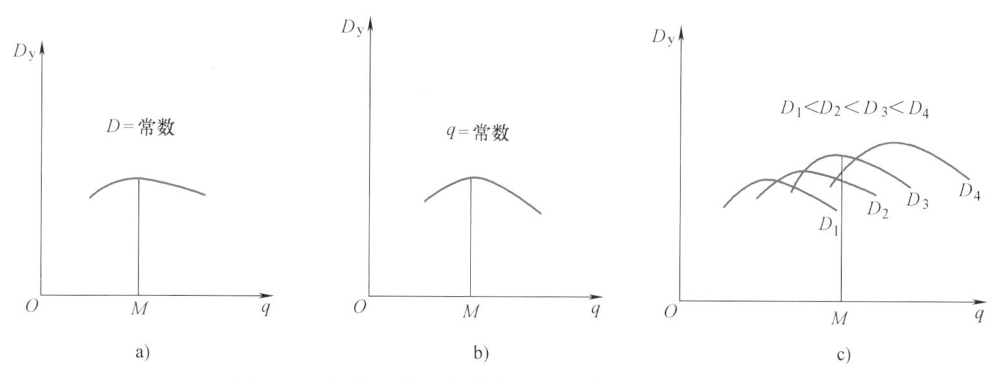

图 4-10　气体流量和喷嘴孔径对气体保护效果的影响

a) D 为常数，q 对 D_y 的影响　b) q 为常数，D 对 D_y 的影响　c) q 对 D 和 D_y 的综合影响

q—气体流量　D—喷嘴孔径　D_y—气体保护有效直径

因此，为了获得良好的保护效果，必须使保护气体流量与喷嘴孔径匹配。对于一定孔径的喷嘴，有一个获得最佳保护效果的气体流量，此时保护区范围最大，保护效果最好。如果喷嘴孔径增大，气体流量也应随之增加才可得到良好的保护效果。

(3) 气体流量的选择　在喷嘴孔径一定时，气体流量过低，气流挺度差，排除周围空气的能力弱，保护效果不佳；气体流量太大，则容易形成紊流，使空气卷入，也会降低保护效果。同样，在流量一定时，喷嘴孔径过小，保护范围小，且因气流流速过快而形成紊流；喷嘴孔径过大，不仅妨碍观察熔池情况，而且气流流速过慢、挺度小，保护效果也不好。所以，气流和喷嘴孔径要有一定配合。一般气体流量可按下列经验公式确定

$$Q=(0.8\sim1.2)D$$

式中 Q——氩气流量（L/min）；

D——喷嘴孔径（mm）。

(4) 喷嘴孔径的选择 增大喷嘴孔径的同时，氩气流量要相应增大，此时保护区大，保护效果好。但喷嘴孔径过大时，不仅使氩气的消耗量增加，而且可能使焊枪操作不便，或妨碍焊工视线，不便于观察操作。故一般钨极氩弧焊喷嘴孔径以 5~14mm 为佳。

另外，喷嘴孔径也可按经验公式选择

$$D=(2.5\sim3.5)d$$

式中 D——喷嘴孔径（一般指内径，mm）；

d——钨极直径（mm）。

7. 喷嘴与焊件的距离

喷嘴与焊件的距离指喷嘴端面和焊件表面的距离，这个距离越小，保护效果越好。所以喷嘴至焊件的距离应尽可能小些，一般应控制在 8~14mm 之间。距离过小时，影响焊工的视线，且易导致钨极与熔池的接触，使焊缝夹钨并降低钨极使用寿命；距离过大时，保护效果差，电弧不稳定。

8. 钨极伸出长度

通常将露在喷嘴外面的钨极长度叫作钨极的伸出长度。伸出长度过大时，钨极易过热，且保护效果差；而伸出长度太小时，喷嘴易过热。因此钨极的伸出长度必须保持适当的值。常规的钨极伸出长度一般为钨极直径的 1~2 倍。短弧焊时，其伸出长度通常比常规的大些，以便给焊工提供更好的视野，并有助于控制弧长。

通常钨极伸出长度主要取决于焊接接头的形式。对接接头焊接时，钨极的伸出长度一般保持为 3~6mm；T 形接头焊接时，钨极的伸出长度最好为 7~8mm，电极才能达到该接头的根部，并能较多地看到焊接熔池。对于卷边接头，只需很短的钨极伸出长度，甚至可以不伸出。

9. 焊丝直径与送丝速度

焊丝直径与焊件板厚及接头间隙有关。当板厚及接头间隙较大时，焊丝直径可选大一些。焊丝直径选择不当可能造成焊缝成形不好，余高过高或未焊透等缺陷。手工送丝时，一般使用粗焊丝，焊丝直径为 2~4mm，填到电弧空间；自动送丝时，使用细焊丝，焊丝直径为 0.8~1.6mm，紧贴熔池前沿送进。

焊丝的送丝速度与焊丝的直径、焊接电流、焊接速度、接头间隙等因素有关。一般焊丝直径大时，送丝速度慢；焊接电流、焊接速度、接头间隙大时，送丝速度快。送丝速度选择不当，可能造成焊缝出现未焊透、烧穿、焊缝凹陷、余高太高、成形不光滑等缺陷。

实际焊接时，确定各焊接参数的顺序是：根据焊件材料的性质与厚度参考现有资料确定焊接电源的种类、极性和焊接电流，然后选定钨极的种类和直径，再选定焊枪喷嘴孔径和保护气体流量，最后确定焊接速度。在施焊的过程中，根据情况适当调整钨极伸出长度和焊枪与焊件相对的位置。根据这些参数进行试焊，再根据试焊结果调整有关参数，直至符合要求。

表 4-6、表 4-7 分别列出了不锈钢、纯铝及铝镁合金手工 TIG 焊的焊接参数，可作为选择焊接参数时的参考。

表 4-6　不锈钢手工 TIG 焊焊接参数（单焊道）

板厚/mm	接头形式	焊接电流/A	焊接速度/(cm/min)	钨极直径/mm	焊丝直径/mm	氩气流量/(L/min)
0.8	对接	20~50	66	1.0	1.6	5
1.0	对接	50~80	56	1.6	1.6	5
1.5	对接	65~105	30	1.6	1.6	7
1.5	角接	75~125	25	1.6	1.6	7
2.4	对接	85~125	30	1.6	2.4	7
2.4	角接	95~135	25	1.6	2.4	7
3.2	对接	100~135	30	1.6	2.4	7
3.2	角接	115~145	25	1.6	2.4	7
4.8	对接	150~225	25	2.4	3.2	8
4.8	角接	175~250	20	3.2	3.2	9

表 4-7　纯铝、铝镁合金手工 TIG 焊焊接参数（对接接头、交流）

板厚/mm	坡口形式	焊接层次（正面/反面）	焊接电流/A	预热温度/℃	钨极直径/mm	焊丝直径/mm	氩气流量/(L/min)	喷嘴孔径/mm
1	卷边	正 1	45~60	—	2	1.6	7~9	8
1.5	卷边或 I 形	正 1	50~80	—	2	1.6~2.0	7~9	8
2	I 形	正 1	90~120	—	2~3	2~2.5	8~12	8~12
3	Y 形	正 1	150~180	—	3	2~3	8~12	8~12
4		(1~2)/1	180~200	—	4	3	10~15	8~12
5		(1~2)/1	180~240	—	4	3~4	10~15	10~12
6		(1~2)/1	240~280	—	5	4	16~20	14~16
8		2/1	260~320	100	5	4~5	16~20	14~16
10		(3~4)/(1~2)	280~340	100~150	5	4~5	16~20	14~16
12		(3~4)/(1~2)	300~360	150~200	5~6	4~5	18~22	16~20
14		(3~4)/(1~2)	340~380	180~200	5~6	5~6	20~24	16~20
16		(4~5)/(1~2)	340~380	200~220	6	5~6	20~24	16~20
18		(4~5)/(1~2)	360~400	200~240	6	5~6	25~30	16~20
20		(4~5)/(1~2)	360~400	200~260	6	5~6	25~30	20~22
16~20	双 Y 形	(3~4)/(2~3)	300~380	200~260	6	5~6	2~530	16~20
22~25		(3~4)/(3~4)	360~400	200~260	6~7	5~6	30~35	20~22

习　　题

一、填空题

1. TIG 焊的焊接参数主要有________、________、________、________、________、________、________、________等。

2. 根据所采用的电源种类，TIG 焊分为__________、__________和__________3 种。

3. 直流 TIG 焊时，按电源极性的不同接法，又可将直流 TIG 焊分为__________和__________两种方法。

二、单选题

1. 直流正接 TIG 焊的特点有（　　）。
   A. 焊件发热量小，熔深浅，生产率低
   B. 焊件发热量大，熔深大，生产率高
   C. 钨极热电子发射能力强，电弧稳定集中
   D. 钨极热电子发射能力弱，电弧不稳定，不集中

2. TIG 焊直流正接法是（　　）与电源正极相连，（　　）与电源负极相连。
   A. 焊件；钨极　B. 钨极；焊件　C. 焊件；焊件　D. 钨极；钨极

3. TIG 焊直流正接法的焊缝（　　）。
   A. 深、窄　B. 浅、窄　C. 浅、宽　D. 深、宽

4. 焊接铝及铝合金时，应选用（　　）。
   A. 交流 TIG 焊　B. 埋弧自动焊
   C. 二氧化碳气体保护焊　D. 电渣焊

5. TIG 焊焊接不锈钢时，电源种类和极性应采用（　　）。
   A. 交流方波电源　B. 交流电源　C. 直流正接　D. 直流反接

6. （　　）不是 TIG 焊选择钨极直径的主要依据。
   A. 焊件厚度　B. 焊接电流大小
   C. 焊接位置　D. 电源种类与极性

7. 钨极氩弧焊时的氩气流量一般可按经验公式确定，即氩气流量（L/min）等于喷嘴孔径（mm）的（　　）倍。
   A. 0.8~1.2　B. 1.8~2.2　C. 2.8~3.2　D. 3.8~4.2

8. TIG 焊的喷嘴孔径可根据钨极直径按经验公式选择，即喷嘴孔径（内径，mm）等于钨极直径（mm）的（　　）倍。
   A. 2.5~3.5　B. 3.5~4.5　C. 4.5~5.5　D. 5.5~6.5

9. TIG 焊喷嘴孔径与气体流量的关系不正确的是（　　）。
   A. 气体流量和喷嘴孔径有一个最佳的匹配范围
   B. 流量一定时，喷嘴孔径过小，易形成紊流
   C. 流量一定时，喷嘴孔径过大，妨碍焊工观察
   D. 流量一定时，喷嘴孔径越小，保护效果越好

10. 通常焊接对接焊缝时，钨极的伸出长度为（　　）mm 较好。
   A. 3~6　B. 6~7　C. 7~8　D. 8~10

三、判断题

1. TIG 焊采用直流正接时能够起到阴极清理的作用。（　　）
2. TIG 焊交流电源的极性是周期性变换的。（　　）
3. TIG 焊时，电弧电压主要影响焊缝宽度。（　　）

4. 直流正接 TIG 焊采用小电流焊接时，钨极的端部形状采用锥形尖端效果最好。（　　）
5. TIG 焊的钨极端头至喷嘴端面的距离叫作钨极伸出长度。（　　）
6. TIG 焊的钨极直径主要根据焊件厚度、焊接电流大小、电源种类与极性来选择。（　　）
7. TIG 焊时，采用较低的焊接速度比较有利。（　　）
8. 对于 TIG 焊，喷嘴与焊件的距离增大时，气体保护效果减弱，气体流量应增加。（　　）

四、简答题

不同材料 TIG 焊时，如何选择电流的种类和极性？

第五节　TIG 焊操作技术

学习目标

1）掌握 TIG 焊基本操作技术。
2）掌握 TIG 焊安全操作规程。

一、TIG 焊基本操作技术

TIG 焊可分为手工 TIG 焊和自动 TIG 焊两种，其操作技术的正确与熟练是保证焊接质量的重要前提。由于焊件厚度、施焊姿势、接头形式等条件不同，操作技术也不尽相同。下面主要介绍手工 TIG 焊的基本操作技术。

1. 焊丝位置

焊接时，焊丝和焊件之间必须保持正确的相对位置，如图 4-11 所示。焊直缝时，通常采用左焊法。焊枪应尽量垂直于焊件或与焊件表面成 70°~85°夹角。对于厚度小于 4mm 的薄板立缝，采用向上焊或向下立焊均可；对于板厚为 4mm 以上的焊件，一般采用向上立焊。为使焊缝得到必要的宽度，焊枪除了做直线运动外，还可以做横向摆动，但不要摆动到焊缝外。平、横、仰焊时，可采用左焊法或右焊法，一般多采用左焊法。

2. 引弧

引弧有两种方法：非接触引弧和接触引弧，最好是采用非接触引弧。

采用非接触引弧时，应先使钨极端头与焊件之间保持较短距离，然后接通引弧器电路，在高频电流或高压脉冲电流的作用下引燃电弧。这种引弧方法可靠性高，且由于钨极不与焊件接触，因而钨极不会因短路而烧损，同时还可防止焊缝因电极材料落入熔池而形成夹钨等缺陷。

在用无引弧器的设备施焊时，需采用接触引弧，即将钨电极末端与焊件直接短路，然后迅速拉开而引燃电弧。接触引弧时，设备简单，但引弧可靠性较差。由于钨极与焊件接触，可能使钨极端头局部熔化而混入焊缝金属中，造成夹钨缺陷。为了防止焊缝夹钨，接触引弧时，可先在一块引弧板（一般为纯铜板）上引燃电弧，然后再将电弧移到焊缝起点处。

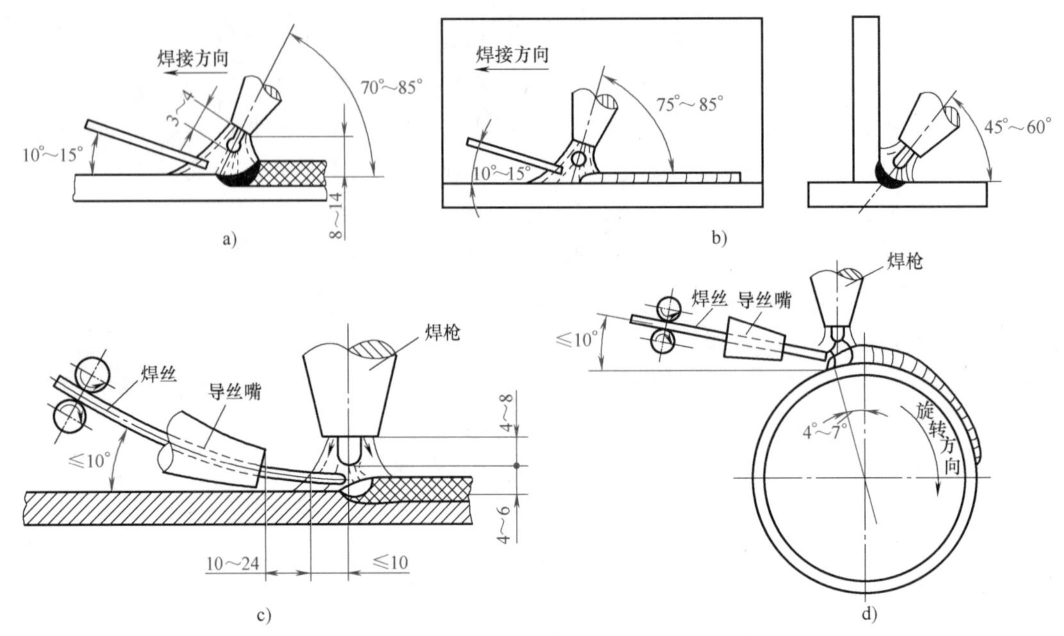

图 4-11　焊枪、焊丝和焊件之间相对位置示意图

a）对接 TIG 焊　b）角接 TIG 焊　c）平对接自动 TIG 焊　d）环缝自动 TIG 焊

3. 焊接

焊接时，为了得到良好的气体保护效果，在不妨碍视线的情况下，应尽量缩短喷嘴到焊件的距离，采用短弧焊接时，一般弧长为 4～7mm。焊枪与焊件角度的选择也应以获得好的保护效果、便于填充焊丝为准。

要注意保持焊枪在一定高度和焊枪移动速度的均匀性，以确保焊缝熔深、熔宽的均匀，防止产生气孔和夹杂等缺陷。为了获得必要的熔宽，焊枪除做匀速直线运动外，允许做适当的横向摆动。

在需要填充焊丝时，焊丝直径一般不得大于 4mm。因为焊丝太粗时易产生夹渣和未焊透缺陷。填充焊丝在熔池前均匀地向熔池送入，切不可扰乱氩气气流。焊丝的端部应始终置于氩气保护区内，以免氧化。

4. 收弧

焊缝在收弧处要求不存在明显的下凹，及产生气孔、裂纹等缺陷。为此，在收弧处应添加填充焊丝使弧坑填满，这对于焊接热裂纹倾向较大的材料时，尤为重要。此外，还可采用电流衰减方法和逐步提高焊枪的移动速度或焊件的转动速度，以减少对熔池的热输入来防止裂纹。在焊接拼板接缝时，通常采用引出板将收弧处引出焊件，使易出现缺陷的收弧处脱离焊件。

熄弧后，不要立即抬起焊枪，要使焊枪在焊缝上停留 3～5s，待钨极和熔池冷却后，再抬起焊枪，停止供气，以防止焊缝和钨极氧化。至此焊接过程结束，关断焊机，切断水、电、气路。

5. 填丝

手工 TIG 焊时，送丝可以采用断续送进、连续送进及焊丝紧贴坡口与钝边一起熔入等方法，基本操作技术见表 4-8。填丝时要注意以下几点：

1）要绝对防止焊丝与高温的钨极接触，以免钨极被污染、烧损，电弧稳定性被破坏。

2）加入填充焊丝时，不要扰乱氩气流，而且焊丝端部应始终置于氩气保护区内。

3）环缝自动 TIG 焊时，焊枪应逆旋转方向偏离焊件中心线一定距离，以便于送丝和保证焊缝良好成形。

4）焊丝与焊件间的角度不宜过大，否则会影响电弧和气流的稳定。

5）实际操作过程中填充焊丝的直径一般不得大于 4mm。弧长为 3~6mm，钨极伸出喷嘴端部的长度一般为 5~8mm。

表 4-8　填丝的基本操作技术

填丝技术	操作方法	适用范围
连续填丝	用左手的拇指、食指、中指配合送丝，无名指和小指夹住焊丝，以控制方向，要求焊丝比较平直，手臂动作不大，待焊丝快用完时前移	对保护层扰动小，适用于填丝量较大、较大焊接参数下的焊接
断续填丝（点滴送丝）	用左手的拇指、食指、中指捏紧焊丝，焊丝末端始终处于氩气保护区内。填丝动作要轻，靠手臂和手腕的上下往复动作将焊丝端部熔滴送入熔池	适用于全位置焊接
焊丝紧贴坡口与钝边一起熔入	将焊丝弯成弧形，紧贴在坡口间隙处，保证电弧熔化坡口钝边的同时也熔化焊丝。要求坡口间隙小于焊丝直径	可避免焊丝遮挡住焊工视线，适用于困难位置的焊接

6. 接头技术

1）接头处要有斜坡，不能有死角。

2）重新引弧位置在原弧坑后面，使焊缝重叠 20~30mm，重叠处一般不加或少加焊丝。

3）熔池要贯穿到接头的根部，以确保接头处熔透。

二、加强气体保护措施

焊接时，为了加强气体保护效果，提高焊缝质量，还可采取以下措施。

1. 加挡板

接头形式不同，氩气流的保护效果也不相同。平对接焊缝和内角接焊缝焊接时，气体保护效果较好，如图 4-12a 所示。当进行端接焊缝和外角接焊缝焊接时，空气易沿焊件表面向上侵入熔池，破坏气体保护层，从而引起焊缝氧化，如图 4-12b 所示。为了改善气体保护效果，可采取预先加挡板的方法，如图 4-12c 所示。也可以采用加大气体流量和灵活控制焊枪相对于焊件的位置等方法来提高气体保护效果。

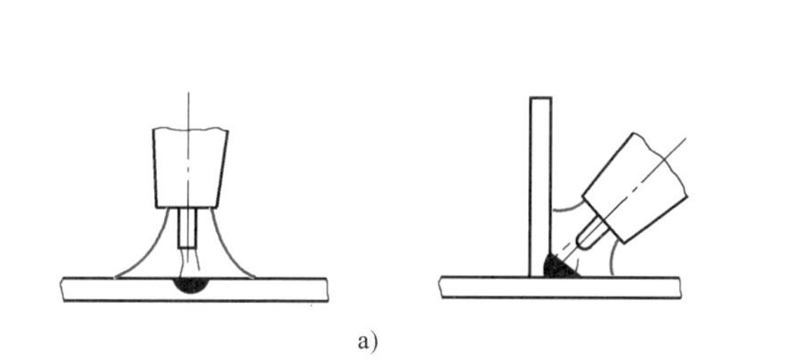

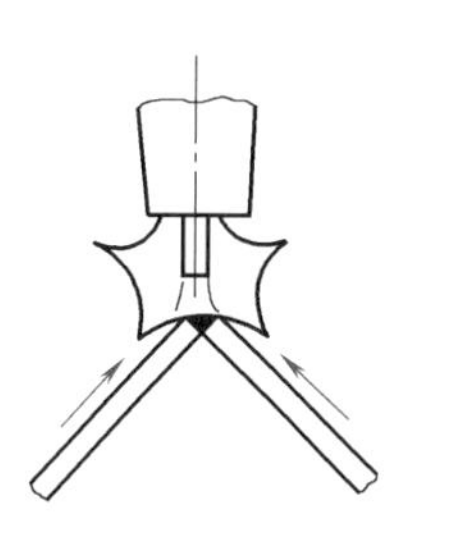

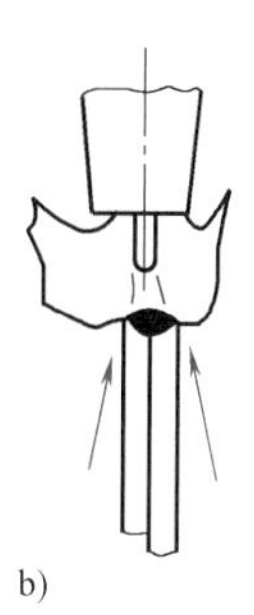

图 4-12　焊接接头形式对气体保护效果的影响

a）保护效果较好　b）保护效果较差

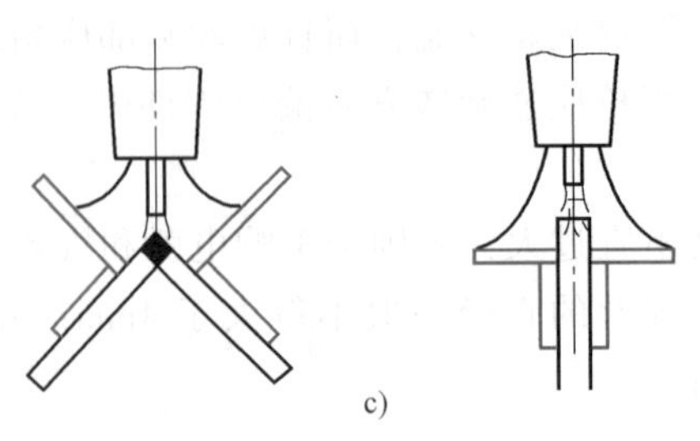

图 4-12 焊接接头形式对气体保护效果的影响（续）
c）加挡板后改善了保护效果

2. 扩大正面保护区

焊接容易氧化的金属及其合金（如钛合金）时，不仅要求保护焊接区，而且对处于高温的焊缝段及近缝区表面也需要进行保护。这时单靠焊枪喷嘴中喷出的气体保护是不够的。为了扩大保护区范围，常在焊枪喷嘴后面安装附加喷嘴，也称拖斗，如图 4-13 所示。附加喷嘴里可另供气，也可不另供气。用于焊接较厚的不锈钢和耐热合金材料时，可不另供气，而利用延长喷嘴喷出的气体在焊缝上停留的时间，达到扩大保护区范围的目的，如图 4-13a 所示。这种拖斗耗气不大，比较经济。用于焊接钛合金时，则需另供气，且在拖斗里安装气筛，使氩气在焊接区缓慢平稳地流动，以利于提高保护效果，如图 4-13b 所示。

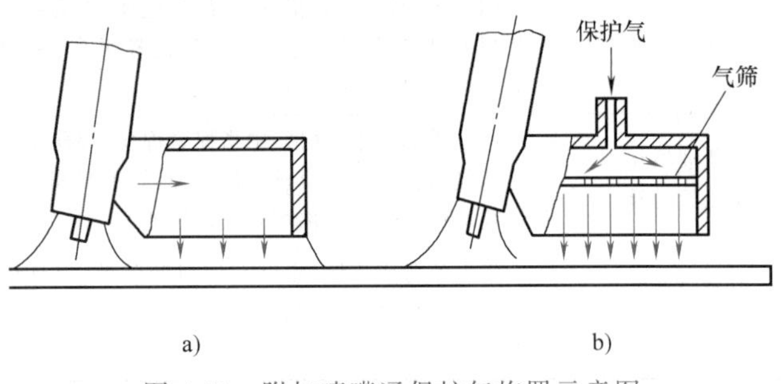

图 4-13 附加喷嘴通保护气拖罩示意图
a）附加喷嘴不通保护气 b）附加喷嘴通保护气

3. 反面保护

对于某些焊件，既要求焊缝均匀，同时又不允许焊缝反面氧化。这时就要求在焊接过程中对焊缝反面也进行保护，如图 4-14 所示。焊接不锈钢或钛合金的小直径圆管或密闭的焊件时，可直接在密闭的空腔中送进氩气，以保护焊缝反面。对于大直径筒形件或平板构件等，可采用移动式充气罩，或在焊接夹具的铜垫板上开充气槽，以便送进氩气对焊缝反面进行保护。通常反面氩气流量是正面氩气流量的 30%~50%。

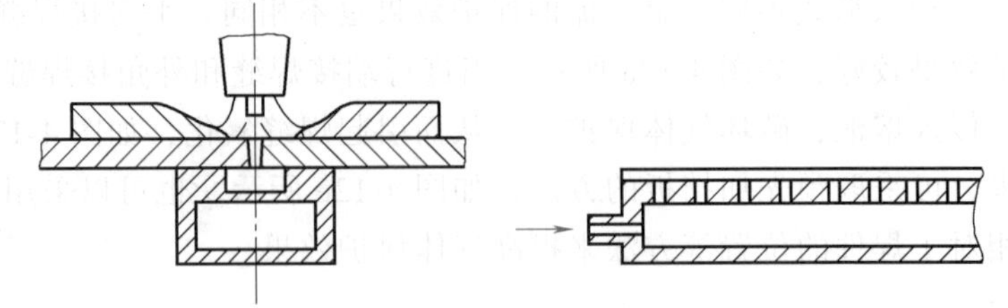

图 4-14 保护气直接通入焊缝反面保护示意图

三、TIG 焊安全操作规程

1）焊接工作场所必须备有防火设备，如沙箱、灭火器、消防栓、水桶等。易燃物品距离焊接场所不得小于 5m。若无法满足规定距离时，可用石棉板、石棉布等妥善覆盖，以防火星落入易燃物品。易爆物品距离焊接场所不得小于 10m。TIG 焊工作场地要有良好的自然通风和固定的机械通风装置，以减少 TIG 焊有害气体和金属烟尘的危害。

2）手工 TIG 焊用焊机应放置在干燥通风处。严格按照焊机使用说明书操作。使用前应对焊机进行全面检查。确定焊机没有隐患，再接通电源。空载运行正常后方可施焊。保证焊机接线正确，必须良好、牢靠接地以保障安全。焊机电源的通、断由电源板上的开关控制，严禁带负载扳动开关，以免开关触头烧损。

3）应经常检查焊枪冷却水或供气系统的工作情况，发现堵塞或泄漏时应即刻解决，以防烧毁焊枪和影响焊接质量。

4）焊接人员离开工作场所或焊机不使用时，必须切断电源。若焊机发生故障，应由专业人员进行检修，检修时应做好防电击等安全措施。焊机应每年除尘清洁一次。

5）TIG 焊机高频振荡器产生的高频电磁场会使人产生一定的头晕、疲乏。因此，焊接时应尽量减少高频电磁场作用时间，引燃电弧后立即切断高频电源。焊枪和焊接电缆外应用软金属编织线屏蔽（软管一端接在焊枪上，另一端接地，外面不包绝缘）。如有条件，应尽量采用晶体脉冲引弧取代高频引弧。

6）TIG 焊时，紫外线强度很大，易引起电光性眼炎、电弧灼伤，同时产生臭氧和氮氧化物，刺激呼吸道。因此，焊工操作时应穿白色帆布工作服，戴好口罩、面罩及防护手套、脚盖等。为了防止触电，应在工作台附近地面覆盖绝缘橡胶，工作人员应穿绝缘胶鞋。

习　题

一、填空题

1. 手工 TIG 焊时，送丝可以采用__________等方法。

2. 实际操作过程中，钨极伸出喷嘴端部的长度一般为__________。焊枪应尽量__________焊件或与焊件表面保持__________；喷嘴与焊件表面的距离不超过__________。在需要填充焊丝时，焊丝直径一般不得大于__________。

3. 焊直缝时，通常采用__________焊接。平焊、横焊或仰焊时，多采用__________。焊枪除做匀速__________外，允许做适当的__________。

4. 在收弧处应添加__________，还可采用__________和__________或焊件的转动速度，以减少热输入。

5. TIG 焊时，加强气体保护效果的方法有__________、__________和__________。

二、单选题

1. TIG 焊时，送丝应注意（　　）。

A. 只能连续送进　　B. 焊丝端部一定要移出气体保护区

C. 要防止焊丝与高温的钨极接触　　D. 只能断续送进

2. TIG 焊熄弧后，要使焊枪在焊缝上停留（　　），待钨极和熔池冷却后，再抬起焊枪，停止供气。

A. 5s　　B. 3s　　C. 3~5s　　D. 5~10s

3. 易燃物品距离 TIG 焊场所不得小于（　　）m。

A. 20　　B. 15　　C. 5　　D. 3

三、判断题

1. 高频振荡器引弧和接触短路引弧是 TIG 焊一般采用的两种引弧方法。（　　）
2. TIG 焊时，收弧及接头的质量也非常重要。（　　）
3. TIG 焊时，焊丝、焊枪和焊件之间必须保持正确的相对位置。（　　）

四、简答题

简述 TIG 焊填丝的基本操作技术。

【焊接实践】

任务目标

1. 能利用 TIG 焊对钢板对接接头平焊位进行操作。
2. 能利用 TIG 焊对小径管对接水平固定位进行操作。

任务一　钢板对接平焊位手工 TIG 焊

一、焊前准备

1. 焊件及坡口尺寸

焊件材质：Q235。

焊件尺寸：200mm×100mm×6mm，两块。

坡口形式及尺寸：V 形坡口；坡口尺寸如图 4-15 所示。

2. 焊接位置及要求

平焊，单面焊双面成形。

3. 焊接材料及设备

焊接材料：焊丝为 H08Mn2SiA，ϕ2.5mm；电极为铈钨极，为使电弧稳定，将其尖角磨成如图 4-16 所示的形状；氩气纯度为 99.99%。

焊接设备：直流手工 TIG 焊机 WS-300，正接。

4. 工具

角磨机、钢直尺、钢丝刷。

5. 劳动保护用品

防护眼镜、手套、工作服、防护鞋等。

6. 焊接参数

平板对接平焊位 TIG 焊焊接参数见表 4-9。

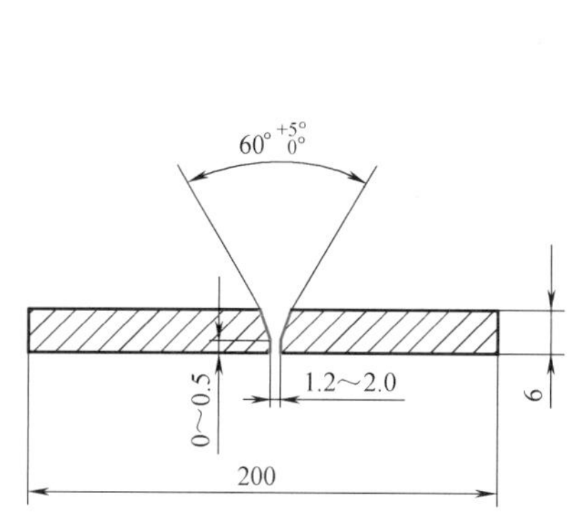

图 4-15　焊件及坡口尺寸示意图

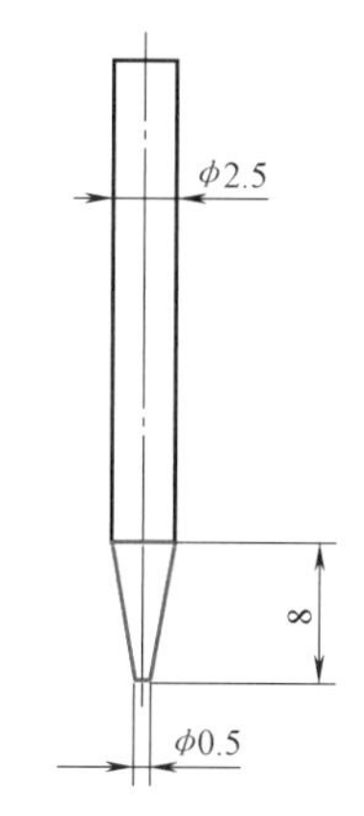

图 4-16　钨极尺寸示意图

表 4-9　平板对接平焊位 TIG 焊焊接参数

焊接层次	焊接电流/A	电弧电压/V	氩气流量/(L/min)	钨极直径/mm	焊丝直径/mm	钨极伸出长度/mm	喷嘴孔径/mm	喷嘴至焊件距离/mm
打底层	80～100	10～14	8～10	2.5	2.5	4～6	8～10	≤12
填充层	90～100							
盖面层	100～110							

二、操作要点

1. 焊前清理

清理坡口及其正、反两面两侧 20mm 范围内和焊丝表面的油污、锈蚀，直至露出金属光泽，然后用丙酮进行清洗。

2. 装配与定位焊

(1) 装配　装配间隙为 1.2～2.0mm，错边量≤0.6mm。

(2) 定位焊　采用手工 TIG 焊，按表 4-9 中打底层焊接参数在试件正面坡口内两端进行定位焊，定位焊缝长度为 10～15mm，将定位焊缝接头端预先打磨成斜坡。

3. 打底焊

手工 TIG 焊通常采用左焊法，故将试件装配间隙大端放在左侧。

(1) 引弧　在试件右端定位焊缝上引弧。引弧时采用较长的电弧（弧长约为 4～7mm），使坡口外预热 4～5s。

(2) 焊接　引弧后预热引弧处，当定位焊缝左端形成熔池并出现熔孔后开始送丝。焊丝、焊枪与焊件角度如图 4-17 所示。焊接打底层时，采用较小的焊枪倾角和较小的焊接电流。焊接速度和送丝速度过快或过慢，容易使焊缝下凹或烧穿，因此焊丝送入要均匀，焊枪移动要平稳、速度一致。焊接时，要密切注意焊接熔池的变化，随时调节有关

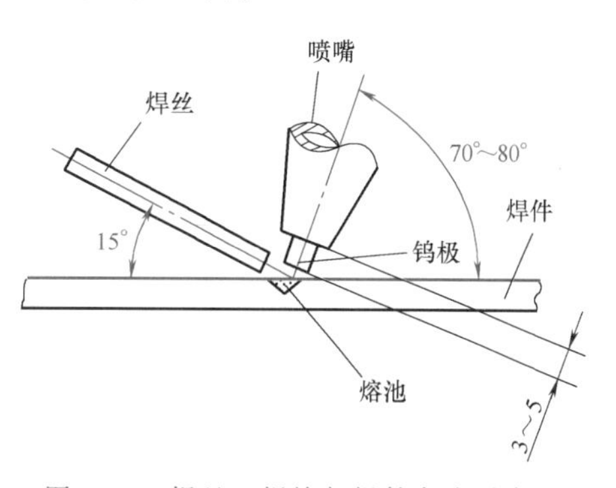

图 4-17　焊丝、焊枪与焊件角度示意图

焊接参数，保证背面焊缝成形良好。当熔池增大、焊缝变宽并出现下凹时，说明熔池温度过高，应减小焊枪与焊件的夹角，加快焊接速度；当熔池变小时，说明熔池温度过低，应增加焊枪与焊件的夹角，减慢焊接速度。

(3) 接头 当更换焊丝或暂停焊接时，需要接头。这时松开焊枪上的按钮开关（使用接触引弧焊枪时，立即将电弧移至坡口边缘上快速灭弧），停止送丝，借焊机电流衰减熄弧，但焊枪仍需对准熔池进行保护，待其完全冷却后方能移开焊枪。若焊机无电流衰减功能，应在断开按钮开关后稍抬高焊枪，待电弧熄灭、熔池完全冷却后移开焊枪。进行接头前，应先检查接头熄弧处的弧坑质量。如果无氧化物等缺陷，则可直接进行接头焊接。如果有缺陷，则必须将缺陷修磨掉，并将其前端打磨成斜面，然后在弧坑右侧15~20mm处引弧，缓慢向左移动，待弧坑处开始熔化并形成熔池和熔孔后，继续填丝焊接。

(4) 收弧 当焊至焊件末端时，应减小焊枪与焊件的夹角，使热量集中在焊丝上，加大焊丝熔化量以填满弧坑。之后切断控制开关，焊接电流将逐渐减小，熔池也随着减小，将焊丝抽离电弧（但不离开氩气保护区）。停弧后，氩气延时约10s关闭，从而防止熔池金属在高温下被氧化。

4. 填充焊

按表4-9中填充层焊接参数调节设备，进行填充层焊接，其操作与打底焊相同。焊接时焊枪可做圆弧“之”字形横向摆动，其幅度应稍大，并在坡口两侧停顿，保证坡口两侧熔合良好，焊道均匀。从焊件右端开始焊接，注意熔池两侧熔合情况，保证焊缝表面平整且稍下凹。填充层的焊道焊完后表面应比焊件表面低1.0~1.5mm，以免坡口边缘熔化而导致盖面层产生咬边或焊偏现象。焊完后将焊道表面清理干净。

5. 盖面焊

按表4-9中盖面层焊接参数调节设备，进行盖面层焊接，其操作与填充焊基本相同，但要加大焊枪的摆动幅度，保证熔池两侧超过坡口边缘0.5~1mm，并按余高确定填丝速度与焊接速度，尽可能保持焊接速度均匀。熄弧时必须填满弧坑。

6. 焊后清理检查

焊接结束后，关闭焊机，用钢丝刷清理焊缝表面；肉眼或用低倍放大镜检查焊缝表面是否有气孔、裂纹、咬边等缺陷；用焊缝检验尺测量焊缝外观成形尺寸。

任务二 小径管对接水平固定位TIG焊

小径管对接水平固定位手工TIG焊比较困难，因为它的操作包括了所有焊接位置的焊接，如图4-18所示。

焊缝分左、右两个半圈进行，焊接前半圈时，起点和终点都要超过管子的垂直中心线5~10mm。在仰焊位置起弧，平焊位置收弧。每个半圈都存在仰、立、平3个不同的焊接位置。水平固定管焊接顺序如图4-19所示。

一、焊前准备

1. 焊件及坡口尺寸

焊件材质：Q235。

焊件及坡口尺寸如图 4-20 所示。

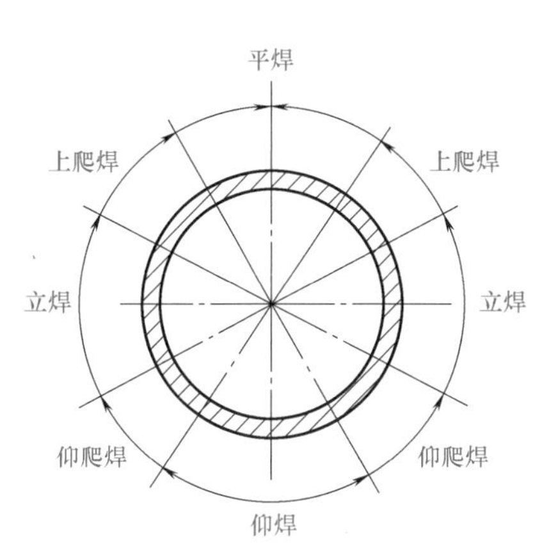

图 4-18　水平固定管焊接位置分布示意图

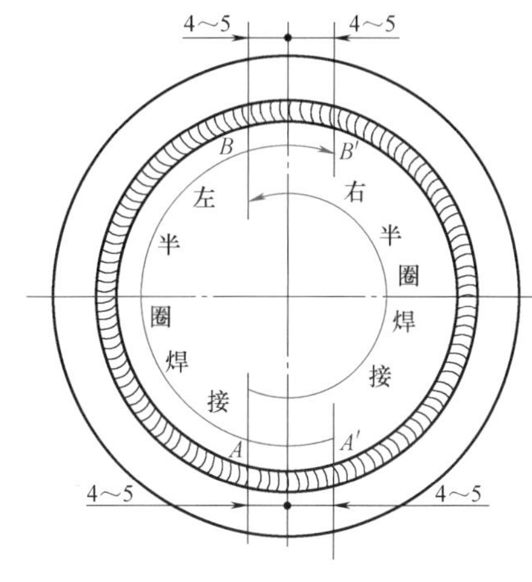

图 4-19　水平固定管焊接顺序示意图

2. 焊接位置及要求

水平固定，单面焊双面成形。

3. 焊接材料及设备

焊接材料：焊丝为 H08Mn2SiA，ϕ2.5mm；电极为铈钨极；氩气纯度为 99.99%。

焊接设备：直流手工 TIG 焊接 WS-300，正接。

4. 工具

角磨机、钢直尺、钢丝刷。

5. 劳动保护用品

防护眼镜、手套、工作服、防护鞋等。

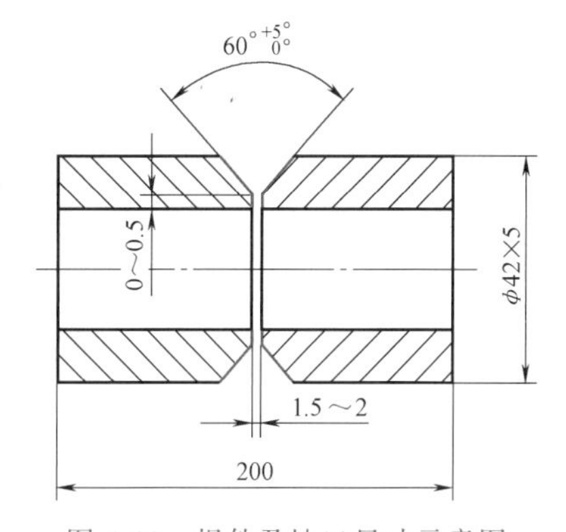

图 4-20　焊件及坡口尺寸示意图

6. 焊接参数

小径管对接水平固定位 TIG 焊焊接参数见表 4-10。

表 4-10　小径管对接水平固定位 TIG 焊焊接参数

焊接层次	焊接电流/A	电弧电压/V	氩气流量/(L/min)	钨极直径/mm	焊丝直径/mm	钨极伸出长度/mm	喷嘴孔径/mm
打底层	90~95	10~12	8~10	2.5	2.5	4~8	8
盖面层	95~100		6~8				

二、操作要点

1. 焊前清理

清理坡口及其正、反两面两侧 20mm 范围内和焊丝表面的油污、锈蚀，直至露出金属光泽，然后用丙酮进行清洗。

2. 装配与定位焊

(1) 装配　装配间隙在始焊端为 2mm，在终焊端为 3mm；错边量≤1mm；反变形量为 2°。

(2) 定位焊 将管子固定在水平位置，定位焊缝处于时钟钟面 12 点钟位置，间隙较小的一端处于时钟钟面 6 点钟位置，焊缝长度为 10~15mm，要求焊透，不得有焊接缺陷。

3. 打底焊

(1) 引弧 在管道横截面上相当于时钟 5 点位置（焊左半圈）和时钟 7 点位置（焊右半圈）引弧。引弧时，钨极端部应离开坡口面 1~2mm。引弧后先不加焊丝，待根部钝边熔化形成熔池后，填丝焊接。为使背面成形良好，熔化金属应送至坡口根部。为防止始焊处产生裂纹，始焊速度应稍慢并多填焊丝，以使焊缝加厚。

(2) 送丝 在管道根部横截面上，一般在焊接下部位置时常采用内填丝法，即焊丝处于坡口钝边内，如图 4-21 a 所示。在焊接横截面中、上部位置时，则应采用外填丝法，如图 4-21 b 所示。若全部采用外填丝法，则坡口间隙应适当减小，一般为 1.5~2.5mm。在整个施焊过程中，应保持等速送丝，焊丝端部始终处于氩气保护区内。

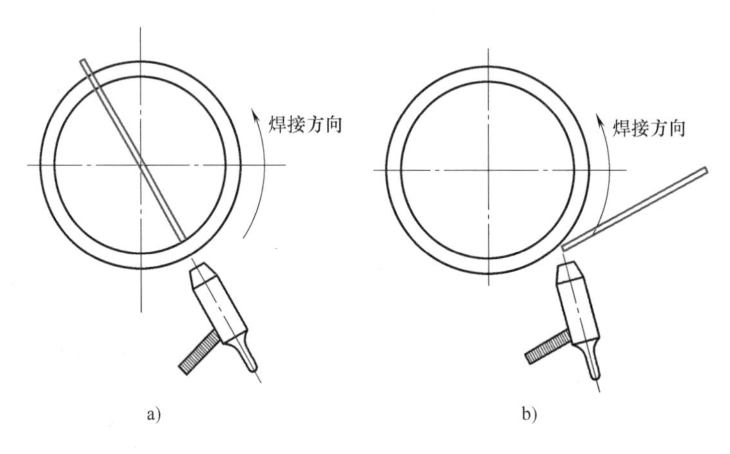

图 4-21 填丝方法示意图

a）内填丝法 b）外填丝法

钨极应垂直于管子的轴线，小径管对接水平固定焊焊枪与焊丝角度如图 4-22 所示。

(3) 焊接 引燃电弧，控制电弧长度为 2~3mm。此时，焊枪暂留在引弧处，待两侧钝边开始熔化时立刻送丝，使填充金属与钝边完全熔化并形成明亮清晰的熔池后，焊枪匀速上移。伴随连续送丝，焊枪同时做小幅度锯齿形横向摆动。仰焊部位送丝时，应有意识地将焊丝往根部“推”，使管壁内部的焊缝成形饱满，以避免根部凹坑。当焊至平焊位置时，焊枪略向后倾，焊接速度加快，以避免熔池温度过高而下坠。若熔池过大，可利用电流衰减功能，适当降低熔池温度，以避免仰焊位置焊缝出现凹坑或其他位置焊缝出现凸出。

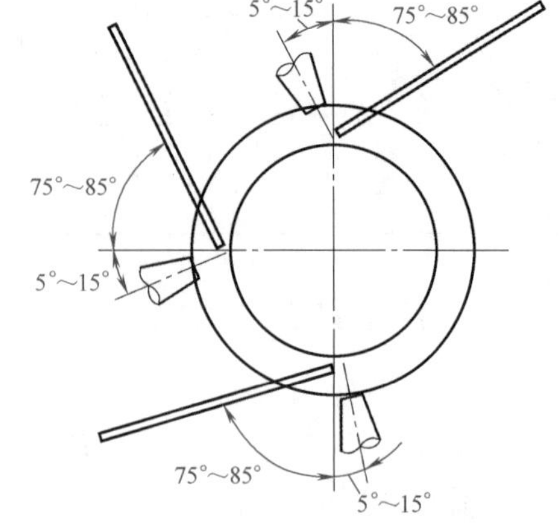

图 4-22 焊枪与焊丝角度示意图

(4) 接头 若施焊过程中断或更换焊丝时，应先将收弧处焊缝打磨成斜坡状，在斜坡后约 10mm 处重新引弧，电弧移至斜坡内形成熔池时稍加焊丝，当焊至斜坡端部并出现熔孔后，立即送丝并转入正常焊接。焊至定位焊缝斜坡处接头时，电弧稍作停留，暂缓送丝，待熔池与斜坡端部完全熔化后再送丝。同时，焊枪应做小幅度摆动，使接头部位充分熔合，形成平整的接头。

（5）收弧　当焊至时钟12点位置时，应暂时停止焊接。收弧时，应向熔池送入2~3滴填充金属使熔池饱满，同时将熔池逐步过渡到坡口侧；然后切断控制开关，电流衰减、熔池温度逐渐降低，熔池由大变小，形成椭圆形。电弧熄灭后，应延长对收弧处的气体保护，以避免氧化、出现弧坑裂纹及缩孔。

对接水平固定小径管焊完一侧后，焊工转到管子的另一侧位置。焊前，应首先将定位焊缝除掉，将收弧处和起弧处修磨成斜坡状并清理干净后，在时钟7点位置处引弧。仰焊部位的接头方法与上述接头焊相同，其余部位的焊接方法与前半圈相同。当焊至前半圈焊缝的收尾并接头后，应继续往前焊至与前半圈焊缝重叠5~10mm。

4. 盖面焊

除焊枪做横向摆动的幅度稍大、焊接速度稍慢外，其余与打底焊时相同。

5. 焊后清理检查

焊接结束后，关闭焊机，用钢丝刷清理焊缝表面；肉眼或用低倍放大镜检查焊缝表面是否有气孔、裂纹、咬边等缺陷；用焊缝检验尺测量焊缝外观成形尺寸。

三、焊接操作注意事项

1）应采取短弧焊接，电弧要保持稳定，钨极端部不得与熔池接触，以防造成夹钨缺陷。

2）焊丝与钨极端部不得相碰，焊丝端部应始终处于气体保护区之内，以防焊丝端部被氧化。

3）随时注意焊接电流的大小、气体的流量、钨极端部的纯度和焊丝使用状态（残余长度）等。

4）收尾处电弧要延缓熄灭，熔池填满后，把电弧引至坡口上，快速收弧，然后关闭氩气。

5）每条焊缝不应一层焊完，即不得少于两层，否则，既不能保证根部焊透，内部也易出现缺陷，且外表也不美观。

6）手工TIG焊焊接次层焊道时，应将氩气的压力和流量调小一些，以防止翻浆。

第五章　熔化极气体保护电弧焊

熔化极气体保护电弧焊是利用外加的气体作为电弧介质并保护电弧和焊接区、利用焊丝作熔化电极的电弧焊。如果保护气体采用惰性气体，如氩气，称为熔化极惰性气体保护焊，简称 MIG 焊。如果是在惰性气体中含有一定量的氧化性气体，如 CO_2、O_2，则称为熔化极活性混合气体保护焊，简称 MAG 焊。MIG 焊是目前常用的电弧焊方法之一。在焊接结构生产中，特别是在高合金材料和有色金属及其合金材料的焊接生产中，MIG 焊占有很重要的地位。

第一节　MIG 焊概述

学习目标

1）熟知 MIG 焊的工作原理。
2）熟知 MIG 焊的工艺特点。
3）了解 MIG 焊的应用。

一、MIG 焊的工作原理

MIG 焊的工作原理如图 5-1 所示。电弧所用电能由焊接电源供给，焊接电流经焊枪中的

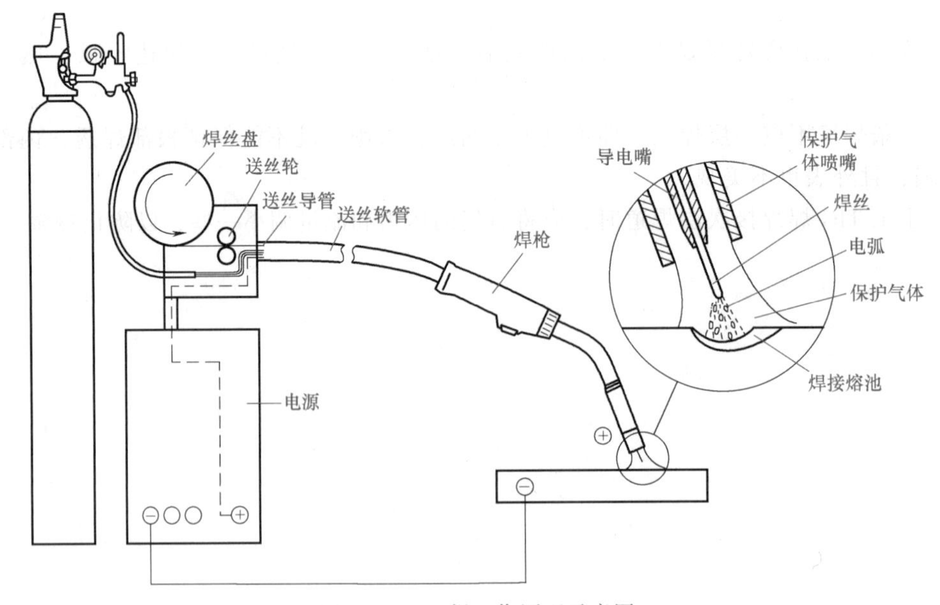

图 5-1　MIG 焊工作原理示意图

导电嘴传导到焊丝。焊丝由焊丝盘供给，送丝轮推动焊丝穿入送丝导管而进入焊枪。电弧在焊件与焊丝之间引燃。焊丝由送丝机构连续送进。与此同时，焊丝周围喷出氩气、氦气或它们的混合气体，以保护焊丝、电弧和熔池免受周围空气的影响。在焊接过程中焊丝不断熔化并过渡到熔池中而形成焊缝。

二、MIG 焊的工艺特点

由于 MIG 焊通常采用惰性气体作为保护气体，与 CO_2焊、钨极氩弧焊相比，它具有如下一些特点。

1. MIG 焊的优点

（1）焊接质量好　与 CO_2焊相比，熔化极氩弧焊电弧状态稳定，熔滴过渡平稳，飞溅很少。由于惰性气体不与熔化金属发生冶金反应，可避免氧化和氮化，保护效果好，因此能获得较为纯净及高质量的焊缝。

（2）焊接效率高　由于采用焊丝作电极，克服了钨极熔化和烧损的限制，焊接电流可大大提高，母材熔深大，焊丝熔化速度快，所以一次焊接的焊缝厚度显著增加。例如对于铝及铝合金，当焊接电流为 450~470A 时，焊缝的厚度可达 15~20mm。

（3）焊接范围广　几乎所有的金属都可以进行 MIG 焊，且特别适合焊接化学性质活泼的金属和合金。MIG 焊不仅能焊薄板也能焊厚板，特别适合于中等和大厚度焊件的焊接。

（4）焊接过程易于实现自动化　熔化极氩弧焊的电弧是明弧，焊接过程参数稳定，易于检测和控制，因此容易实现自动化。

2. MIG 焊的缺点

（1）焊接准备工作要求严格　MIG 焊的缺点在于无脱氧去氢作用，对母材及焊丝上的油、锈很敏感，易形成缺陷，所以对母材及焊丝的表面清理要求特别严格。

（2）不适于野外作业　惰性气体保护焊的抗风能力差，在野外作业时需要采取防护措施。

（3）焊接成本高　由于采用氩气或氦气作保护气体，气体价格贵，焊接成本相对较高。

三、MIG 焊的适用范围

1. 金属材料范围

MIG 焊几乎可以焊接所有金属，如低碳钢、低合金钢、耐热钢、不锈钢、有色金属及其合金。但由于惰性气体生产成本高，价格贵，所以目前 MIG 焊主要用于有色金属及其合金、不锈钢及某些合金钢的焊接，尤其是中、厚板的铝合金结构。低熔点或低沸点金属材料，如铅、锡、锌等，不宜采用 MIG 焊。

2. 材料厚度范围

可焊的金属厚度范围很广，最薄约 1mm，最厚几乎没有限制。

3. 焊接位置范围

MIG 焊可分为半自动和自动两种。自动 MIG 焊适用于较规则的纵缝、环缝及水平位置的焊接；半自动 MIG 焊可进行全位置焊接，其中平焊和横焊位置焊接效率最高。

习　题

一、填空题

1. MIG 焊是利用外加的________作为电弧介质、利用________作为熔化电极的电弧焊，常用的惰性气体为________。

2. MIG 焊可以焊接________、________、________、________、______________。

二、单选题

1. 熔化极惰性气体保护电弧焊的代表符号是（　　）。

A. MIG　　B. TIG　　C. MAG　　D. PMIG

2. 对 MIG 焊的描述有误的是（　　）。

A. 以钨极作为电极

B. 用外加气体作为电弧介质

C. 外加气体保护金属熔滴、焊接熔池和焊接区高温金属

D. 以焊丝与焊件之间燃烧的电弧作为热源

三、判断题

1. MIG 焊时，由于采用焊丝作电极，可采用高密度电流。（　　）

2. MIG 焊不仅能焊薄板也能焊厚板，特别适合于中等和大厚度焊件的焊接。（　　）

四、简答题

简述 MIG 焊的特点。

第二节　MIG 焊的焊接材料选用

学习目标

1）熟知保护气体的性质及要求。

2）熟知焊丝选用原则。

MIG 焊的焊接材料主要包括保护气体和焊丝。

一、保护气体的选用

1. 保护气体的种类

MIG 焊常用的保护气体有氩气、氦气、氩-氦混合气、氩-氮混合气等。其中氩气、氦气的性质、储存和使用与 TIG 焊时的相同。

在实际的焊接结构生产中，为了适应不同金属材料和焊接工艺的需要，经常采用混合气体作保护气体，以弥补用单一气体作保护气体时在某些性能上的不足。

(1) 氩-氦混合气　采用氩-氦混合气具有氩气和氦气所有的优点，如电弧功率大、温度高、熔深大等，可用于焊接导热性强、厚度大的有色金属，如铝、钛、锆、镍、铜及其合金。在焊接大厚度铝及铝合金时，可改善焊缝成形、减少气孔及提高焊接生产率。氦气所占

的比例随着焊件厚度的增加而增大。在焊接铜及其合金时，氦气所占比例一般为50%～70%（体积分数）。

（2）氩-氮混合气 氮气与铜及其合金不起化学作用，因而对于铜及其合金，氮气相当于惰性气体，可用于铜及其合金的焊接。氮气是双原子气体，热导率比氩气、氦气高，弧柱的电场强度也较高，因此电弧热功率和温度可大大提高，焊铜时可降低预热温度或取消预热。氮气可单独使用，也常与氩气混合使用。与同样用于焊接铜的氩-氦混合气比较，氮气来源广泛，价格便宜，焊接成本低，但焊接时有飞溅，外观成形不如氩-氦混合气保护时好。

2. 保护气体的选择

喷射过渡时所用保护气体及适用范围见表5-1。

表5-1 喷射过渡时所用保护气体及适用范围

被焊材料	保护气体（体积分数）	焊件厚度/mm	特 点
铝及铝合金	Ar	0～25	较好的熔滴过渡，电弧稳定，飞溅极小
	35% Ar+65% He	25～75	热输入比采用纯氩时大，可改善铝合金的熔化特性，减少气孔
	25% Ar+75% He	76	热输入高，可增加熔深，减少气孔，适于焊接厚铝板
镁	Ar	—	良好的清理作用
钛	Ar	—	良好的电弧稳定性，焊缝污染小，在焊缝区域的背面要求惰性气体保护以防空气危害
铜及铜合金	Ar	≤3.2	能产生稳定的喷射过渡，有良好的润湿性
	Ar+(50%～70%)He	—	热输入比采用纯氩时大，可以降低预热温度
镍及镍合金	Ar	≤3.2	能产生稳定的喷射过渡、脉冲喷射过渡及短路过渡
	Ar+(15%～20%)He	—	热输入比采用纯氩时大

二、焊丝的选用

1. 焊丝成分的选择

根据被焊金属对填充金属的要求，MIG焊焊丝有低碳钢焊丝、低合金钢焊丝、不锈钢焊丝、铜及铜合金焊丝、铝及铝合金焊丝、镍及镍合金焊丝等。

（1）低碳钢及低合金钢焊丝 低碳钢及低合金钢焊丝按照强度级别和成分类型命名。常采用低Mn、低Si焊丝。其他化学成分可以与母材一致，也可以有若干差别。

低合金钢焊丝中添加Mn、Ni、Mo、Cr等合金元素，以满足焊缝金属力学性能的要求。

（2）不锈钢焊丝 焊丝成分应与被焊的不锈钢成分基本一致。焊接铬不锈钢时可采用H06Cr14、H12Cr13、H10Cr17等焊丝；焊接铬镍不锈钢时，可采用H06Cr19Ni10、H08Cr19Ni10Ti等焊丝；焊接超低碳不锈钢时，应采用相应的超低碳焊丝，如H022Cr19Ni10等。

（3）铝及铝合金焊丝 完整的焊丝型号由三部分组成。第1部分为字母“SAl”，表示铝及铝合金焊丝；第2部分为四位数字，表示焊丝型号；第3部分为可选部分，表示化学成分代号，如SAl 4043（AlSi5）、SAl 4047（AlSi12）等。选择铝及铝合金焊丝时，主要根据母材的种类、接头抗热裂性能、力学性能及耐蚀性等要求。一般焊接铝及铝合金时都采用与母材成分相同或相近的焊丝，以获得较好的耐蚀性。但焊接热裂倾向大的热处理强化铝合金时，选择焊丝主要从解决抗裂性入手，这时焊丝的成分与母材差别很大。

（4）镍及镍合金焊丝 完整的焊丝型号由三部分组成。第1部分为字母“SNi”，表示镍及镍合金焊丝；第2部分为四位数字，表示焊丝型号；第3部分为可选部分，表示化学成分代号，如 SNi 1001（NiMo28Fe）、SNi 6012（NiCr22Mo9）等。

（5）铜及铜合金焊丝 完整的焊丝型号由三部分组成。第1部分为字母“SCu”，表示铜及铜合金焊丝；第2部分为四位数字，表示焊丝型号；第3部分为可选部分，表示化学成分代号，如 SCu 4700（CuZn40Sn）、SCu 6800（CuZn40Ni）等。

2. 焊丝的规格

MIG 焊使用的焊丝直径一般为 0.8~2.5mm。焊丝直径小，焊丝的表面积与体积的比值大，即焊丝加工过程中进入焊丝表面的拔丝剂、油或其他的杂质较多。这些杂质可能引起气孔、裂纹等缺陷，因此焊丝使用前必须进行严格的清理。另外，由于焊丝需要连续而流畅地通过焊枪进入焊接区，所以，焊丝一般以焊丝卷或焊丝盘的形式供应。

习　题

一、填空题

1. MIG 焊的焊接材料主要包括________和________。

2. MIG 焊常用的保护气体有________、________、________、________等

二、单选题

1. MIG 焊所用惰性气体的作用是（　　）。

A. 改善焊缝力学性能　　B. 渗合金

C. 保护焊接区　　D. 脱氧

2. MIG 焊时，只要保护效果好，合金元素（　　）烧损。

A. 几乎全部　　B. 约 1/2　　C. 几乎没有　　D. 没有

三、判断题

1. 含氦 60%~90%（体积分数）的氩-氦混合气 MIG 焊，短路过渡时电弧产热大，热输入高。（　　）

2. 焊接铜及铜合金时可用氩-氮混合气作为保护气体。（　　）

四、简答题

简述 MIG 焊时焊丝如何选择。

第三节　MIG 焊的焊接工艺

学习目标

1）熟知 MIG 焊的熔滴过渡形式。

2）掌握 MIG 焊的焊接参数的选择。

一、熔滴过渡的形式

MIG 焊中存在的熔滴过渡形式主要有短路过渡、喷射过渡、粗滴过渡、亚射流过渡。熔滴过渡的形式主要取决于焊接电流和电弧电压，如图 5-2 所示。生产中使用最广泛的是喷射过渡。

1. 短路过渡

短路过渡时电弧电压较低，电弧功率比较小，通常仅用于薄板焊接。

2. 喷射过渡

由大滴向小滴转变的电流称为临界电流，当焊接电流大于临界电流时得到喷射过渡。在临界电流之上，熔滴直径很细小，仅为焊丝直径的 1/5~1/3，这时电弧呈锥形，焊丝端头呈铅笔尖状，形成明显的轴向性很强的液体流束，如图 5-3 所示。

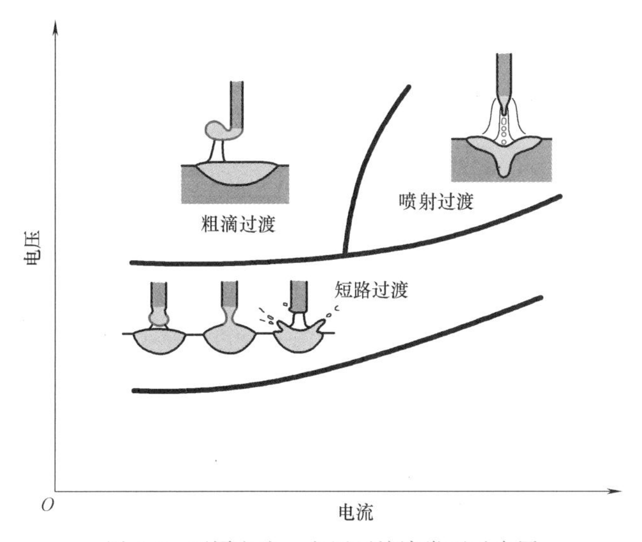

图 5-2　不同电流、电压下熔滴类型示意图

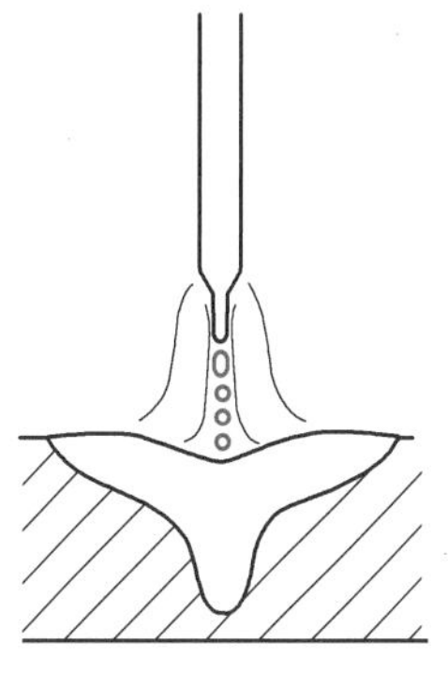

图 5-3　喷射过渡示意图

临界电流的大小与焊丝直径大致成正比，而与焊丝伸出长度成反比。同时还与焊丝材料和保护气体成分密切相关。常用金属材料的临界电流见表 5-2。

表 5-2　各种焊丝的大滴-喷射过渡转变的临界电流

焊丝种类	焊丝直径/mm	保护气体(体积分数)	临界电流最小值/A
低碳钢	0.8	98%Ar+2%O_2	150
低碳钢	0.9	98%Ar+2%O_2	165
不锈钢	0.9	99%Ar+1%O_2	170
铝	1.2	Ar	135
脱氧铜	0.9	Ar	180
硅青铜	0.9	Ar	165

喷射过渡时，过渡频率快，飞溅少，电弧稳定，热量集中，对焊件的穿透力强，可得到焊缝中心部位熔深明显增大的指状焊缝。因喷射过渡熔滴细小，过渡频率及速度都较高，通常也称为射流过渡。喷射过渡适合焊接厚度较大（δ>3mm）的焊件，不适宜焊接薄板。

3. 粗滴过渡

在电流低于喷射过渡电流，电压高于短路过渡电压的区间内，有一个混合区，在该区间内，熔滴的尺寸大于焊丝的直径，形成粗滴过渡。采用粗滴过渡时所形成的焊缝易出现未熔合、未焊透、余高过大等缺陷，因此应避免粗滴过渡。

4. 亚射流过渡

焊接铝及铝合金时，常采用较小的电弧电压，其熔滴过渡是介于短路过渡和喷射过渡之间的一种特殊形式，习惯上称为亚射流过渡。喷射过渡和亚射流过渡的比较如图 5-4 所示。

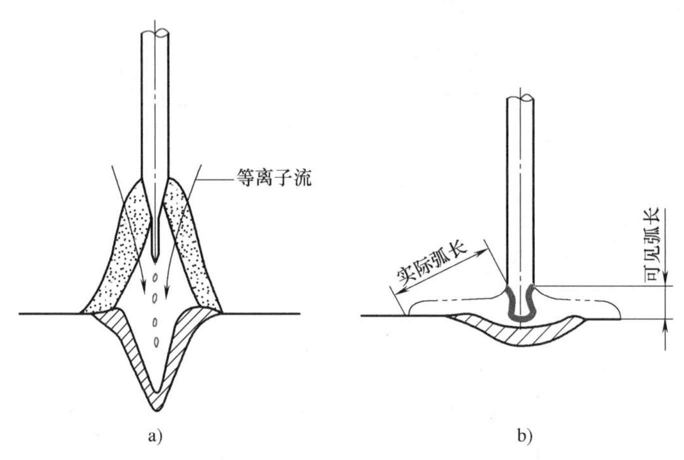

图 5-4 喷射过渡和亚射流过渡的电弧形态及熔池形状比较

a）喷射过渡 b）亚射流过渡

亚射流过渡时电弧电压较小，弧长较短，当熔滴长大即将以喷射过渡形式脱离焊丝端部时，即与熔池短路接触，电弧熄灭，熔滴在电磁力及表面张力的作用下产生缩颈而断开，电弧复燃，完成熔滴过渡。

亚射流过渡时，短路之前有缩颈，短路电流小、时间短，飞溅小，过渡平稳。亚射流过渡只在铝合金 MIG 短弧焊时发生。

MIG 焊时的熔滴过渡形式与所适用的范围见表 5-3。

表 5-3 MIG 焊时的熔滴过渡形式与所适用的范围

焊接电流/A	焊丝直径/mm	熔滴过渡形式	适用范围
200~500	0.9~1.6	喷射过渡或亚射流过渡	中板、厚板焊接(平焊、水平角焊)
	0.9~1.2	短路过渡	薄板、中板全位置焊接
200~400(脉冲)	0.9~1.6	脉冲喷射过渡	薄板、中板全位置焊接
100~125(细丝)	0.4~0.8	短路过渡	薄板全位置焊接

二、焊接参数的选择

MIG 焊焊接参数主要有焊丝直径、焊接电流、电弧电压、焊接速度、焊丝位置、焊丝伸出长度、保护气体流量、喷嘴至焊件的距离、电流种类和极性等。

1. 焊丝直径

应根据焊件的厚度及施焊位置来选择焊丝直径。细焊丝（直径≤1.2mm）以短路过渡为主，较粗焊丝以喷射过渡为主。细焊丝主要用于焊接薄板和全位置焊接，而粗焊丝多用于厚板平焊。焊丝直径的选择见表5-4。

表5-4　焊丝直径的选择

焊丝直径/mm	焊件厚度/mm	施焊位置	熔滴过渡形式
0.8	1～3	全位置	短路过渡
1.0	1～6		
1.2	2～12		
	中等厚度、大厚度	打底层	
1.6	2～12	平焊、横焊或立焊	喷射过渡
	中等厚度、大厚度		
2.0	中等厚度、大厚度		
3.2～5.6	中等厚度、大厚度	平焊、平角焊	

喷射过渡在平焊位置焊接大厚度板时，可采用直径为3.2～5.6mm的焊丝，这时焊接电流可调节到500～1000A。这种粗丝大电流的优点是熔透能力强、焊道层数少、焊接生产率高、焊接变形小。

2. 焊接电流

焊接电流是最重要的焊接参数，应根据焊件厚度、焊接位置、焊丝直径及熔滴过渡形式来选择。焊丝直径一定时，可以通过选用不同的焊接电流范围来获得不同的熔滴过渡形式，如要获得连续喷射过渡，焊接电流必须超过某一临界电流值。焊丝直径增大，其临界电流也会增加。

在焊接铝及铝合金时，为获得优质的焊接接头，MIG焊一般采用亚射流过渡，此时电弧发出"咝咝"声，兼有熔滴短路时的"啪啪"声，且电弧稳定，气体保护效果好，飞溅少，熔深大，焊缝成形美观，表面鱼鳞纹细密。

低碳钢MIG焊的典型焊接电流范围见表5-5。

表5-5　低碳钢MIG焊的典型焊接电流范围

焊丝直径/mm	焊接电流/A	熔滴过渡形式	焊丝直径/mm	焊接电流/A	熔滴过渡形式
1.0	40～150	短路过渡	1.6	270～500	喷射过渡
1.2	80～180		1.2	80～220(脉冲)	脉冲喷射过渡
1.2	220～350	喷射过渡	1.6	100～270(脉冲)	

3. 电弧电压

电弧电压主要影响熔滴的过渡形式及焊缝成形。要想获得稳定的熔滴过渡，除了正确选择合适的焊接电流外，还必须选择合适的电弧电压与之相匹配。图5-5所示为MIG焊时电弧电压和焊接电流之间的关系。若超出图中所示范围，容易产生焊接缺陷；如电弧电压过高，则可能产生气孔和飞溅；如电弧电压过低，则有可能短路。短路过渡时的电弧电压较低，喷射过渡时的电弧电压相对较高。

4. 焊接速度

焊接速度和焊接电流一定要密切配合。焊接速度不能过大，也不能过小，否则，很难获得满意的焊接效果。自动 MIG 焊的焊接速度一般为 25~150m/h，半自动 MIG 焊的焊接速度一般为 5~60m/h。

5. 焊丝位置

焊丝与焊缝的相对位置会影响焊缝成形。采用右焊法时，熔深比较深，而焊缝比较窄，如图 5-6a 所示。采用左焊法时，熔深比较浅，而焊缝比较宽，如图 5-6c 所示。采用垂直焊法时则介于两者之间，如图 5-6b 所示。对于半自动 MIG 焊，焊接时一般采用左焊法，焊接速度比较快，便于操作者观察熔池。

当焊丝倾角在 15°~20°之间时熔深最大，因此焊枪倾角一般不超过 25°。

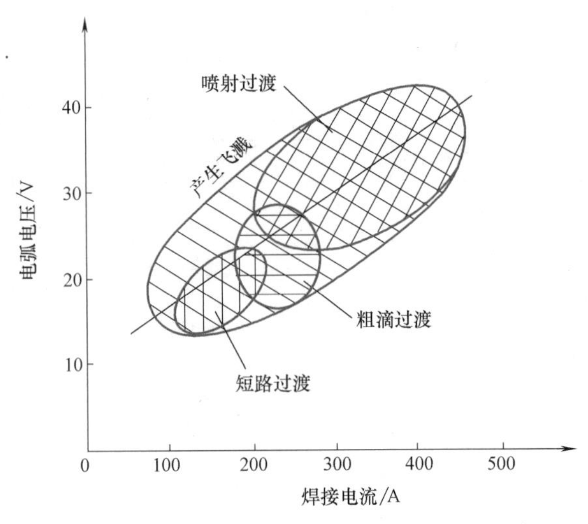

图 5-5 MIG 焊时电弧电压和焊接电流之间的关系

6. 焊丝伸出长度

焊丝伸出长度一般为焊丝直径的 10~15 倍。焊丝伸出长度过长会导致电弧电压下降，熔敷金属过多，焊缝成形不良，熔深减小，电弧不稳定，尤其是在起弧时，会产生焊瘤。焊丝伸出长度过短，则电弧易烧损导电嘴，且金属飞溅易堵塞喷嘴。

7. 保护气体流量

为了得到层流的保护气流，加强保护效果，需采用结构设计合理的焊枪和合适的气体流量。气体流量过大或过小皆会造成紊流。由于 MIG 焊对熔池的保护要求较高，如果保护不良，焊缝表面便会起皱纹，所以喷嘴孔径及气体流量比钨极氩弧焊时要相应增大。通常喷嘴孔径为 20mm 左右，气体（氩气）流量也大，一般为 30~60L/min。

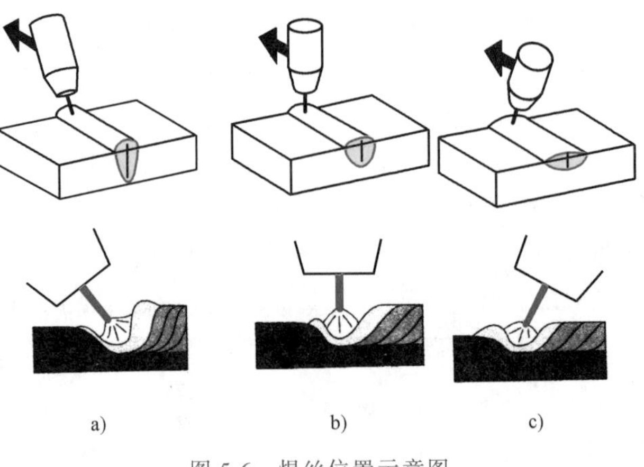

图 5-6 焊丝位置示意图

a）右焊法 b）垂直焊 c）左焊法

8. 喷嘴至焊件的距离

从气体保护效果方面来看，喷嘴至焊件的距离越近越好，但距离过近容易使喷嘴接触到熔池表面，恶化焊缝成形，且飞溅易损坏喷嘴。喷嘴至焊件的距离应根据焊接电流大小选择，见表 5-6。

表 5-6 喷嘴至焊件的距离推荐值

焊接电流/A	<200	200~250	350~500
喷嘴高度/mm	10~15	15~20	20~25

9. 电流种类和极性

MIG 焊采用直流反接法。其优点是熔滴过渡稳定，熔深大，且阴极雾化效应大，如图 5-7 所示。

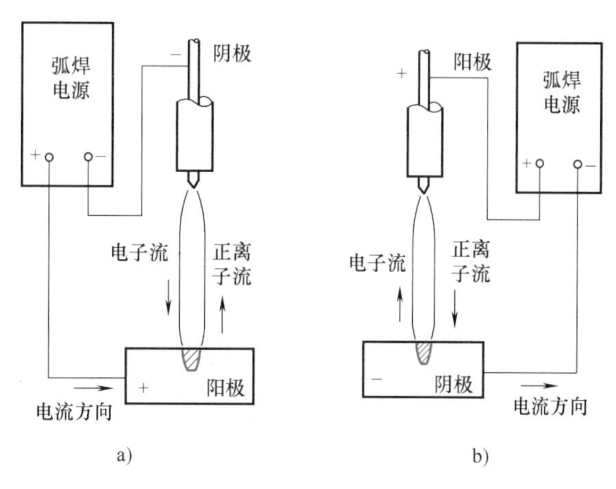

图 5-7 MIG 焊极性及接线法

a）直流正接法 b）直流反接法

综上所述，在选择 MIG 焊焊接参数时，应先根据焊件厚度、坡口形状选择焊丝直径，再由熔滴过渡形式确定焊接电流，并配以合适的电弧电压，其他参数的选择应以保证焊接过程稳定及焊缝质量为原则。另外，在焊接过程中，焊前调整好的工艺参数仍需要随时进行调整，以便获得良好的焊缝成形。各焊接参数之间并不是独立的，而需要相互配合，以获得稳定的焊接过程及良好的焊接质量。

铝及铝合金 MIG 焊焊接参数见表 5-7。

表 5-7 铝及铝合金 MIG 焊焊接参数

母材牌号	焊丝牌号	焊件厚度/mm	坡口形式	坡口尺寸			焊丝直径/mm	喷嘴孔径/mm	氩气流量/(L/min)	焊接电流/A	电弧电压/V	焊接速度/(m/h)	备注
				钝边/mm	坡口角度	间隙/mm							
5A05	SAlMg5	5					2.0	22	28	240	21~22	42	单面焊双面成形
1050A	1060	6	V	—	—	0~0.5	2.5	22	30~35	230~260	26~27	25	正反面均焊 1 层
		8	V	4	100°	0~0.5	2.5	22	30~35	300~320	26~27	24~28	
		10	V	6	100°	0~1	3.0	28	30~35	310~330	27~28	18	
		12	V	8	100°	0~1	3.0	28	30~35	320~340	2~829	15	
		14	V	10	100°	0~1	4.0	28	40~45	380~400	29~31	18	
		16	V	12	100°	0~1	4.0	28	40~45	380~420	29~31	17~20	
		20	V	16	100°	0~1	4.0	28	50~60	450~500	29~31	17~19	
		25	V	21	100°	0~1	4.0	28	50~60	490~550	29~31	—	
		28~30	X	16	100°	0~1	4.0	28	50~60	560~570	29~31	13~15	
5A03	5A03	12	V	8	120°	0~1	3.0	22	30~35	320~350	28~30	24	
		18	V	14	120°	0~1	4.0	28	50~60	450~470	29~30	18.7	
		20	V	16	120°	0~1	4.0	28	50~60	450~470	28~30	18	
		25	V	16	120°	0~1	4.0	28	50~60	490~520	29~31	16~19	
2A11	SAlSi5	50	X	6~8	75°	0~0.5	4.2	28	50	450~500	24~27	24~27	也可采用双面 U 形坡口，钝边 6~8mm

习　题

一、填空题

1. MIG 焊中存在的熔滴过渡形式主要有________、________、________。生产中采用最广泛的是________。

2. MIG 焊焊接参数主要有________、________、________、________、________、________和焊接速度等。

二、单选题

1. MIG 焊时，当焊接电流比短路过渡时的电流大，但比相应的喷射过渡临界电流小，电弧电压较高时，熔滴呈粗大颗粒状向熔池自由过渡的形式叫（　　）。

A. 粗滴过渡　　B. 轴向粗滴过渡　　C. 非轴向粗滴过渡　　D. 喷射过渡

2. MIG 焊时，为获得最高的短路频率，要有一个最佳的（　　）范围。

A. 电弧电压　　B. 电流　　C. 短路电流　　D. 短路电阻

3. MIG 焊时，喷射过渡产生于（　　）时。

A. 超过产生跳弧的临界电流　　B. 电流过小

C. 电流较小　　D. 使用交流电流

4. MIG 焊时，亚射流过渡应用于焊接（　　）。

A. 全部有色金属　B. 不锈钢　　C. 铜及其合金　　D. 铝及其合金

5. 采用 MIG 焊焊接碳钢中厚板平位对接接头时，选用实心焊丝，可选择（　　）熔滴过渡方式，焊接工作效率最高。

A. 短路过渡　　B. 半短路过渡　　C. 射流过渡　　D. 粗滴过渡

三、判断题

1. 射流过渡就是喷射过渡。（　　）

2. MIG 焊可采用一种介于短路过渡和喷射过渡之间的一种特殊形式，称为亚射流过渡。（　　）

3. MIG 焊通常都采用直流正接，可获得较大的熔深和生产效率，需将正极与送丝机连接，负极接焊件。（　　）

四、简答题

简述 MIG 焊焊接参数如何选择。

第四节　熔化极活性混合气体保护焊（MAG 焊）

学习目标

1）掌握 MAG 焊的特点。

2）了解 MAG 焊的熔滴过渡形式。

3）熟知 MAG 焊常用混合气体及应用。

4）掌握 MAG 焊焊接参数的选择。

随着MIG焊应用的扩展，仅以氩气（Ar）或氦气（He）作为保护气体难以满足需要，因而发展了在惰性气体中加入一定量活性气体（如O_2、CO_2）等作为保护气体的熔化极电弧焊方法，通常称为熔化极活性混合气体保护焊，简称MAG焊。

一、MAG焊的特点

1. MAG焊与纯氩弧焊相比的特点

（1）提高焊接生产率　在Ar中加入CO_2或O_2后，加剧了电弧区的氧化反应，氧化反应放出的这部分热量，可以使母材熔深增加，焊丝的熔化系数提高，有利于提高焊接生产率。

（2）改善焊缝断面形状及外观成形，消除焊接缺陷　用纯Ar焊接不锈钢、低碳钢及低合金钢时，液体金属的黏度及表面张力较大，易产生气孔。焊缝金属的润湿性差，焊缝两侧容易形成咬边等缺陷。由于阴极漂移现象，电弧根部不稳定，会引起焊缝熔深及焊缝成形不规则。另外，纯Ar作保护气体时，焊缝的断面形状为蘑菇形，这种熔深的根部往往容易产生气孔。加入活性气体后，焊缝的断面形状变为深圆弧状，接头的力学性能好。

（3）稳定阴极斑点，提高电弧燃烧的稳定性　用纯Ar焊接不锈钢、低碳钢等金属时，电弧阴极斑点不稳定，产生所谓阴极漂移现象，加入活性气体O_2或CO_2后，阴极漂移现象可被消除。

（4）降低了焊接成本　由于加入一定量的较便宜的CO_2气体，降低了焊接成本。但CO_2的加入提高了产生喷射过渡的临界电流，会引起熔滴和熔池金属的氧化及合金元素的烧损。

2. MAG焊与CO_2焊相比的特点

1）由于电弧温度高，易形成喷射过渡，故电弧燃烧稳定，飞溅减少，熔敷系数提高，节省焊接材料，焊接生产率提高。

2）由于大部分气体为惰性气体，对熔池的保护性能较好，焊缝气孔产生概率下降，接头力学性能有所提高。

3）焊缝成形好，焊缝平缓，焊波细密、均匀美观，但成本较CO_2焊提高。

二、熔滴过渡的形式

MAG焊按其工艺特点，熔滴过渡可分为3种形式：短路过渡、粗滴过渡和喷射过渡。

1. 短路过渡

短路过渡发生在MAG焊采用细焊丝和小电流的条件下。这种过渡形式产生小而快速凝固的焊接熔池，适合于焊接薄板、全位置焊。

2. 粗滴过渡

在直流反接的情况下，无论是哪种保护气体，在较小电流、电弧长度足够大时都能产生粗滴过渡。粗滴过渡的特征是熔滴直径大于焊丝直径。在平焊位置，在惰性气体为主的保护介质中，平均电流等于或略高于短路过渡所用的电流时，就能获得粗滴轴向过渡。

3. 喷射过渡

用高氩保护气体保护能产生稳定的、无飞溅的轴向喷射过渡。它要求直流反接和电流在临界值以上。

三、混合气体的选用

1. $Ar+O_2$

$Ar+O_2$混合气体可分为两种类型：一种为 Ar+（1%~5%，体积分数，后同）O_2，用于焊接不锈钢等高合金钢及级别较高的高强度钢；另一种为 80%Ar+ 20%O_2，用于焊接低碳钢及低合金结构钢。焊接不锈钢时，O_2的含量不应超过 2%，否则焊缝表面氧化严重，接头质量下降。采用 80%Ar +20%O_2焊接低碳钢和低合金结构钢时，抗氮气孔的性能比采用Ar+ 20%CO_2及纯 CO_2焊好，焊缝的韧性较采用 Ar+CO_2混合气焊接的焊缝稍有提高。

2. $Ar+CO_2$

$Ar+CO_2$混合气体既具有氩气的优点，如电弧稳定性好、飞溅小、很容易获得轴向喷射过渡等，同时又具有氧化性，克服了单一氩弧焊时的阴极漂移现象及焊缝成形不好的问题。常用的配比为 Ar+(20%~30%)CO_2，用来焊接低碳钢和低合金钢。用 Ar+CO_2混合气体焊接不锈钢时，CO_2的比例不能超过 5%，否则，焊缝金属有增碳的可能，从而会降低接头的耐蚀性。

3. $Ar+CO_2+O_2$

80%Ar+15%CO_2+5%O_2混合气体用于焊接低碳钢、低合金钢是最佳的。焊缝成形、接头质量、金属熔滴过渡和电弧稳定性方面都比上述两种混合气体保护焊效果好。

常用活性混合气体的特点及应用范围见表 5-8。

表 5-8 常用活性混合气体的特点及应用范围

被焊材料	保护气体(体积分数)	特点和应用范围
低碳钢、低合金钢	Ar+(1%~5%)O_2	采用喷射过渡，使熔滴细化，降低了喷射过渡的临界电流值，提高了熔池的氧化性，提高了抗氮气孔的能力，降低了焊缝含氢量、含氧量及夹杂物，提高了焊缝的塑性及抗冷裂的能力。用于焊缝要求较高的场合
	Ar+20%O_2	
	Ar+(20%~30%)CO_2	可采用各种过渡形式，飞溅小，电弧稳定，焊缝成形好，有一定的氧化性，克服了单一 Ar 保护时的阴极漂移及金属黏稠的现象，改善了蘑菇形熔深，焊缝力学性能优于纯 Ar 保护
	Ar+15% CO_2+ 5%O_2	可采用各种过渡形式，飞溅小，电弧稳定，焊缝成形好，有较好的焊接质量，焊缝断面形状及熔深理想。是焊接低碳钢及低合金钢的最佳混合气体
不锈钢、高强度钢	Ar+(1%~5%)O_2	提高了熔池的氧化性，降低了焊缝金属含氢量，增大熔深，成形好，液体金属黏度及表面张力有所降低，不易产生气孔及咬边，克服了阴极漂移现象
	Ar+ CO_2(≤5%)	提高了氧化性，熔深大，焊缝成形较好，但焊缝可能有少量增碳

四、焊接参数的选择

MAG 焊焊接参数主要包括：焊丝的选择、焊接电流、电弧电压、焊丝伸出长度、气体流量、焊接速度、保护气体、电源种类和极性等。

1. 焊丝的选择

MAG 焊时，由于保护气体有一定氧化性，必须使用含有 Si、Mn 等脱氧元素的焊丝。焊接低碳钢、低合金钢时常用 ER50-3、ER50-6、ER49-1 焊丝。

焊丝直径的选择与 MIG 焊相同，半自动焊时，常使用直径为 1.6mm 以下的焊丝施焊；当采用直径大于 2mm 的焊丝时，一般均采用自动焊。

2. 焊接电流

焊接电流是 MAG 焊的重要焊接参数，其大小应根据焊件的厚度、坡口形状、焊丝直径以及熔滴过渡形式来选择。当采用等速送丝焊机焊接时，焊接电流是通过送丝速度来调节的。

当所有其他参数不变时，送丝速度增加，焊接电流也随之增大，同时焊丝熔化速度以更高的速度增加。

3. 电弧电压

电弧电压的高低决定了电弧长短与熔滴的过渡形式。当焊接电流与电弧电压匹配良好时，电弧稳定、飞溅少、声音柔和、焊缝熔合情况良好。因此，只有当电弧电压与焊接电流匹配良好时，才能获得稳定的焊接过程。其他位置操作时，电弧电压和焊接电流的选择可按平焊位置进行适当衰减调整。

4. 焊丝伸出长度

焊丝伸出长度与 CO_2 焊基本相同，一般为焊丝直径的 10 倍左右。

5. 气体流量

气体流量也是一个重要参数。流量太小，起不到保护的作用；流量太大，由于紊流的产生，保护效果也不好，而且气体消耗量太大，成本增加。一般采用直径为 1.2mm 以下的焊丝半自动焊时，流量为 15L/min 左右。

6. 焊接速度

半自动焊的焊接速度全靠施焊者自行确定。焊速过快会产生很多缺陷，如未焊透、未熔合、焊道太薄、保护效果差、产生气孔等；但焊速太慢，又会导致焊缝过热，甚至烧穿、成形不良等。因此，操作者应在综合考虑板厚、电弧电压及焊接电流、焊接层次、坡口形状及大小、熔合情况和施焊位置等因素的基础上确定并调整焊接速度。

7. 保护气体

保护气体的选择首先应考虑母材金属的种类、电弧的稳定性、焊缝成形、飞溅量、熔合比及合金元素的氧化与烧损、获得保护气体的难易程度及气体成本等，其次应考虑熔滴过渡类型。对于同一焊件，因采用熔滴过渡形式不同，使用的混合气体也不同，见表 5-9。

表 5-9　熔滴过渡形式与混合气体的配比及特点

钢种	熔滴过渡形式	混合气体(体积分数)	特　点
低碳钢	短路过渡	75%Ar +25%CO_2	适用于厚度小于 3mm 的薄板且不要求全焊透的高速焊，变形小，飞溅小
		Ar +50%CO_2	适用于焊接厚度大于 3mm 的板材，飞溅小，全位置焊时容易控制熔池
	喷射过渡	Ar+(1%~5%)O_2或 Ar+(10%~20%)CO_2	电弧稳定，熔池流动性好，飞溅小，成形良好，可比纯 Ar 保护时焊速高
低合金钢	短路过渡	75%Ar +25%CO_2	韧性一般，塑性好，电弧稳定，飞溅小，成形良好
	喷射过渡	Ar+(1%~2%)O_2或 Ar+(20%~30%)CO_2	可消除咬边，韧性良好，熔深大

8. 电源种类和极性

MAG 焊与 CO_2焊一样，为了减少飞溅，一般均采用直流反接。

对于不锈钢，短路过渡和喷射过渡 MAG 焊焊接参数见表 5-10 和表 5-11。

表 5-10　不锈钢短路过渡 MAG 焊焊接参数

板厚/mm	坡口形式	焊丝直径/mm	焊接电流/A	电弧电压/V	送丝速度/(m/min)	保护气体(体积分数)	气体流量/(L/min)
1.6	I	0.8	85	21	4.5	90% Ar +7.5% He +2.5% CO_2	15
2.4			105	23	5.5		
3.2			125	24	7		

表 5-11　不锈钢喷射过渡 MAG 焊焊接参数

板厚/mm	坡口形式	焊丝直径/mm	焊接电流/A	电弧电压/V	送丝速度/(m/min)	保护气体(体积分数)	气体流量/(L/min)
3.2	I	1.6	225	24	3.3	98%Ar+2%O_2	15
6.4	V		275	26	4.5		16
9.5	V		300	28	6		16

习　题

一、填空题

1. MAG 焊的熔滴过渡可分为________、________和________。
2. MAG 焊常用混合气体有________、________、________。

二、单选题

1. MAG 焊焊接低碳钢时，采用富氩气体保护，最好选用（　　）型号焊丝。
   A. ER308LT1-1　B. ER308L　C. ER50-6　D. ER80-6
2. MAG 焊常用的 Ar+CO_2混合气体中，CO_2的体积分数一般是（　　）。
   A. 40%　B. 30%　C. 20%　D. 10%
3. MAG 焊焊接不锈钢时，可在保护气体中适当加入（　　），以减少焊接飞溅。
   A. Ar　B. He　C. H_2　D. O_2
4. 氩气和氧气的混合气体用于焊接低碳钢及低合金钢时，氧气的含量可达（　　）。
   A. 5%　B. 10%　C. 15%　D. 20%
5. 脉冲 MAG 焊时，选用较大电流，采用粗滴过渡形式，宜焊接中厚板（　　）。
   A. 平焊位置　B. 立焊位置　C. 仰焊位置　D. 所有位置

三、判断题

1. MAG 焊时，向 Ar 中加入 1%~5%（体积分数）的 O_2能明显改善电弧的稳定性。（　　）
2. MAG 焊时，采用氧化性混合气体保护时，会使焊缝氧化。（　　）
3. 在 Ar 中加入 O_2和 CO_2，会加剧电弧区中的氧化反应，母材熔深增加，焊丝的熔化系数提高。（　　）

四、简答题

简述 MAG 焊的特点。

第五节　熔化极脉冲氩弧焊

学习目标

1）掌握熔化极脉冲氩弧焊的特点。
2）熟知熔化极脉冲氩弧焊的熔滴过渡形式。
3）掌握熔化极脉冲氩弧焊焊接参数的选择。

熔化极脉冲氩弧焊是利用脉冲电弧来控制熔滴过渡的熔化极惰性气体保护焊。由于采用可控的脉冲电流取代恒定的直流电流，如图 5-8 所示，可以方便地调节电弧能量，控制焊丝的熔滴过渡，从而扩大了应用范围，提高了焊接质量，特别适合于热敏金属材料和薄、超薄板件及薄壁管子的全位置焊接。

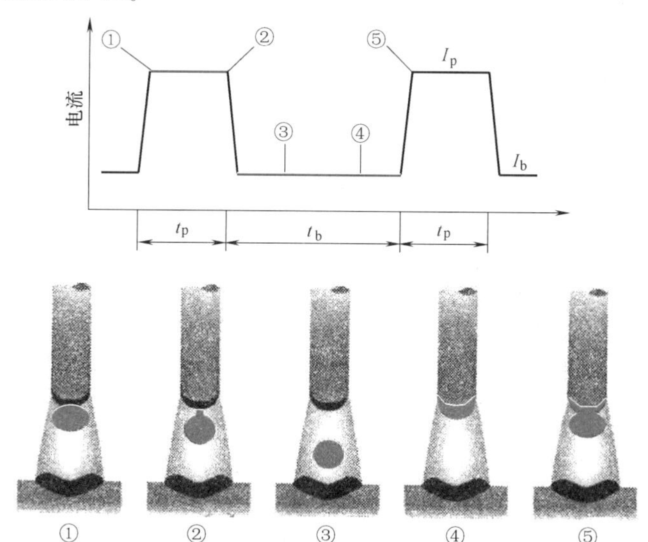

图 5-8　熔化极脉冲气体保护焊电流波形及熔滴过渡示意图

I_p—脉冲电流　I_b—基值电流　t_p—脉冲电流持续时间　t_b—基值电流持续时间

一、熔化极脉冲氩弧焊的特点

熔化极脉冲氩弧焊的焊接电流为脉冲电流。它与一般熔化极氩弧焊的主要区别是，利用脉冲弧焊电源代替了一般弧焊电源。熔化极脉冲氩弧焊具有如下优点。

1. 焊接参数的调节范围增大

熔化极脉冲氩弧焊可在平均电流小于临界电流的条件下获得喷射过渡，因此，能在高至几百安培，低至几十安培的范围内获得稳定的喷射过渡。这一范围覆盖了一般熔化极氩弧焊的短路过渡及喷射过渡的电流范围。因此，利用喷射过渡工艺，熔化极脉冲氩弧焊既可焊薄板，又可焊厚板。

2. 可有效地控制热输入

熔化极脉冲氩弧焊电流参数由原来的 1 个变为 4 个：基值电流 I_b、脉冲电流 I_p、脉冲电

流持续时间 t_p、脉冲电流间歇时间（即基值电流持续时间）t_b。通过调节这 4 个参数，可在保证焊透的条件下将焊接热输入控制在较低的水平，从而减小了焊接热影响区及焊件的变形。这对于热敏材料的焊接是十分有利的。

3. 有利于实现全位置焊接

利用熔化极脉冲氩弧焊可在较小的热输入下实现喷射过渡，熔池的体积小，冷却速度快。因此，熔池易于保持，不易流淌，而且焊接过程稳定，飞溅小，焊缝成形好。

4. 焊缝质量好

脉冲电弧对熔池具有强烈的搅拌作用，可改善熔池的结晶条件及冶金性能，有助于消除焊接缺陷，提高焊缝质量。

二、焊接工艺的选择

1. 熔滴过渡的形式

熔化极脉冲氩弧焊的熔滴过渡形式为脉冲喷射过渡。根据脉冲电流及其持续时间的不同，脉冲喷射过渡有 3 种过渡形式：一个脉冲过渡一滴（简称一脉一滴）、一个脉冲过渡多滴（简称一脉多滴）及多个脉冲过渡一滴（多脉一滴）。通过控制熔滴过渡可稳定焊接过程，改善焊缝成形，减少飞溅，提高焊接质量。

3 种过渡方式中，一脉一滴的工艺性能最好。一脉一滴一般是射滴过渡，熔滴大小均匀，与焊丝直径相当，过程稳定，有利于提高焊接质量，是一种比较理想的过渡形式。多脉一滴大多是大滴过渡形式，焊接电弧不稳定，飞溅大，焊接的工艺性能最差，实际应用很少。一脉多滴的熔滴过渡控制较为困难，过程不易稳定，因此也不是理想的过渡形式，但一脉多滴方式可以采用更大的焊接电流，得到更高的生产率、更大熔深和更好的工艺适应性。

由于一脉一滴的工艺范围很窄，焊接过程中难以保证，因此，目前主要采用的是一脉多滴及一脉一滴的混合方式。

2. 焊接参数的选择

熔化极脉冲氩弧焊的主要焊接参数有：脉冲电流、脉冲电流持续时间、基值电流、脉冲频率、脉宽比及焊接速度。选择熔化极脉冲氩弧焊焊接参数必须考虑母材的性能、种类以及焊缝的空间位置。

（1）脉冲电流 脉冲电流 I_p是决定熔池形状及熔滴过渡形式的主要参数。为了保证熔滴呈喷射过渡，必须使脉冲电流值高于连续喷射过渡的临界电流值，但也不能过高，以免出现旋转喷射过渡。

在平均电流和送丝速度不变的情况下，随着脉冲电流的增大，熔深也相应增大。反之，熔深减小。因此可以通过调节脉冲电流的大小来调节熔深的大小。随着焊件厚度的增加，为了保证焊缝根部焊透，脉冲电流也应增大。

（2）脉冲电流持续时间 脉冲电流持续时间和脉冲电流一样是控制母材热输入的主要参数。持续时间长，母材的热输入就大；反之，热输入就小。在其他参数不变的条件下，只改变脉冲电流和脉冲电流持续时间，就可获得不同的熔池形状。

脉冲电流与脉冲电流持续时间决定了熔滴过渡方式，如图 5-9 所示。这两个参数要适当配合，使（I_p，t_p）点位于图 5-9 中的一脉一滴临界曲线之上。

（3）基值电流 基值电流的主要作用是在脉冲电流间歇期间，维持电弧稳定燃烧；同

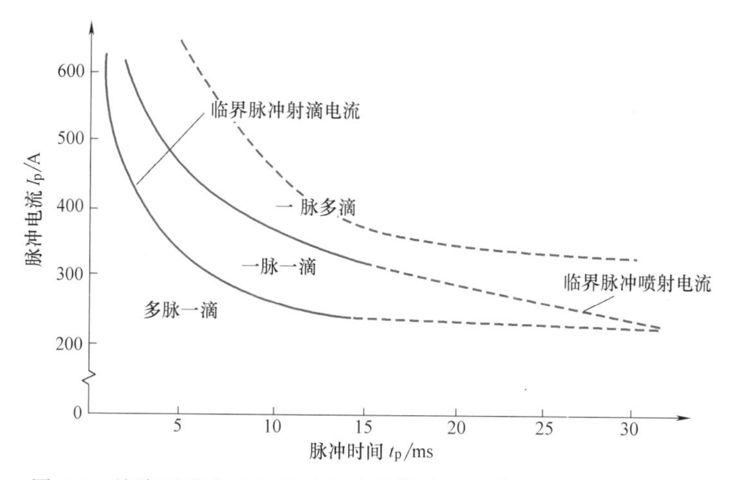

图 5-9 熔滴过渡方式与脉冲电流及脉冲电流持续时间之间的关系

时有预热母材和焊丝的作用，为脉冲电流期间熔滴过渡做准备。通过调节基值电流也可调节母材的热输入，即基值电流增大，母材热输入增加；反之，母材热输入减小。

在保证电弧稳定的条件下，尽量选择较低的基值电流，以突出熔化极脉冲氩弧焊的特点。基值电流过大，会导致脉冲焊接的特点不明显，甚至在间歇期间也可能有熔滴过渡现象发生；过小则电弧不稳定。

（4）脉冲频率 脉冲频率的大小主要由焊接电流决定，应该保证熔滴过渡形式呈喷射过渡，力求一个脉冲至少过渡一个熔滴。脉冲频率一般在 30~120Hz 范围内，频率过高，会失去脉冲焊接的特点；频率过低，焊丝易插入熔池，焊接过程不稳定。

脉冲频率通常根据焊接电流的大小来选择。电流较大时，脉冲频率应选得大些；焊接电流较小时，频率应选得小些。送丝速度一定时，脉冲频率越大，熔深越大。因此，焊接厚板时应选择较大的频率，焊接薄板时应选择较小的频率。

（5）脉宽比 脉宽比是脉冲电流持续时间和脉冲周期之比。脉宽比越小，脉冲焊的特征越明显，而脉宽比过小则易导致电弧不稳定。因此，脉宽比一般取 25%~50%。全位置焊接、薄板及热敏材料的焊接均要求脉宽比小一些。

不锈钢熔化极脉冲氩弧焊的焊接参数见表 5-12。

表 5-12 不锈钢熔化极脉冲氩弧焊的焊接参数

板厚/mm	坡口形式	焊接位置	焊丝直径/mm	脉冲电流/A	平均电流/A	电弧电压/V	焊接速度/(cm/min)	气体流量/(L/min)
1.6	I	水平	1.2	120	65	22	60	20
1.6	I	横	1.2	120	65	22	60	20
1.6	60°V	立	0.8	80	30	20	60	20
1.6	I	仰	1.2	120	65	22	70	20
3.0	I	水平	1.2	200	70	25	60	20
3.0	I	横	1.2	200	70	24	60	20
3.0	60°V	立	1.2	120	50	21	60	20
3.0	I	仰	1.6	200	70	24	65	20

（续）

板厚/mm	坡口形式	焊接位置	焊丝直径/mm	脉冲电流/A	平均电流/A	电弧电压/V	焊接速度/(cm/min)	气体流量/(L/min)
6.0	60°V	水平	1.6	200	70	24	36	20
6.0	60°V	横	1.6	200	70	23	45	20
				180	70	24	45	20
6.0	60°V	立	1.2	180	70	23	6	20
				90	50	19	1.5	20
6.0	60°V	仰	1.2	180	70	23	6	20
				120	60	20	2	20

习　　题

一、填空题

1. 熔化极脉冲氩弧焊是利用________来控制熔滴过渡的熔化极惰性气体保护焊方法。

2. 熔化极脉冲氩弧焊有 3 种过渡形式：________、________及________，目前主要应用的是________________。

3. 熔化极脉冲氩弧焊的主要焊接参数有：________、________、________________、脉冲频率、________及焊接速度。

二、单选题

1. 熔化极脉冲氩弧焊时，为了保证熔滴呈喷射过渡，必须使脉冲电流值（　　）于连续喷射过渡的临界电流值。

A. 稍低　　B. 低　　C. 稍高　　D. 高

2. 熔化极脉冲氩弧焊时，（　　）主要是在脉冲电流休止的时候，维持电弧稳定燃烧，同时预热母材和焊丝。

A. 脉冲电流　　B. 基值电流　　C. 脉冲电压　　D. 基值电压

3. 脉冲频率通常根据（　　）的大小来选择。

A. 焊接电流　　B. 脉冲电压　　C. 脉冲时间　　D. 脉宽比

三、判断题

1. 在平均电流和送丝速度不变的情况下，随着脉冲电流的增大，熔深也相应增大，反之，熔深减小。（　　）

2. 在其他参数不变的条件下，只改变脉冲电流和脉冲电流持续时间，就可获得不同的熔池形状。（　　）

3. 在保证电弧稳定的条件下，尽量选择较低的基值电流，以突出熔化极脉冲氩弧焊的特点。（　　）

四、简答题

简述熔化极脉冲氩弧焊的特点。

【焊接实践】

任务目标

1）能进行低合金高强度钢仰焊位 MAG 焊。
2）能进行不锈钢平焊位熔化极脉冲氩弧焊。

任务一　低合金高强度钢仰焊位 MAG 焊

一、焊前准备

1. 焊件及坡口尺寸

焊件材质：Q355。

焊件尺寸：300mm×150mm×12mm，两块。

坡口形式及尺寸：V 形坡口；焊件及坡口尺寸如图 5-10 所示。

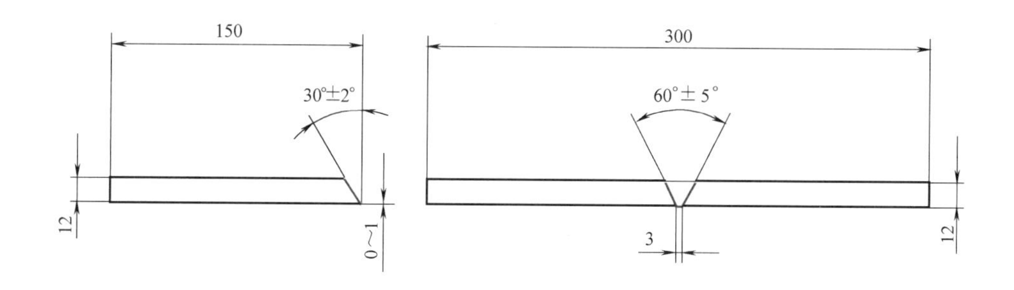

图 5-10　焊件及坡口尺寸示意图

2. 焊接位置及要求

仰焊，单面焊双面成形。

3. 焊接材料及设备

焊接材料：ER50-6，ϕ1.2mm。

焊接设备：NBC-350。

4. 工具

角磨机、敲渣锤、钢直尺、钢丝刷。

5. 劳动保护用品

防护眼镜、手套、工作服、防护鞋等。

6. 焊接参数

低合金高强度钢仰焊位单面焊双面成形 MAG 焊焊接参数见表 5-13。

表 5-13 低合金高强度钢仰焊位单面焊双面成形 MAG 焊焊接参数

焊接层次	焊丝直径/mm	伸出长度/mm	焊接电流/A	电弧电压/V	焊接速度/(cm/min)	气体流量/(L/min)
打底层	1.2	12~15	125~130	22~24	6~7	12~15
填充层			130~150	24~26	3~4	
盖面层			125~130	22~24	3~4	

二、操作要点

1. 焊前清理

将焊件坡口两侧 20mm 范围内的铁锈、油污等清理干净。

2. 装配与定位焊

(1) 装配 将加工和清理好的焊件翻转拼对，检查是否有错边现象。然后留出合适的根部间隙，注意始焊端间隙应小于终焊端 0.5mm。组对完成后，在焊件两端 10~15mm 处进行定位焊。

(2) 定位焊 定位焊时，应在坡口内进行。定位焊缝长度<10mm，焊层厚度为 3~4mm。定位焊时，始焊端焊点要小，以不开裂为准，终焊端要定位牢靠，以防焊接过程中因焊缝收缩致使间隙尺寸减小或终焊端被拉裂。定位焊时使用的焊丝应与正式焊接时的焊丝型号相同。

定位后的焊件表面应平整，错边量≤0.5mm，检查无误后，留出反变形角度。反变形角度太小，则坡口变窄，不利于击穿焊缝；角度太大，将使坡口加大，易使焊接熔池下坠，不利于单面焊双面成形。一般焊接厚度为 10mm 的钢板时，在始焊端焊缝坡口装配间隙宜控制为 2.7mm，在终焊端为 3.2mm，反变形角度也应控制为 2°~3°，如图 5-11 所示。

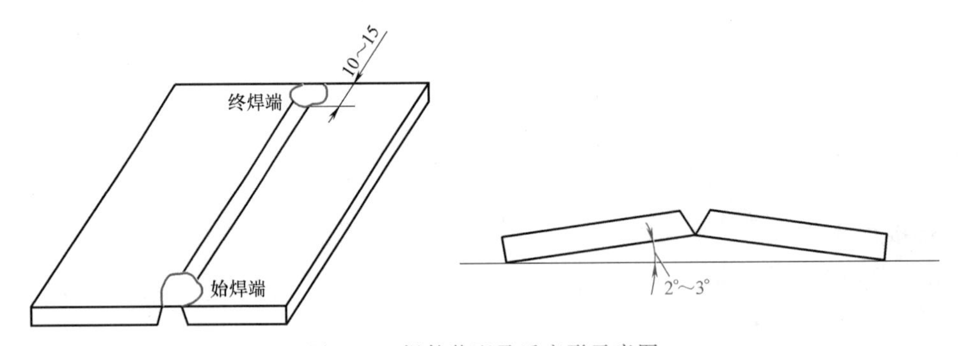

图 5-11 焊件装配及反变形示意图

调整好定位高度后，将焊件坡口朝下放在水平位置，间隙小的一端放在左侧并夹持固定。

3. 打底焊

调整好打底焊焊接参数后，焊接过程中不能让电弧脱离熔池，注意保持合适的焊枪角度和电弧在熔池上的位置，电弧尽量靠近熔池前端，让背面的焊缝熔池获得足够的液态金属。在保证熔透的前提下，尽量减小熔孔尺寸，以熔化坡口钝边每侧 0.5mm 为宜。为避免坡口内侧液态金属下淌，焊接过程中注意电弧在坡口两侧的停顿时间，即采用小幅度的锯齿形摆动，如图 5-12 所示，中间速度要稍快，从而保证获得满意的正、背两面焊缝成形，如图 5-

13 所示。

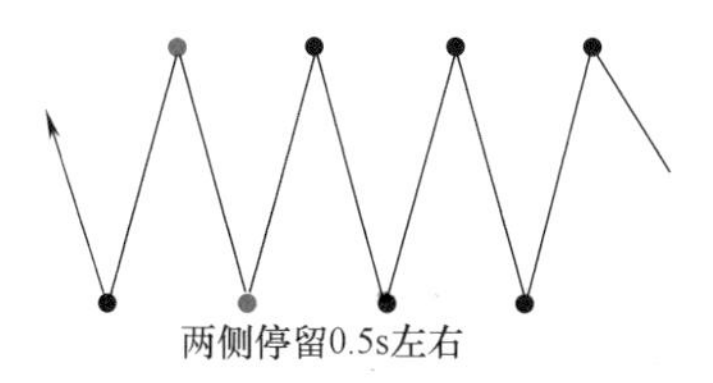

图 5-12　小幅度锯齿形横向摆动示意图

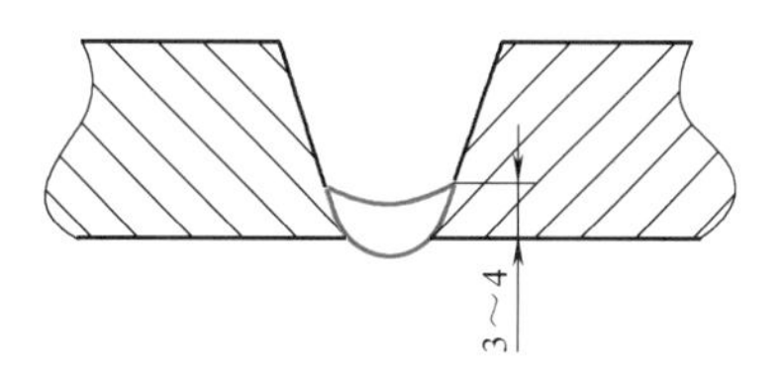

图 5-13　打底焊焊缝厚度示意图

接头前，用角磨机将收弧处打磨成斜坡，如图 5-14 所示（阴影部分表示需要打磨掉的焊缝金属，使接头熔合良好）；将导电嘴和喷嘴内的金属飞溅物清理干净；调整好焊丝伸出长度。在斜面顶部引燃电弧后，将电弧移至斜面底部，转一圈，当坡口根部出现新的熔孔后返回引弧处再继续焊接，如图 5-15 所示。

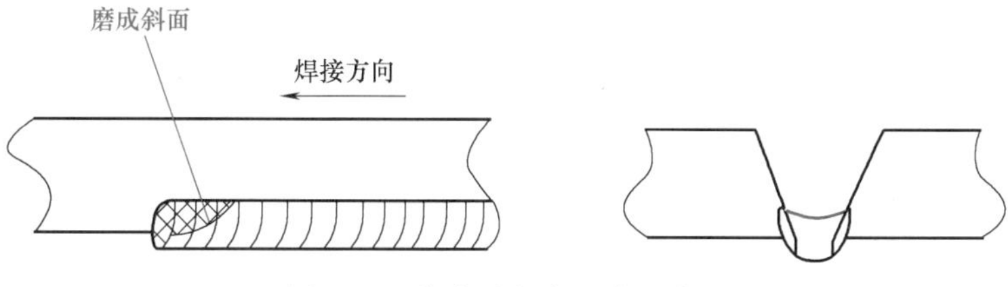

图 5-14　接头处打磨要求示意图

运弧方法很重要，引燃电弧后向斜面底部移动，要注意观察熔孔：若未形成熔孔，则接头处背面未焊透；若熔孔太小，则接头处背面产生凹陷；若熔孔太大，则接头焊缝太宽或烧穿。

4. 填充焊

填充焊前，将打底层焊缝表面的污物和飞溅颗粒清理干净，接头部位凸起的地方用角磨机打磨掉，如图 5-16 所示。调整好填充焊焊接参数后，焊枪与焊接反方向的夹角为 65°~75°。在焊件左端引弧，焊枪以稍大的横向摆动幅度开始向右焊接，在坡口两侧的停留时间也应稍长，避免焊道中间下坠，保证填充层焊道表面应低于焊件表面 1.5~2.0mm，必须注意不能熔化坡口的棱边，如图 5-17 所示。

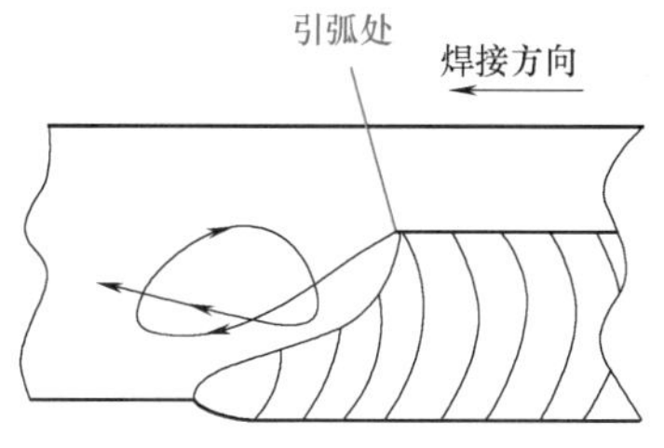

图 5-15　接头处引弧操作示意图

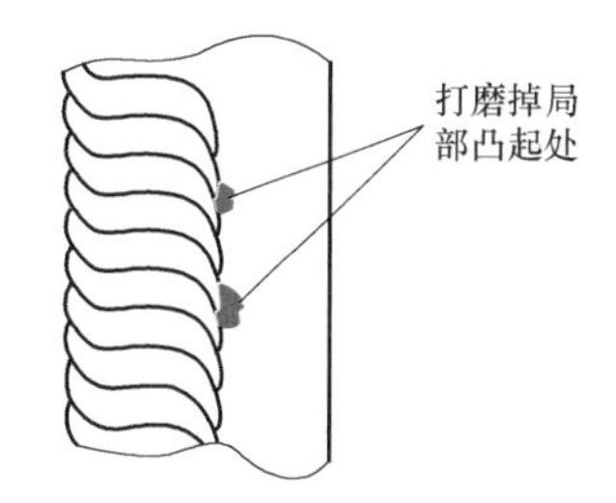

图 5-16　填充焊前焊缝修磨要求示意图

5. 盖面焊

盖面焊前，先将填充层焊缝表面及坡口边缘棱角处清理干净。调整好盖面焊焊接参数后，从左到右进行盖面层的焊接。盖面焊时所用的焊枪角度和横向摆动方法与填充焊时相同；焊接过程中要根据填充层的高度、宽度，调整好焊接速度；在坡口边缘棱角处电弧要适

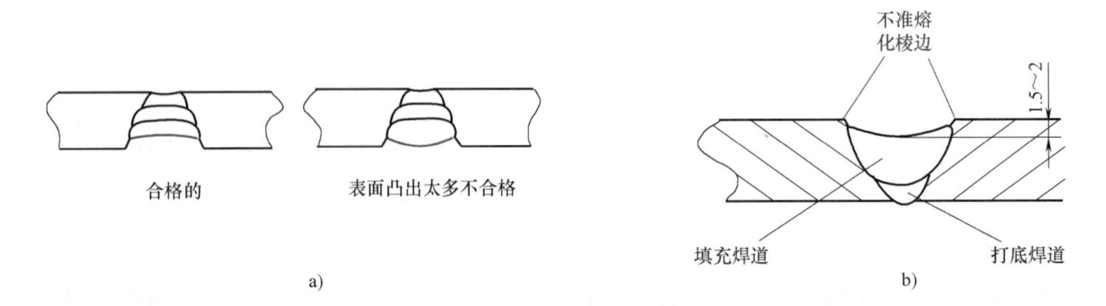

图 5-17 填充焊缝形状示意图

当停留，但电弧不得深入坡口边缘太多，尽可能地保证摆动幅度均匀平稳，使焊缝平直均匀，不产生两侧咬边、中间下坠等缺陷。

6. 焊后清理

盖面层焊接完成后，应将焊缝表面的金属飞溅物清理干净，不能破坏焊缝的原始表面。

任务二 不锈钢平焊位熔化极脉冲氩弧焊

一、焊前准备

1. 焊件及坡口尺寸

焊件材质：12Cr18Ni9。

焊件尺寸：300mm×150mm×12mm，两块。

坡口形式及尺寸：V 形坡口；坡口尺寸如图 5-10 所示。

2. 焊接位置及要求

平焊，单面焊双面成形。

3. 焊接材料及设备

焊接材料：ER308L，ϕ1.2mm。

焊接设备：NBM-350。

4. 工具

角磨机、敲渣锤、钢直尺、钢丝刷。

5. 劳动保护用品

防护眼镜、手套、工作服、防护鞋等。

6. 焊接参数

不锈钢平焊位熔化极脉冲氩弧焊单面焊双面成形焊接参数见表 5-14。

表 5-14 不锈钢平焊位熔化极脉冲氩弧焊单面焊双面成形焊接参数

焊接层次	焊丝直径/mm	脉冲电流/A	基值电流/A	电弧电压/V	脉冲频率/Hz	焊丝伸出长度/mm	焊接速度/(cm/min)	气体流量/(L/min)
打底层	1.2	120～130	60～65	20～22	50	10～12	7～9	12～15
填充层	1.2	140～160	60～65	22～24	100	12～15	5～6	12～15
盖面层	1.2	130～150	60～65	21～23	100	12～15	5.5～6.5	12～15

二、操作要点

1. 焊前清理

将焊件坡口两侧 20mm 范围内的铁锈、油污等清理干净。

2. 装配与定位焊

不锈钢平焊位熔化极脉冲氩弧焊的装配与定位焊与低合金高强度钢仰焊位 MAG 焊相同。

调整好定位高度后，将焊件坡口朝上放在水平位置，间隙小的一端放在右侧并夹持固定。

3. 焊枪角度与焊接工艺

采用左焊法，3 层 3 道焊，焊枪角度如图 5-18 所示。

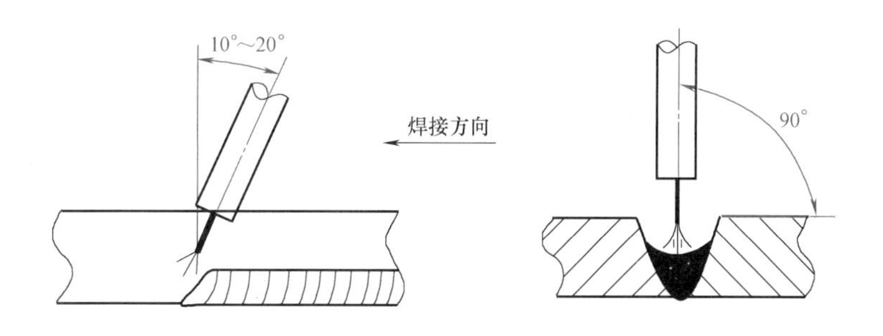

图 5-18　焊枪角度示意图

4. 打底焊

调整好打底焊焊接参数后，焊接过程中不能让电弧脱离熔池，注意保持合适的焊枪角度和电弧在熔池上的位置，电弧尽量靠近熔池中后部分，防止背面的焊缝过高或产生焊瘤等缺陷。在保证熔透的前提下，尽量减少熔孔尺寸，以熔化坡口钝边每侧 0.5mm 为宜。为避免坡口内侧液态金属下淌，焊接过程中注意电弧在坡口两侧的停顿时间，即采用小幅度的锯齿形摆动，中间速度要稍快，从而保证获得满意的正、背两面焊缝成形。打底焊缝的厚度如图 5-13 所示。

接头前，用角磨机将停弧处打磨成斜坡，将导电嘴和喷嘴内的金属飞溅物清理干净，调整好焊丝伸出长度。在斜面顶部引燃电弧后，将电弧移至斜面底部，转一圈，当坡口根部出现新的熔孔后返回引弧处再继续焊接。

5. 填充焊

填充焊前，将打底层焊缝表面的污物和飞溅颗粒清理干净，接头部位凸起的地方用角磨机打磨掉，如图 5-16 所示。调整好填充焊焊接参数后，焊枪与焊接反方向的夹角为 65°~75°。在焊件右端引弧，焊枪以稍大的横向摆动幅度开始向左焊接，在坡口两侧的停留时间也应稍长，避免焊道中间下坠，保证填充层焊道表面应低于焊件表面 1.5~2.0mm，必须注意不能熔化坡口的棱边。

6. 盖面焊

盖面焊前，先将填充层焊缝表面及坡口边缘棱角处清理干净。调整好盖面焊焊接参数后，从右到左进行盖面层的焊接。盖面焊时所用的焊枪角度和横向摆动方法与填充焊时相同；焊接过程中要根据填充层的高度、宽度，调整好焊接速度；在坡口边缘棱角处电弧要适当停留，如图 5-19 所示，但电弧不得深入坡口边缘太多，尽可能地保证摆动幅度均匀平稳，使焊缝平直均匀，不产生两侧咬边等缺陷。

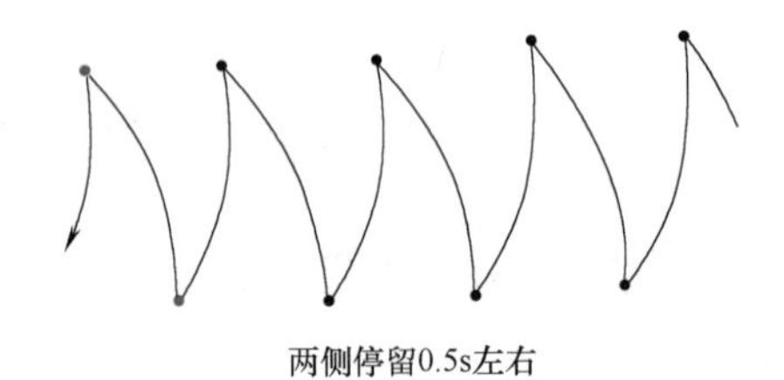

图 5-19　盖面层、填充层运条方法示意图

第六章　等离子弧焊

等离子弧焊是在钨极氩弧焊基础上发展起来的，是利用等离子弧作焊接热源的一种熔焊方法，简称 PAW。由于等离子弧温度高、能量密度大，故等离子弧焊属于高能束流焊接。目前，等离子弧焊已广泛用于工业生产，特别是用于航空航天、军工和尖端工业中的铜及铜合金、钛及钛合金、镍及镍合金、不锈钢等金属的焊接。

第一节　等离子弧焊概述

学习目标

1）熟知等离子弧的产生、分类及特点。
2）熟知等离子弧焊的基本方法及特点。

一、等离子弧概述

1. 等离子弧概念

常规的电弧焊方法采用自由状态的电弧，电弧燃烧于电极与焊件之间，周围没有约束。当电弧电流增大时，弧柱直径也伴随增大，二者不能独立地进行调节，因此自由电弧弧柱的电流密度、温度和能量密度的增大均受到一定限制。焊接领域中应用的等离子弧实际上是一种压缩电弧，即借助外部拘束作用，使弧柱的横截面受到限制而不能自由扩大，使电弧的温度、电离度、能量密度和焰流速度都显著增大。这种借助外部拘束作用使弧柱受到压缩的电弧就是等离子弧。

2. 等离子弧的形成

目前广泛采用的压缩电弧的方法，是将钨极缩入喷嘴内部，并且在水冷喷嘴中通以一定压力和流量的产生等离子弧的气体（即等离子气，简称离子气），在钨极与喷嘴之间或钨极与焊件之间加一较高电压，经高频震荡使气体电离形成自由电弧，然后强迫电弧通过喷嘴孔道，以形成高温、高能量密度的等离子弧，如图 6-1 所示。

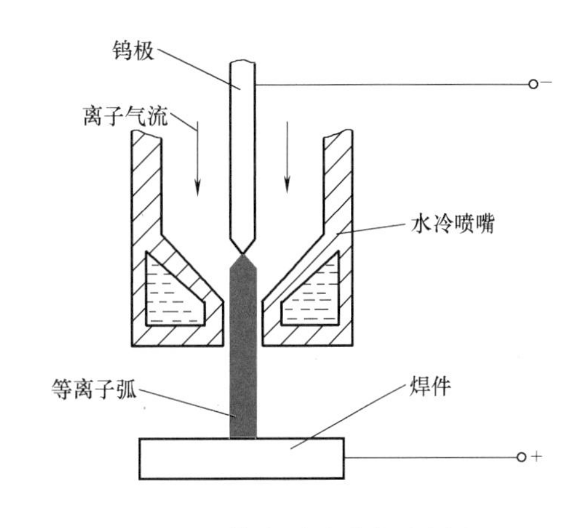

图 6-1　等离子弧形成示意图

等离子弧形成过程中电弧受到 3 种压缩作用。

(1) 机械压缩作用　当把一个用水冷却的铜质的喷嘴放置在通道上，强迫“自由电弧”

从细小的喷嘴孔中通过时，弧柱直径受到小孔直径的机械约束而不能自由扩大，从而使电弧截面受到压缩。

(2) 热收缩作用 水冷铜喷嘴的导热性很好，紧贴喷嘴孔道壁的“边界层”气体温度很低，电离度和导电性均降低。这就迫使带电粒子向温度更高、导电性更好的弧柱中心区集中，相当于外围的冷气流层迫使弧柱进一步收缩。

(3) 电磁收缩作用 这是由通电导体间相互吸引力产生的收缩作用。这种导体自身磁场引起的收缩作用使弧柱进一步变细，电流密度与能量密度进一步增加。

在上述3种压缩作用中，喷嘴孔径的机械压缩作用是前提；热收缩作用则是电弧被压缩的最主要的原因；电磁收缩作用是必然存在的，它对电弧的压缩也起到一定作用。

电弧在3种压缩作用下，直径变小、温度升高、气体的离子化程度提高、能量密度增大，最后与电弧的热扩散作用相平衡，形成稳定的压缩电弧。这就是工业中应用的等离子弧。

3. 等离子弧的类型

等离子弧按接线方式和工作方式不同，可分为非转移型、转移型和混合型3种类型，如图6-2所示。

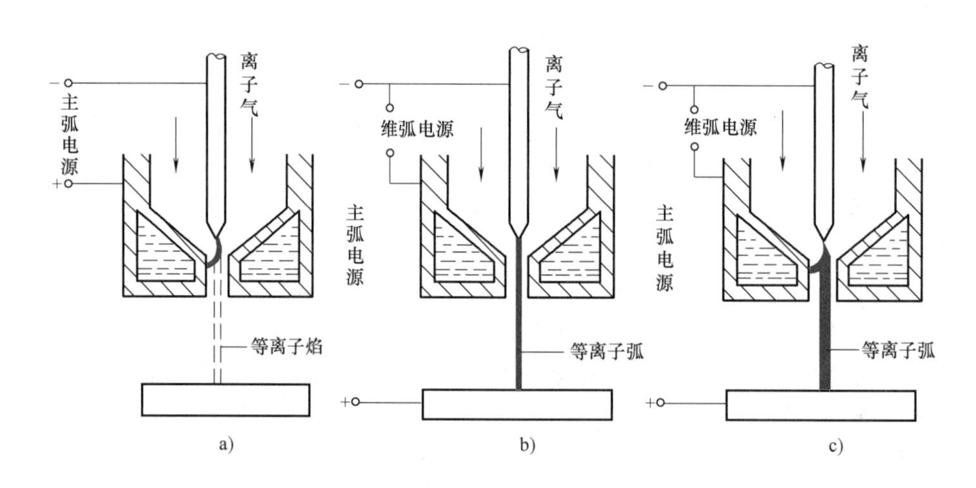

图6-2 等离子弧的类型

a）非转移型 b）转移型 c）混合型

(1) 非转移型等离子弧 钨极接电源的负极，喷嘴接电源的正极，焊件不接电源，电弧在钨极与喷嘴孔壁之间燃烧，在离子气流的作用下电弧从喷嘴孔喷出，电弧受到压缩而形成等离子弧，即非转移弧。一般将这种等离子弧称为等离子焰，如图6-2a所示。

由于焊件不接电源，工作时只靠等离子焰来加热，故其温度比转移型等离子弧低，能量密度也没有转移型等离子弧高。喷嘴受热较多，大量热能通过喷嘴散失，所以喷嘴应更好地冷却，否则其使用寿命不长。非转移弧主要用于等离子弧喷涂、焊接和切割较薄的金属及非金属。

(2) 转移型等离子弧 钨极接电源的负极、焊件接电源的正极，等离子弧燃烧于钨极与焊件之间，即转移弧，如图6-2b所示。这种等离子弧不能直接产生，必须先在钨极和喷嘴之间接通维弧电源，以引燃小电流的非转移弧（引导弧），然后将非转移弧通过喷嘴过渡到焊件表面，再引燃钨极与焊件之间的转移弧（主弧），并自动切断维弧电源。

采用转移弧工作时，等离子弧温度高、能量密度大，焊件上获得的热量多，有效利用率高。常用于等离子弧切割、等离子弧焊和等离子弧堆焊等工艺方法中。

（3）混合型等离子弧　在工作过程中非转移弧和转移弧同时存在，则称为混合型（或联合型）等离子弧，如图 6-2c 所示。两者可以用两台单独的焊接电源供电，也可以用一台焊接电源中间串接一定电阻后向两个电弧供电。其中的转移弧主要用来加热焊件和填充金属，非转移弧用于协助转移弧的稳定燃烧或堆焊时对填充金属进行预热。

混合型等离子弧稳定性好，电流很小时也能保持电弧稳定，主要用于微束等离子弧焊和粉末等离子弧堆焊等工艺方法中。

4. 等离子弧的特点

（1）温度高、能量密度大　普通钨极氩弧的最高温度为 10000～24000K，能量密度在 10^4W/cm^{2}以下。等离子弧的最高温度可达 24000～50000K，能量密度可达 10^5～10^8W/cm^2，如图 6-3 所示。

（2）等离子弧的能量分布均衡　等离子弧由于弧柱被压缩，横截面减小，弧柱电场强度明显提高，因此等离子弧的最大压降是在弧柱区，加热金属时利用的主要是弧柱区的热功率，即利用弧柱等离子体的热能。所以说，等离子弧几乎在整个弧长上都具有高温。这一点和钨极氩弧是明显不同的。

（3）等离子弧的挺度和指向性好　钨极氩弧的形状一般为圆锥形，扩散角在 45°左右。经过压缩后的等离子弧，其形态近似于圆柱形，电弧扩散角很小，约为 5°，如图 6-4 所示，因此挺度和指向性明显提高。

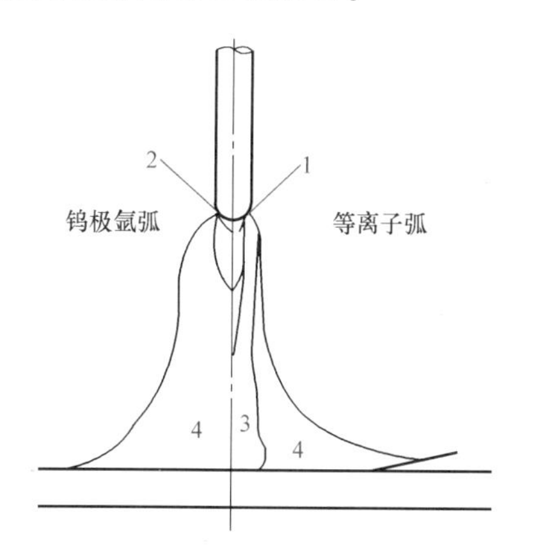

图 6-3　等离子弧和钨极氩弧的温度分布

1—24000～50000K　2—18000～24000K

3—14000～18000K　4—10000～14000K

（钨极氩弧：200A，15V；等离子弧：200A，30V，压缩孔径为 2.4mm）

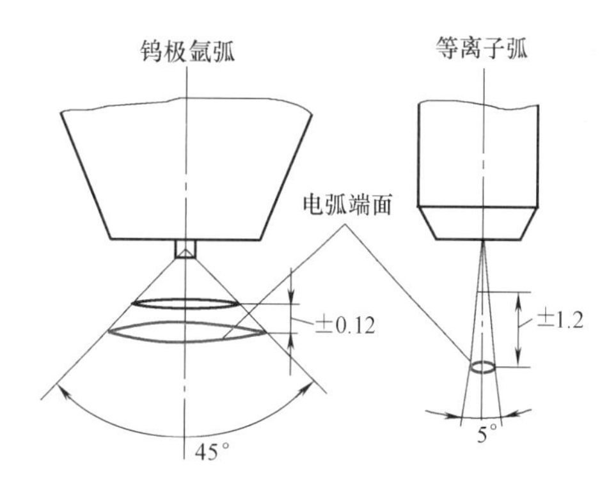

图 6-4　等离子弧和钨极氩弧的扩散角

由于挺度好，当弧长发生相同的波动时，等离子弧加热面积的波动比钨极氩弧要小得多。例如，弧柱截面积同样变化 20%，钨极氩弧的弧长波动只允许 0.12mm，而等离子弧的弧长波动可达 1.2mm，如图 6-4 所示。

（4）等离子弧的稳定性好 等离子弧的电离度较钨极氩弧更高，因此稳定性好。外界气流和磁场对等离子弧的影响较小，不易发生电弧偏吹和漂移现象。焊接电流在10A以下时，一般的钨极氩弧很难稳定，常产生电弧漂移，指向性也常受到破坏；而采用微束等离子弧，当电流小至0.1A时，等离子弧仍可稳定燃烧，指向性和挺度均较好。这些特性在用小电流焊接极薄焊件时特别有利。

二、等离子弧焊的基本方法

等离子弧焊是使用惰性气体作为工作气和保护气，利用等离子弧作为热源来加热熔化母材金属形成焊接接头的熔焊方法。

按操作方法不同可分为手动等离子弧焊和自动等离子弧焊。手动等离子弧焊由焊接电源、焊枪、气路和水路系统、控制系统等组成，如图6-5所示。

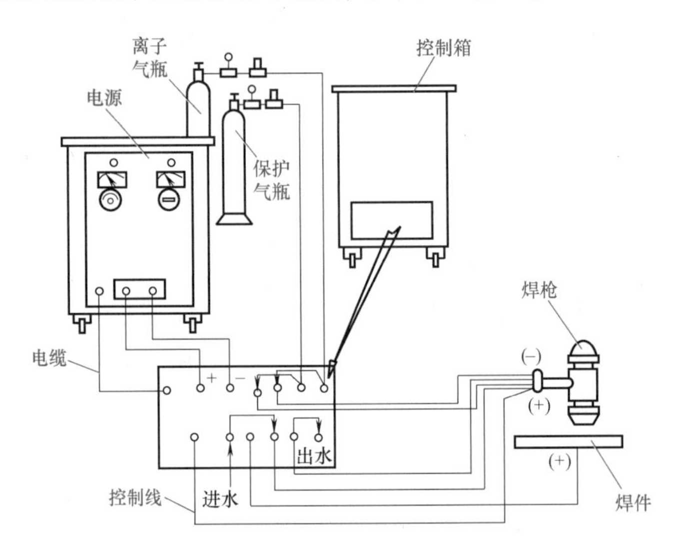

图6-5 等离子弧焊回路示意图

按焊缝成形原理，等离子弧焊有下列3种基本方法：穿透型等离子弧焊、熔透型等离子弧焊和微束型等离子弧焊。

1. 穿透型等离子弧焊

（1）形成过程 穿透型等离子弧焊又称小孔型等离子弧焊。该方法是利用等离子弧直径小、温度高、能量密度大、穿透力强的特点，在适当的焊接参数条件下实现的，焊缝断面呈酒杯状，如图6-6所示。

焊接时，采用转移型等离子弧将焊件完全熔透并在等离子流作用下形成一个穿透焊件的小孔，并从焊件的背面喷出部分等离子弧（称其为“尾焰”），如图6-7所示。熔化金属被排挤在小孔周围，依靠表面张力的承托而不会流失。随着焊枪向前移动，小孔也跟着焊枪移动，熔池中的液态金属在电弧吹力、表面张力作用下沿熔池壁向熔池尾部流动，并逐渐收口、凝固，形成完全熔透的正反面都有波纹的焊缝，这就是所谓的小孔效应。

（2）特点 利用小孔效应，不用衬垫就可实现单面焊双面成形。焊接时一般不加填充金属，如果对焊缝余高有要求，也可加入填充金属。目前大电流（100~500A）等离子弧焊

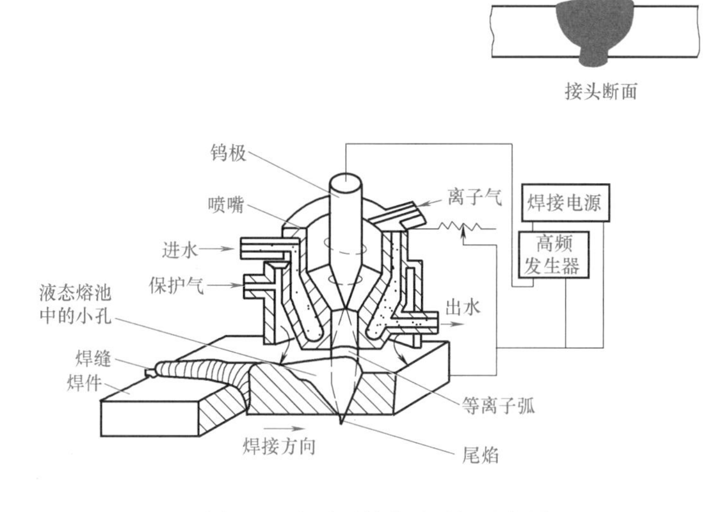

图 6-6　穿透型等离子弧焊示意图

通常采用这种方法进行焊接。

(3) 形成条件　采用穿透型焊接法时，要保证焊件完全熔透且正反面都能成形，关键是能形成穿透的小孔，并精确控制小孔尺寸，以保持熔池金属平衡的要求。另外，小孔效应只有在足够的能量密度条件下才能形成。板厚增加时，所需的能量密度也增加，而等离子弧的能量密度难以再进一步提高。因此，穿透型焊接法只能在一定的板厚条件下才能实现。焊件太薄时，由于小孔不能被液体金属完全封闭，故不能实现穿透型焊接法。如果焊件太厚，一方面受到等离子弧能量密度的限制，形成小孔较困难，另一方面，即使能形成小孔，也会因熔化金属多，液体金属的质量大于表面张力的承托能力，不能保持熔池金属平衡，严重时将会形成小孔空腔而造成切割现象。由此可以看出，对于在液态时表面张力较大的金属（如钛等），穿透型焊接的厚度就可以大一些。

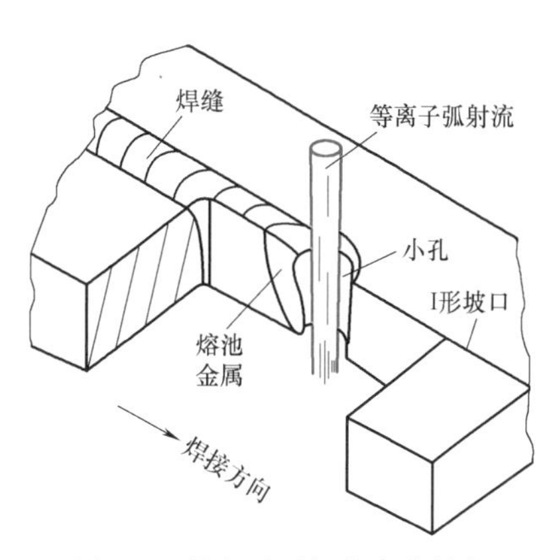

图 6-7　等离子弧焊的小孔效应

(4) 应用范围　最适于焊接厚度为 3~8mm 的不锈钢、厚度为 12mm 以下的钛合金、厚度为 2~6mm 的低碳钢或低合金结构钢，以及铜、黄铜、镍及镍合金的对接焊。在上述厚度范围内可在不开坡口、不加填充金属、不用衬垫的条件下实现单面焊双面成形。当焊件厚度大于上述范围时，需开 V 形坡口进行多层焊。

2. 熔透型等离子弧焊

熔透型等离子弧焊的基本焊法与钨极氩弧焊相似。液态金属熔池在弧柱的下面，靠熔池金属的热传导作用熔透母材，实现焊透。焊缝断面形状呈碗状，如图 6-8 所示。

熔透型等离子弧焊是采用较小的焊接电流（30~100A）和较低的离子气流量，采用混合型等离子弧进行焊接的方法。在焊接过程中不形成小孔效应，焊件背面无“尾焰”。焊接时可加填充金属，也可不加填充金属。主要用于薄板（厚度为 0.5~2.5mm）的焊接，多层

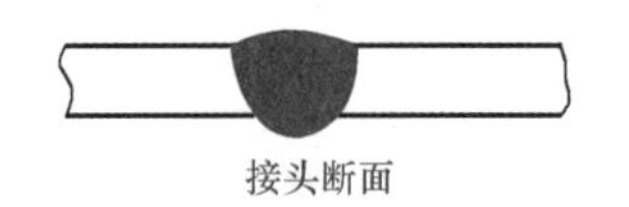

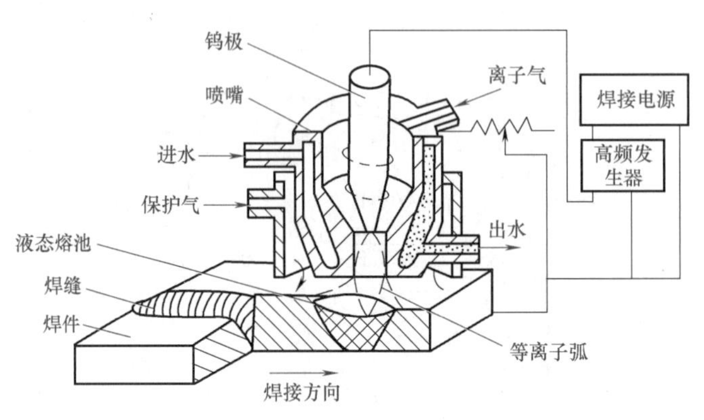

图 6-8 熔透型等离子弧焊示意图

焊封底焊道、各层的焊接以及角焊缝的焊接。

3. 微束等离子弧焊

(1) 特点 焊接电流在 30A 以下的等离子弧焊通常称为微束等离子弧焊。有时也把焊接电流稍大的等离子弧焊归为此类。这种方法使用很小的喷嘴孔径（0.5~1.5mm），得到针状细小的等离子弧，主要用于焊接厚度为 1mm 以下的超薄、超小、精密的焊件。

(2) 形成过程 微束等离子弧焊通常采用混合型等离子弧，采用两个独立的焊接电源。其一为维弧电源，向钨极与喷嘴之间的非转移弧供电，这个电弧称为维弧，维弧电流一般为 2~5A，维弧电源的空载电压一般大于 90V，以便引弧；另一个电源向钨极与焊件间的转移弧（主弧）供电，以进行焊接。焊接过程中两个电弧同时工作。维弧的作用是在小电流下帮助和维持转移弧工作，在焊接电流小于 10A 时维弧的作用尤为明显。当维弧电流大于 2A 时，转移弧在焊接电流小至 0.1A 时仍可稳定燃烧，因此小电流焊接时微束等离子弧十分稳定。

上述 3 种等离子弧焊方法均可采用脉冲电流，借以提高焊接过程的稳定性，此时称为脉冲等离子弧焊。脉冲等离子弧焊易于控制热输入和熔池，适于全位置焊接，并且焊接热影响区和焊接变形都较小。尤其是脉冲微束等离子弧焊，其特点更突出，因而应用较广。

三、等离子弧焊的特点

1. 等离子弧焊的优点

与传统电弧焊相比，等离子弧焊具有以下优点：

(1) 焊接生产率高 由于等离子弧的温度高、能量密度大，因此等离子弧焊熔透能力强，可采用比钨极氩弧焊高得多的焊接速度施焊。因此采用等离子弧焊可明显提高焊接生产率。

(2) 热影响区和焊接变形小 由于等离子弧的形态近似于圆柱形，截面小，加热面积小，因而热影响区和焊接变形小。

(3) 焊缝成形美观　由于等离子弧的形态近似于圆柱形，挺度好，因此当弧长发生波动时熔池表面的加热面积变化不大，对焊缝成形的影响较小，容易得到均匀的焊缝成形。

(4) 电弧稳定性好　由于等离子弧的稳定性好，使用很小的焊接电流也能保证等离子弧的稳定，故可以焊接超薄件。

(5) 节约焊接材料　由于钨极内缩在喷嘴里，焊接时钨极与焊件不接触，因此可减少钨极烧损和防止焊缝金属夹钨。

2. 等离子弧焊的缺点

等离子弧焊有以下缺点：

1）穿透型等离子弧焊只能自动焊接，不适合手工焊接。

2）焊接前对焊件装配精度要求较高，装配间隙和错边量越小越好。

3）由于离子气与保护气需分别独立供给，因而使焊枪结构及焊接过程控制复杂化。

4）由于电弧的直径小，焊接时焊枪喷嘴的轴线必须准确对准焊缝。

5）设备昂贵，一次性投资较大。

由于等离子弧焊独有的特点和优越性，它能提供更快的焊接速度、更佳的焊接质量。目前，等离子弧焊已广泛用于工业生产。

习　题

一、填空题

1. 根据电源电极的不同接法和产生的形式不同，等离子弧可分为________、________和________3种形式。

2. 形成等离子弧的压缩作用有________、________和________。

3. 按焊缝成形原理，等离子弧焊有下列3种基本方法：________、________和________。

4. 穿透型等离子弧焊采用________等离子弧，熔透型等离子弧焊采用________等离子弧，微束等离子弧焊通常采用________等离子弧。

二、单选题

1. 对自由电弧的弧柱进行强迫“压缩”，就能获得导电截面收缩得比较小、能量更加集中、弧柱中气体几乎可达到（　　），就叫作等离子弧。

A. 部分等离子体状态的电弧　　B. 全部等离子体状态的电弧

C. 部分自由状态的电弧　　D. 全部直流状态的电弧

2. 等离子弧都是（　　）。

A. 直流电弧　　B. 自由电弧　　C. 等离子体　　D. 压缩电弧

3. 当电弧通过（　　）极其狭小的孔道，受到强烈压缩，弧柱中心部分接近完全电离，形成极明亮的细柱状的等离子弧。

A. 保护气流　　B. 水冷钨极　　C. 高频高压作用　　D. 水冷喷嘴内腔

4. 采用穿透型等离子弧焊，目前可一次焊透厚度（　　）mm对接不开坡口的不锈钢。

A. 12　　B. 10　　C. 8　　D. 6

5. 大电流等离子弧焊的电流使用范围为（　　）。

A. 30~700A　　B. 40~600A　　C. 100~500A　　D. 80~1000A

6. 微束等离子弧焊的电流使用范围为（　　）。

A. 30A 以下　　B. 40A 以下　　C. 50A 以下　　D. 80A 以下

三、判断题

1. 等离子弧比普通电弧的导电截面小。（　　）
2. 转移弧是指电极与焊件之间建立的等离子弧。（　　）
3. 一般等离子弧在喷嘴口中心的温度可达 20000℃。（　　）
4. 等离子弧焊是利用等离子焊枪产生的等离子弧来熔化金属的焊接方法。（　　）
5. 微束等离子弧焊的优点之一是可以焊接极薄的金属构件。（　　）

四、简答题

1. 简述等离子弧的特点。
2. 简述穿透型等离子弧焊的形成条件。
3. 简述等离子弧焊的特点。

第二节　等离子弧焊的焊接工艺

学习目标

1）了解等离子弧焊的接头形式。

2）熟知等离子弧焊焊接参数的选择原则。

一、接头形式的选择

用于等离子弧焊的通用接头形式为 I 形对接接头、开单面 V 形和双面 V 形坡口的对接接头，以及开单面 U 形和双面 U 形坡口的对接接头。除此之外，也可为角接接头和 T 形接头。

1）厚度大于 1.6mm、但小于表 6-1 所列厚度值的焊件，可不开坡口，采用穿透型焊接法一次焊透。

表 6-1　等离子弧焊一次焊透的焊件厚度　（单位：mm）

母　材	不锈钢	钛及钛合金	镍及镍合金	低合金钢	低碳钢
焊件厚度	≤8	≤12	≤6	≤7	≤8

2）焊件厚度大于表 6-1 所列数值时，根据厚度不同，可开 V 形、U 形或双 V 形、双 U 形坡口。

3）焊件厚度为 0.025~1.6mm 时，通常采用微束等离子弧焊，其常用接头形式如图 6-9 所示。

二、焊接材料的选择

等离子弧焊的焊接材料包括电极、焊丝、保护气体和等离子气体。

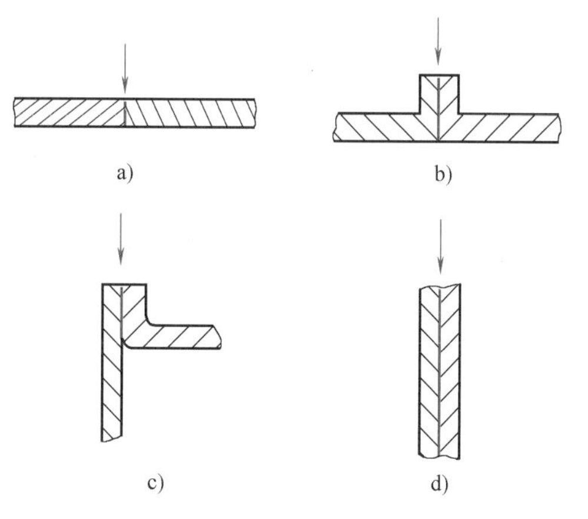

图 6-9　微束等离子弧焊常用接头形式示意图
a) I 形对接接头　b) 卷边对接接头
c) 卷边角接接头　d) 端接接头

1. 电极的选择

一般采用铈钨极作为电极。焊接不锈钢、合金钢、钛合金、镍合金时，采用直流正接；焊接铝合金、镁合金时，采用直流反接，并使用水冷式镶嵌电极。

为了便于引弧和提高等离子弧的稳定性，一般将电极端部磨成 60°的锥角。电流小、钨极直径较小时，锥角可磨得更小一些，如图 6-10a、b 所示；电流大、钨极直径较大时，可磨成锥台形、圆锥形球端、球形等，以减小烧损，如图 6-10c、d、e 所示。

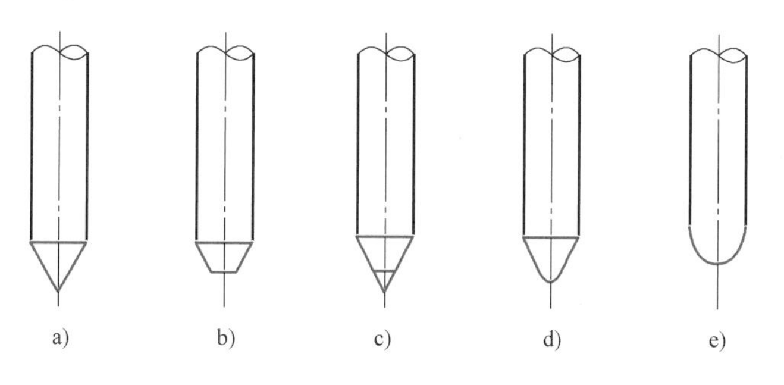

图 6-10　钨极端部形状示意图
a) 圆锥形尖端　b) 圆锥形平端　c) 锥台形　d) 圆锥形球端　e) 球形

钨极内缩长度对等离子弧的压缩和熔透能力有很大的影响。增大内缩长度，电弧压缩程度和熔透能力会大大提高，但过大时会造成焊缝成形恶化，产生咬边和烧穿等缺陷，并引起双弧现象。内缩长度一般选取 3~6mm 为宜。

钨极与喷嘴不同心会造成等离子弧偏移，从而造成焊缝单侧产生咬边和焊缝成形不良，也容易引起双弧现象。

2. 工作气体的选择

焊接时，除要向焊枪压缩喷嘴输送离子气外，还要向枪体保护罩输送保护气体，以充分保护熔池不受大气污染。

大电流焊接时，离子气和保护气成分应相同，以使焊接过程稳定。大电流等离子弧焊工作气体选择见表 6-2。

小电流焊接时，离子气一律使用纯氩气，这是因为氩气的电离电压较低，可保证非转移弧容易引燃和稳定燃烧。保护气可以用纯氩气，也可以用其他成分的气体，这取决于被焊金属。小电流等离子弧焊保护气体选择见表 6-3。

表 6-2　大电流等离子弧焊工作气体选择（体积分数）

母材	焊件厚度/mm	焊接方法	
		穿透法	熔透法
碳钢(铝镇静)	<3.2	Ar	Ar
	>3.2	Ar	75% He +25% Ar
低合金钢	<3.2	Ar	Ar
	>3.2	Ar	75% He +25% Ar
不锈钢	<3.2	Ar, 92.5% Ar +7.5% H_2	Ar
	>3.2	Ar,95% Ar+5% H_2	75% He +25% Ar
铜	<2.4	Ar	75% He +25% Ar,He
	>2.4	不推荐	He
镍合金	<3.2	Ar,92.5% Ar +7.5% H_2	Ar
	>3.2	Ar,95%+ Ar 5% H_2	75% He +25% Ar
活性金属	<6.4	Ar	Ar
	>6.4	Ar+(50%~75%)He	75% He +25% Ar

表 6-3　小电流等离子弧焊保护气体选择（体积分数）

母材	焊件厚度/mm	焊接技术	
		穿透法	熔透法
铝	<1.6	不推荐	Ar,He
	>1.6	He	He
碳钢(铝镇静)	<1.6	不推荐	Ar,75%He+25%Ar
	>1.6	Ar,75%He+25%Ar	Ar,75%He+25%Ar
低合金钢	<1.6	不推荐	Ar,He
			Ar+(1%~5%)H_2
	>1.6	75%He+25%Ar	Ar,He
		Ar+(1%~5%)H_2	Ar+(1%~5%)H_2
不锈钢	所有厚度	Ar,75%He+25%Ar	Ar,He
		Ar+(1%~5%)H_2	Ar+(1%~5%)H_2
铜	<1.6	不推荐	He75%+Ar25%,He
	>1.6	75%He+25%Ar,He	He
镍合金	所有厚度	Ar,75%He+25%Ar	Ar,He
		Ar+(1%~5%)H_2	75%He+25%Ar
活性金属	<1.6	Ar,He	Ar
		75%He+25%Ar	
	>1.6	Ar,He	Ar,75%He+25%Ar
		75%He+25%Ar	

氩气适用于所有金属。为了提高热效率，更有效地向焊件传递热量，针对不同的金属，

可以在氩气中加入氢、氦等气体。例如，焊接钛及钛合金时，可在氩气中加入体积分数为50%~75%的氦气；焊接不锈钢和镍合金时，加入5%~7.5%氢气；焊铜时可采用纯氮气或纯氦气。

3. 焊丝的选择

与钨极氩弧焊相似，等离子弧焊也可以使用填充金属。填充金属的主要化学成分与被焊母材相同，通常制成光焊丝或者光焊条。自动焊时使用光焊丝作填充金属，手工焊时则用光焊条作填充金属。

三、穿透型等离子弧焊焊接参数的选择

1. 喷嘴孔径

喷嘴孔径是决定等离子弧压缩程度的重要因素，是选择其他参数的前提。在焊接生产过程中，焊件厚度增大，焊接电流也应增大，但一定孔径的喷嘴的许用电流是受限的，见表6-4。因此，一般应根据焊件厚度和所需焊接电流确定喷嘴孔径。

表6-4　喷嘴孔径与许用电流

喷嘴孔径/mm	1.0	2.0	2.5	3.0	3.5	4.0	4.5
许用电流/A	≤30	40~100	100~180	180~250	250~350	350~400	450~500

2. 焊接电流

焊接电流根据板厚或熔透要求来选定。在采用穿透法焊接时，如果电流太小，则形成小孔的直径也小，甚至不能形成小孔，无法实现穿透法焊接；如果电流过大，则形成的小孔直径也过大，熔化金属过多，易造成熔池金属坠落，也无法实现穿透法焊接，同时，电流过大还容易引起双弧现象，损伤喷嘴并破坏焊接过程的稳定性。因此，当喷嘴结构确定后，焊接电流只能在某一个合适的范围内选择。

3. 离子气流量

离子气流量决定了等离子流力和熔透能力。当其他条件不变时，离子气流量增加，等离子弧的冲力和穿透能力都增大。因此，要实现稳定的穿透法焊接过程，必须要有足够的离子气流量。但离子气流量太大时，会使等离子弧的冲力过大，将熔池金属冲掉，同样无法实现穿透法焊接。

4. 焊接速度

焊接速度的确定，取决于焊接电流和离子气流量。当其他条件不变时，提高焊接速度，则输入到焊缝的热量减少，采用穿透法焊接时，小孔直径将减小，直至消失，失去小孔效应；如果焊接速度太低，母材过热，小孔扩大，熔池金属容易坠落，甚至造成焊缝凹陷、烧穿等现象。因此，焊接速度、离子气流量及焊接电流这3个工艺参数应相互匹配。匹配的一般规律是：当焊接电流一定时，若增加离子气流量，则应增加焊接速度；当离子气流量一定时，若增加焊接速度，则应增加焊接电流；当焊接速度一定时，若增加离子气流量，则应减小焊接电流。

5. 喷嘴高度

喷嘴端面至焊件表面的距离为喷嘴高度。生产实践证明，喷嘴高度保持为3~8mm较为合适。如果喷嘴高度过大，会增加等离子弧的热损失，使熔透能力降低，保护效果变差；但

若喷嘴高度太小，则不便操作，喷嘴也易被飞溅物堵塞，还容易产生双弧现象。

6. 保护气流量

保护气流量应根据焊接电流及离子气流量来选择。如果保护气流量过大，则会造成气流紊乱，影响等离子弧的稳定性和保护效果。而保护气流量太小，则保护效果不好。保护气流量应与离子气流量有一个适当的比例。采用穿透法焊接时，保护气流量一般选取 15~30L/min。

常用金属穿透型等离子弧焊焊接参数见表 6-5。

表 6-5 穿透型等离子弧焊焊接参数

材料	焊件厚度/mm	焊接电流/A	电弧电压/V	焊接速度/(cm/min)	坡口形式	气体流量/(L/min)		
						种类(体积分数)	离子气	保护气
碳钢	3.2	185	28	30	I	Ar	6.1	28
低合金钢	4.2	200	29	25	I	Ar	5.7	28
	6.4	275	33	36		Ar	7.1	28
不锈钢	2.4	115	30	61	I	Ar+5% H_2	2.8	17
	3.2	145	32	76		Ar+5% H_2	4.7	17
	4.8	165	36	41		Ar+5% H_2	6.1	21
	6.4	240	38	36		Ar+5% H_2	8.5	24
钛合金	3.2	185	21	51	I	Ar	3.8	28
	4.8	175	25	33		Ar	8.5	28
	9.9	225	38	25		75% He+Ar	15.1	28
	12.7	270	36	25	V	50% He+Ar	12.7	28
	15.1	250	39	18		50% He+Ar	14.2	28
铜	2.4	180	28	25	I	Ar	4.7	28
	3.2	300	33	25		He	3.8	28
	6.4	670	46	51		He	2.4	28
黄铜(30%Zn)	2.0	140	25	51	I	Ar	3.8	28
	3.2	200	27	41		Ar	4.7	28

四、熔透型等离子弧焊焊接参数的选择

熔透型等离子弧焊的焊接参数项目和穿透型等离子弧焊基本相同。焊件熔化和焊缝成形过程则和钨极氩弧焊相似。中、小电流（0.2~100A）熔透型等离子弧焊通常采用混合型等离子弧。由于非转移弧（维弧）的存在，使得主弧在很小的电流下（1A 以下）也能稳定燃烧。但维弧电流过大容易损坏喷嘴，一般选用 2~5A。

五、微束等离子弧焊焊接参数的选择

常用微束等离子弧焊焊接参数见表 6-6。

表 6-6　微束等离子弧焊焊接参数

母材材料	板厚/mm	喷嘴孔径/mm	接头形式	焊接电流/A	焊接速度/(mm/min)	离子气流量/(L/min)	保护气流量/(L/min)
不锈钢	0.03	0.8	卷边对接	0.3	130	0.3(Ar)	10(Ar+1%H_2)
	0.10	0.8	卷边对接	2.5	130	0.3(Ar)	10(Ar+1%H_2)
	0.10	0.8	平头对接	1.5	100	0.3(Ar)	10(Ar+1%H_2)
	0.4	0.8	平头对接	10	150	0.3(Ar)	10(Ar+1%H_2)
	0.8	0.8	平头对接	10	130	0.3(Ar)	10(Ar+5%H_2)
钛	0.08	0.8	卷边对接	3	150	0.3(Ar)	10(Ar)
	0.20	0.8	平头对接	7	130	0.3(Ar)	10(Ar)
铜	0.08	0.8	卷边对接	10	150	0.3(Ar)	10(Ar+75%He)
	0.10	0.8	卷边对接	13	200	0.3(Ar)	10(He)

习　题

一、填空题

1. 用于等离子弧焊的通用接头形式为________、________和________的对接接头，以及________和________的对接接头。

2. 焊接时，除要向焊枪压缩喷嘴输送________，还要向枪体保护罩输送________。

3. 对于等离子弧焊，大电流焊接时，________应相同。小电流焊接时，离子气一律使用________，保护气可以用________，也可以用其他成分的气体，这取决于被焊金属。

二、单选题

1. 目前采用穿透型等离子弧焊焊接不锈钢，常选用（　　）作为保护气体。

A. 纯氩或氩中加少量氢的混合气体　　B. 纯氩或氩-氦混合气体

C. 氮气　　D. 氩加二氧化碳混合气体

2. 等离子弧焊焊枪中，钨极内缩的原因是为了避免在焊缝中产生（　　）的缺陷。

A. 夹钨　　B. 夹碳　　C. 夹杂　　D. 夹渣

3. 对等离子弧压缩程度比较敏感的参数有喷嘴孔径和孔道长度、（　　）、焊接电流、离子气流量等。

A. 钨极内缩量　　B. 钨极直径　　C. 电弧电压　　D. 保护气流量

三、判断题

1. 等离子弧焊喷嘴孔径和孔道长度，应根据焊件金属材料的种类和厚度以及需用的焊接电流值来确定。（　　）

2. 穿透型等离子弧焊时，离子气流量主要影响电弧的穿透力，焊接电流和焊接速度主要影响焊缝的成形。（　　）

3. 在焊接电流一定时，穿透型等离子弧焊若增加离子气流量，就要相应地降低焊接速度。（　　）

四、简答题

简述穿透型等离子弧焊的焊接参数选择的原则。

【焊接实践】

任务目标

能利用等离子弧焊对不锈钢薄板进行焊接操作。

任务　不锈钢薄板等离子弧焊

一、焊前准备

1. 焊件及坡口尺寸

焊件材质：12Cr18Ni9。

焊件尺寸：200mm×100mm×1mm，两件。

坡口形式：I形坡口。

2. 焊接位置及要求

平焊，单面焊双面成形。

3. 焊接材料及设备

焊接材料：铈钨极，ϕ1mm；不锈钢焊丝H06Cr19Ni10，ϕ1mm。

焊接设备：LH-30型等离子弧焊机，氩气瓶、减压器、流量计各两套。

4. 工具

角磨机、敲渣锤、钢直尺、钢丝刷。

5. 劳动保护用品

防护眼镜、手套、工作服、防护鞋等。

6. 焊接参数

不锈钢薄板等离子弧焊焊接参数见表6-7。

表6-7　不锈钢薄板等离子弧焊焊接参数

焊接电流/A	电弧电压/V	焊接速度/(mm/min)	氩气流量/(L/min)		喷嘴孔径/mm	钨极内缩量/mm	喷嘴至焊件距离/mm
			离子气	保护气			
2.6~2.8	22~24	25~28	0.5~0.7	5~8	1.2	2	3~3.4

二、操作要点

1. 焊前清理

清除焊缝正反面两侧20mm范围内的油、锈及其他污物，直至露出金属光泽，再用丙酮进行清洗。

2. 装配与定位焊

（1）装配 为保证焊接过程的稳定，装配间隙、错边量必须严格控制。装配不留间隙，不允许有错边。

（2）定位焊 将焊件水平夹固在定位夹具上，采用表6-7所列的焊接参数进行定位焊，也可采用手工钨极氩弧焊进行定位焊。定位焊应从中间向两头进行，焊点间距为60mm左右，定位焊缝长5mm左右，定位焊后焊件应矫平。

3. 调试等离子弧焊机

（1）检查焊机 检查焊机的外部接线是否正确，气路、水路有无泄漏之处，以及电路系统的接头处是否牢固可靠。

（2）焊枪调试 将端部磨成20°~40°锥角的钨极装入焊枪喷嘴，调整钨极与喷嘴的同心度。

4. 引弧

打开气路和电路开关，接通电源，手工操作等离子弧焊枪，与焊件成75°~85°夹角。按下起动按钮，接通高频振荡器以及电极与喷嘴的电源回路，非转移弧引燃；将焊枪对准焊件，建立转移弧，保持喷嘴至焊件的距离为3~5mm，即可开始焊接。

5. 焊接

采用左焊法，焊枪与焊件成70°~85°夹角，焊丝与焊件的夹角为10°~15°，焊枪对准焊件坡口并均匀直线移动。焊接过程中注意观察焊件的熔透情况，同时还要观察熔池的大小。当发现熔池增大时，则熔池温度过高，应迅速减小焊枪与焊件间的夹角，并加快焊接速度；当发现熔池过小、焊缝窄而高时，应稍微拉长电弧，增大焊枪与焊件间的夹角，并减慢焊丝的填充速度，直至熔池大小正常为止。

6. 收弧

断开电源开关，电流随之衰减，电弧熄灭，离子气和保护气也随之衰减、停气。

第七章 电 阻 焊

近年来，焊接技术得到了突飞猛进的发展，焊接方法种类很多，除了生产中常用的焊条电弧焊、埋弧焊、气体保护电弧焊、等离子弧焊等熔焊方法外，电阻焊是应用最广泛的一种压焊方法，已在航空、汽车、地铁车辆、建筑、量具、刃具及无线电器件等工业中得到了广泛的应用。

第一节 电阻焊概述

学习目标

能正确描述电阻焊的分类、原理、特点及应用。

电阻焊是将焊件组合后通过电极施加压力，利用电流通过接头的接触面及邻近区域产生的电阻热进行焊接的方法。它是一种主要的压焊方法，在工业生产中占有重要的地位。

一、电阻焊的分类

1. 按工艺特点分类

电阻焊按工艺特点分为点焊、凸焊、缝焊、对焊。

(1) 点焊 点焊时，将焊件搭接装配后，压紧在两圆柱形电极间，并通以很大的电流，如图 7-1 所示，利用电阻热熔化母材金属，在焊件有限的接触面上形成扁球形的熔核，最终形成焊点。

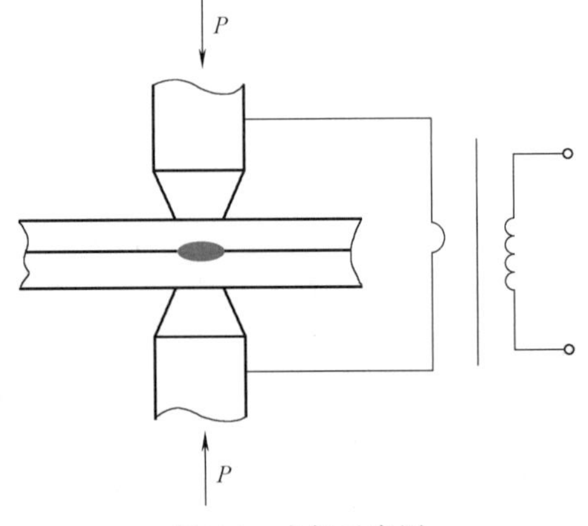

图 7-1 点焊示意图

点焊主要用于带蒙皮的骨架结构，如汽车驾驶室、客车厢体、飞机翼尖和翼肋、铁丝网布和钢筋交叉点等的焊接。

(2) 凸焊 凸焊是电阻点焊的一种特殊形式，是在一焊件的贴合面上预先加工出一个或多个凸点，使其与另一焊件表面相接触并通电加热，然后压塌，使这些接触点形成焊点的电阻焊方法，如图 7-2 所示。

凸焊电极寿命延长，同时可焊接多个焊点，不产生分流现象。但凸焊时由于必须压溃凸点，故焊件必须具有一定的厚度或具有足够的刚度，不适用于厚度为 0.5mm 以下的焊件。

(3) 缝焊 在缝焊时，以旋转的滚轮电极代替点焊时的圆柱形电极。焊件在旋转滚轮的带动下向前移动，电流断续或连续地由滚轮流过焊件时，即形成一条连续焊缝，如

图 7-3 所示。因此，缝焊的焊缝实质上是由许多彼此相重叠的焊点所组成的，如图 7-4 所示。

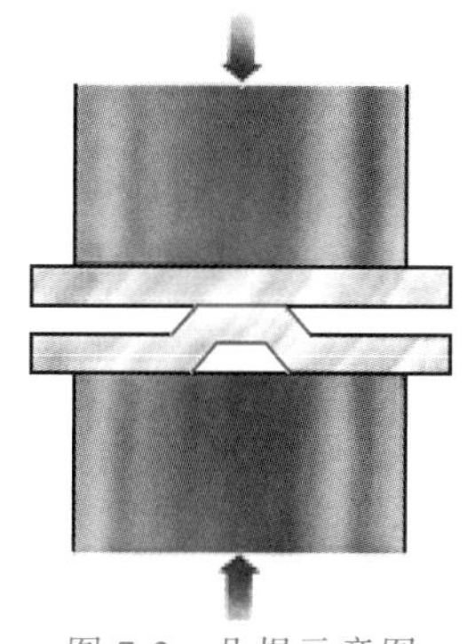

图 7-2　凸焊示意图

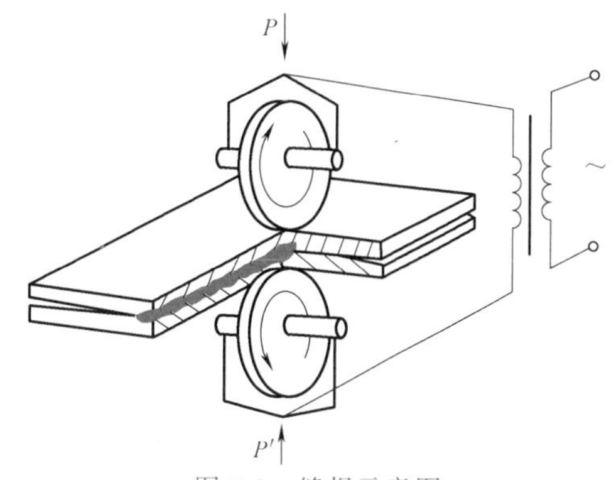

图 7-3　缝焊示意图

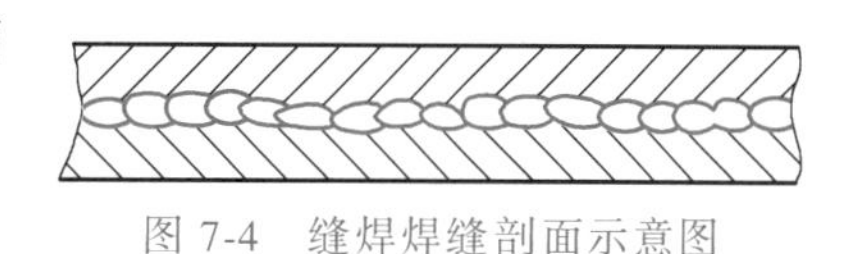

图 7-4　缝焊焊缝剖面示意图

缝焊主要用于要求气密性的薄壁容器，如汽车油箱等。由于焊点重叠，故分流很大，因此焊件不能太厚，一般不超过 2mm。

（4）对焊　焊件均为对接接头，按加压和通电方式分为电阻对焊和闪光对焊。

1）电阻对焊时，将焊件置于钳口（即电极）中夹紧，并使两端面压紧，然后通电加热。当焊件端面及附近金属加热到一定温度（塑性状态）时，突然增大压力进行顶锻，使两个焊件在固态下形成牢固的对接接头，如图 7-5 所示。

电阻对焊的接头较光滑，无毛刺，常在管道、拉杆及小链环焊接中采用。

2）闪光对焊是对焊的主要形式，在生产中应用十分广泛。闪光对焊时，将焊件置于钳口中夹紧后，先接通电源，然后移动可动夹头，使焊件缓慢靠拢接触，因端面个别点的接触而形成火花；加热到端面有熔化层并沿长度有一定塑性区后，突然加速送进焊件，并进行顶锻，这时熔化金属被全部挤出结合面之外，而靠大量塑性变形形成牢固接头，如图 7-6 所示。

用闪光对焊方法所焊得的接头因加热区窄，端面加热均匀，接头质量较高，生产率也高，故常用于重要的受力对接件，如涡轮轴、锅炉管道等。

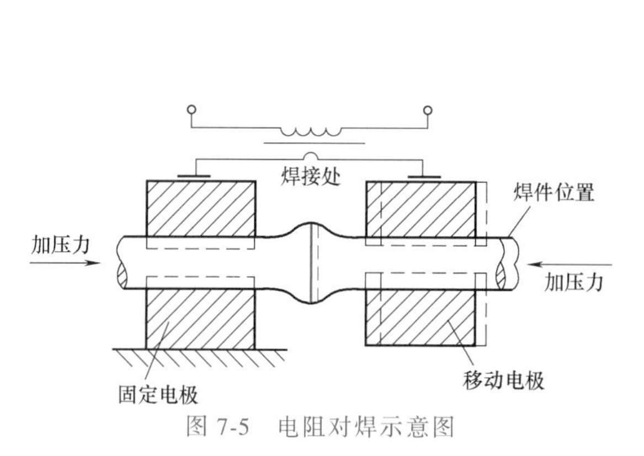

图 7-5　电阻对焊示意图

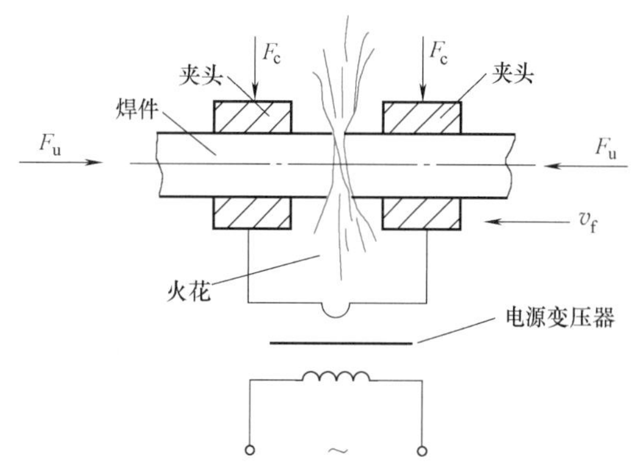

图 7-6　闪光对焊原理示意图

2. 按接头形式分类

电阻焊按接头形式分为搭接接头电阻焊和对接接头电阻焊两大类。点焊、凸焊和缝焊属于搭接接头电阻焊，电阻对焊和闪光对焊都属于对接接头电阻焊。

3. 按焊接电流种类分类

电阻焊按使用的电流分为交流、直流和脉冲 3 类。用交流电流的电阻焊中，应用最多的是工频交流电阻焊。

二、电阻焊的工作原理

将准备连接的焊件置于两电极之间加压，并对焊接处通以较大电流，利用焊件电阻产生的热量加热并形成局部熔化，断电后在压力继续作用下，形成牢固接头。这种焊接工艺过程就称为电阻焊。

1. 决定电阻焊焊接热量的因素

当电流通过导体时，能使导体发热，热量为

$$Q = I^2 Rt$$

式中 Q——所产生的热量（J）；

I——焊接电流（A）；

R——电极间电阻（Ω）；

t——通电时间（s）。

公式表明，决定电阻焊焊接热量的是焊接电流、两电极之间的电阻和通电时间 3 大因素。热量的一部分用来形成焊缝，另一部分散失于周围金属中。

2. 影响焊接热量的因素

(1) 电阻 电阻包括焊件本身电阻 R_W、两焊件间接触电阻 R_C 及电极与焊件间接触电阻 R_{CW} 3 部分，如图 7-7 所示。

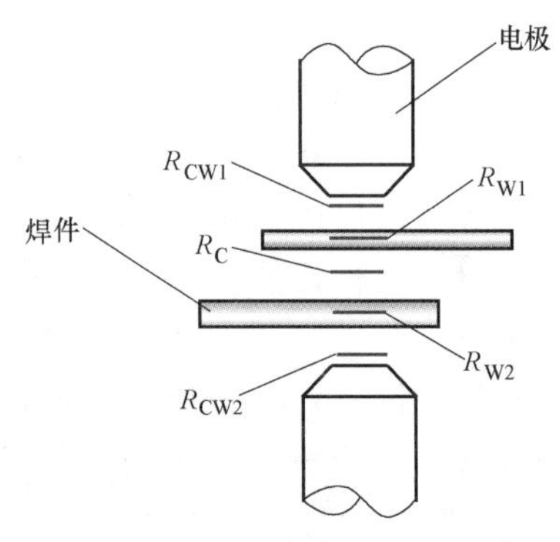

图 7-7 电流通过焊件间电阻示意图

R_{W1}、R_{W2}—焊件本身电阻

R_C—焊件间接触电阻

R_{CW1}、R_{CW2}—电极与焊件间接触电阻

1）两焊件间接触电阻 R_C 指两个焊件间通上电流时电流通过接触点形成的电阻。接触电阻的大小与电极压力、材料性质、焊件的表面状况及温度有关。对同种材料而言，加大电极压力，即会增加实际接触面积，减小接触电阻。在同样压力下，材料越软，实际接触面积越大，接触电阻也越小。增加温度，等于降低材料的硬度，也就是材料变软，实际接触面积加大，所以接触电阻也下降。当焊件表面存在氧化膜和其他污物时，则会显著增加接触电阻。

2）焊件本身电阻 R_W 与焊件材料的电阻率有很大关系。电阻率低的材料，如铜、铝及其合金的 R_W 较小，发热量较小，应选用较大功率的焊机焊接。相反，电阻率大的材料，如不锈钢的 R_W 较大，可用较小功率的焊机焊接。

3）电极与焊件间接触电阻 R_{CW} 比 R_C 更小，对熔核的形成影响也更小。

(2) 焊接电流 焊接电流对产热的影响比电阻和通电时间都大，因此是必须严格控制的参数。引起电流变化的主要原因是电网电压波动和交流焊机二次侧回路阻抗变化。

(3) 通电时间 为了保证熔核尺寸和焊点强度，通电时间与焊接电流在一定范围内可以互为补充。为了获得一定强度的焊点，可以采用大电流和短通电时间，即所谓强条件（又称硬规范）焊接，也可以采用小电流和长通电时间，即所谓弱条件（又称软规范）焊接。在生产中选用强条件还是弱条件，取决于金属的性质、厚度和所用焊机的功率。

(4) 电极压力 电极压力对两电极间总电阻 R 有显著影响。随着电极压力的增大，引起界面接触电阻减小。此时焊接电流虽因电阻减小而略有增大，但不足以影响因 R 减小而引起的产热量的减少。

三、电阻焊的特点

1. 电阻焊的优点

(1) 焊接生产率高 点焊时每分钟可焊 60 点；对焊直径为 40mm 的棒材时，每分钟可焊一个接头；缝焊厚度为 1~3mm 的薄板时，焊接速度通常为每分钟 0.5~1m。对焊的最高焊速每分钟可达 60m。因此电阻焊非常适合大批量生产。

(2) 焊接质量好 焊接接头的化学成分均匀，并且与母材基本一致。熔核形成时，始终被塑性环包围，熔化金属与空气隔绝，冶金过程简单，加热时间短，热量集中，故热影响区小，变形与应力也小，通常在焊后不必安排校正和热处理工序。

(3) 焊接成本较低 电阻焊不需要焊丝、焊条等填充金属，以及氧气、乙炔、氩气等焊接材料，焊接成本低。

(4) 劳动条件较好 电阻焊时既不会产生有害气体，也没有强光的辐射，所以劳动条件比较好。此外，电阻焊焊接过程简单，易于实现机械化、自动化，因而工人的劳动强度较低。

2. 电阻焊的缺点

1）对于电阻焊，目前缺乏可靠的无损检测方法，焊接质量只能靠工艺试样和破坏性试验来检查。因此，在重要的承力结构中使用电阻焊时应该慎重。

2）设备功率大、结构复杂。除了需要大功率的供电系统外，还需要精度高、刚度较大的机械系统，因而设备成本较高。

3）焊件的厚度、形状和接头形式受到一定程度的限制。如点焊、缝焊一般只适用于薄板搭接接头，厚度太大时则受到设备功率的限制，而搭接接头又难免会增加材料的消耗，降低承载能力。对焊主要适用于紧凑断面的对接接头，而用于薄板类零件焊接则比较困难。

四、电阻焊的应用

电阻焊是压焊的一种，是焊接领域中主要的焊接方法之一。在航空、造船、汽车、锅炉、地铁车辆、建筑、量具、刃具、无线电器件等工业部门中都得到广泛应用。例如，飞机上有一百多万个焊点；某些高速铝制地铁车辆每台约有一万个焊点；粗大管道一次可对焊 $18000mm^2$；细小的微电子元件焊接处却只有几微米；一辆轿车至少有 5000 个焊点，缝焊焊缝长达 40m 以上。此外，汽车车身、厢体、轮圈大都采用了电阻焊自动生产线，先进的汽车自动生产线上还大量使用了用于电阻焊的机械手、机器人；船舶的大型锚链对焊也已自动化；建筑行业使用的钢筋大量地采用闪光对焊；有气密性要求的焊件（如油箱、火焰筒等）大量采用缝焊。

总之，随着电阻焊技术的不断发展，电阻焊将得到越来越广泛的应用。

习　　题

一、填空题

1. 电阻焊是利用________作为热源的焊接方法。

2. 电阻焊按工艺特点分为________、________、________和________。

3. 影响电阻焊焊接热量的因素有________、________、________和________等。

二、单选题

1. 电阻焊的电阻包括（　　）。

A. 焊件本身电阻 R_W　　B. 两焊件间接触电阻 R_C

C. 电极与焊件间接触电阻 R_{CW}　　D. 以上都是

2. 与其他焊接方法相比，电阻焊的优点主要有（　　）、易于获得质量较好的焊接接头、焊接速度快、生产率高、可节省焊接材料、成本低等。

A. 焊接变形小　　B. 焊接变形大

C. 焊机容量大　　D. 工艺灵活方便

3. 与其他焊接方法相比，电阻焊的不足之处主要有（　　），焊件的尺寸、形状、厚度受到设备的限制，尚无简单可靠的无损检测方法。

A. 易获得质量较好的焊接接头　　B. 焊接速度快，生产率高

C. 设备功率大、结构复杂　　D. 产生烟尘有害气体少

4. 缝焊主要用于要求气密的薄壁容器，焊件厚度一般不超过（　　）mm。

A. 2　　B. 2.5　　C. 3　　D. 3.5

5. 焊件在两个旋转的滚轮电极间通过后，形成一条焊点前后搭接的连续焊缝的电阻焊方法是（　　）。

A. 点焊　　B. 缝焊　　C. 凸焊　　D. 对焊

三、判断题

1. 电阻焊焊件与电极之间的接触电阻对电阻焊过程是有利的。（　　）

2. 电阻焊一般采用低电压、大电流。（　　）

3. 电阻焊时，有时需要保护气体。（　　）

4. 焊件和电极表面在焊前必须仔细清理，尽可能地减小它们之间的接触电阻。（　　）

四、简答题

什么是电阻焊？电阻焊有哪些特点？

第二节 电阻焊的焊接工艺

学习目标

1）熟知点焊焊接工艺的选择。
2）熟知闪光对焊焊接工艺的选择。
3）熟知电阻焊安全操作规程。

一、点焊

1. 点焊的工作原理

点焊焊接回路由变压器、电极夹、电极、机臂、导电盖板、母线和导电铜排等组成，如图 7-8 所示。

点焊时，将焊件搭接装配后，压紧在两圆柱形电极之间；电极施加压力压紧焊件后，电源通过电极向焊件通电加热，利用两焊件接触电阻产生大量热量，迅速将焊件接触处加热到熔化状态，并形成似透镜状的液态熔池（焊核）；当液态金属达到一定数量后断电，在电极压力作用下凝固结晶，形成焊点，如图 7-9 所示。

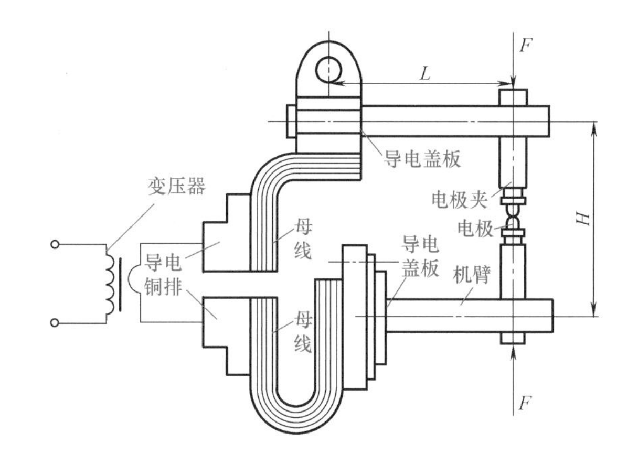

图 7-8 点焊焊接回路示意图

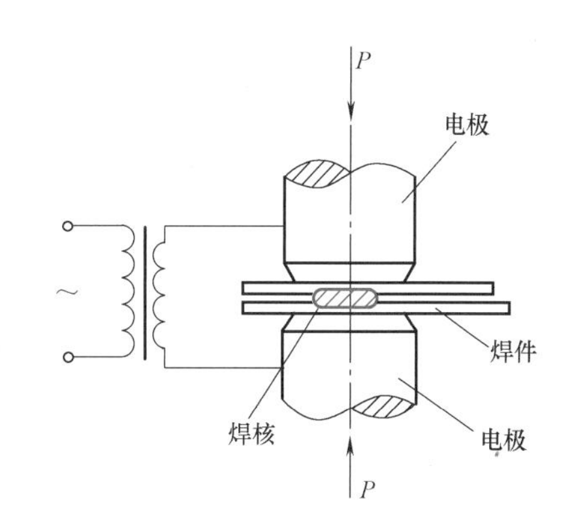

图 7-9 点焊焊接过程示意图

点焊应用的接头为搭接接头，接头不要求气密性，焊件厚度小于 3mm。

2. 点焊方法分类

（1）根据电极向焊接区馈电方式分类 点焊分为单面点焊和双面点焊。电极由焊件的同一侧向焊接处馈电为单面点焊；电极由焊件的两侧向焊接处馈电为双面点焊。

（2）根据一个点焊循环中所能形成的焊点数分类 点焊分为双面单点焊、双面双点焊、双面多点焊、单面单点焊、单面双点焊、单面多点焊。

具体的点焊方法种类见表 7-1。

表 7-1　点焊方法的种类

种类		示意图
双面供电	双面单点焊	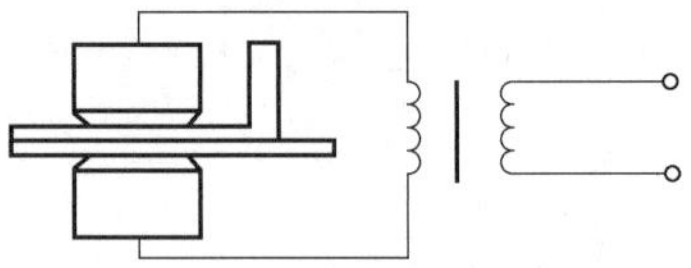
	双面双点焊	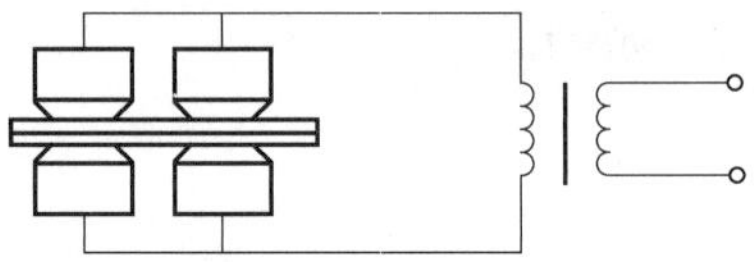
	双面多点焊	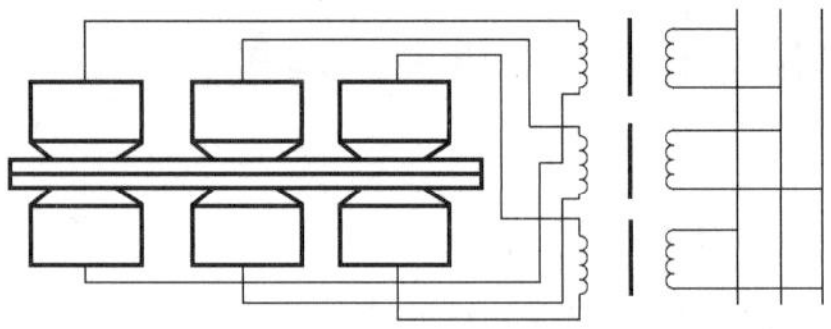
单面供电	单面单点焊	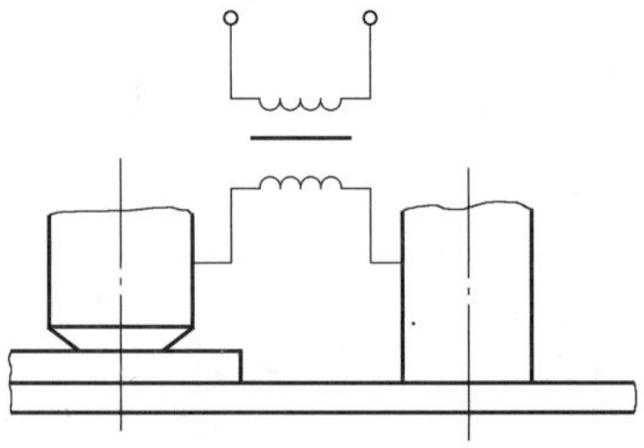
	单面双点焊	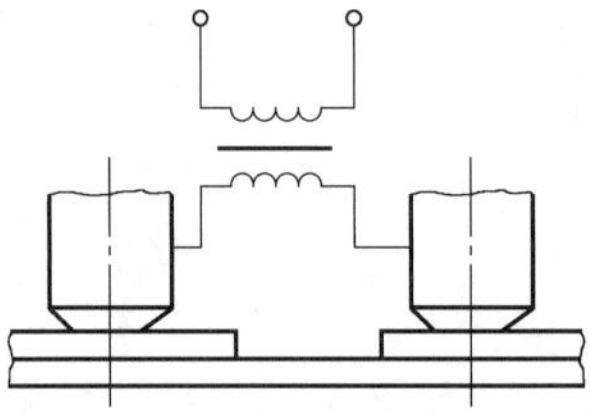 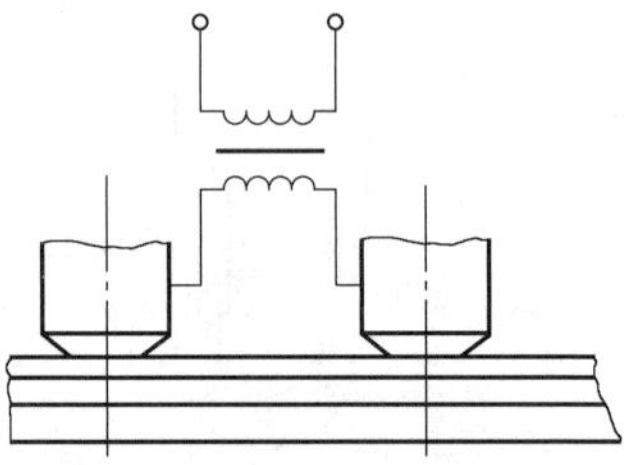
	单面多点焊	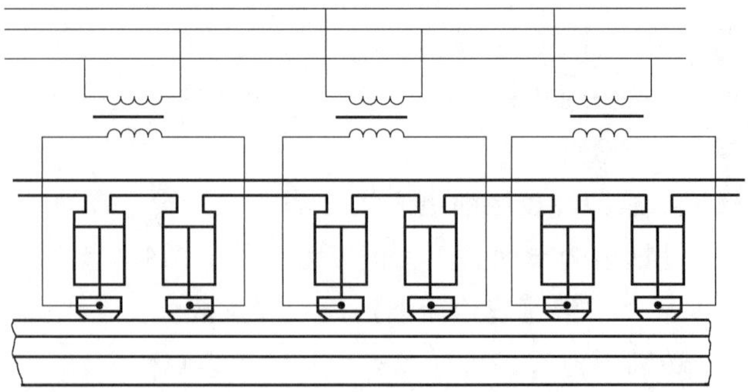

3. 点焊的接头形式

点焊接头可以由两个或两个以上等厚度或不等厚度、相同或不相同材料的焊件组成。焊点数可以为单点或多点。板与板点焊可用搭接的形式，如图 7-10 所示；圆棒与圆棒可采用交叉和平行的点焊形式，如图 7-11a、b 所示。圆棒与圆棒交叉点焊时，由于接触面积小，电流密度大，可以在功率较小的焊机上焊接。圆棒与板材点焊时，可采用如图 7-11c所示的形式，其中弯曲的圆棒与板材之间的点焊比较方便。

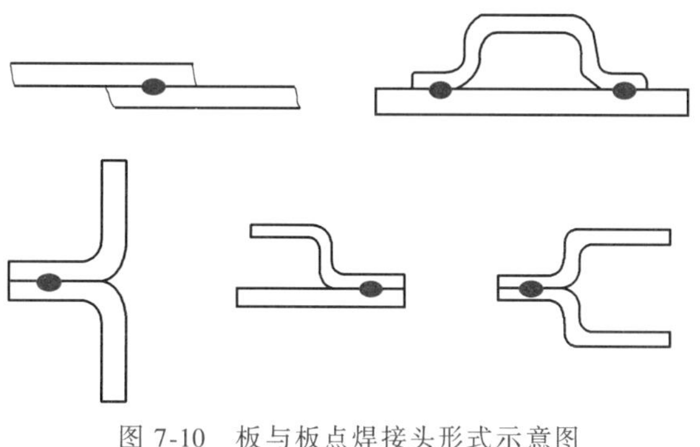

图 7-10 板与板点焊接头形式示意图

4. 焊前清理

焊件表面上的氧化物、污垢、油和其他杂质增大了接触电阻，过厚的氧化物层甚至会使电流不能通过被焊材料，所以在实施焊接之前必须进行清理，以保证接头质量稳定。清理方法主要有机械清理和化学清理两种。

5. 点焊焊接参数

点焊焊接参数有：焊接电流、通电时间、电极压力、电极工作截面的形状和尺寸等。

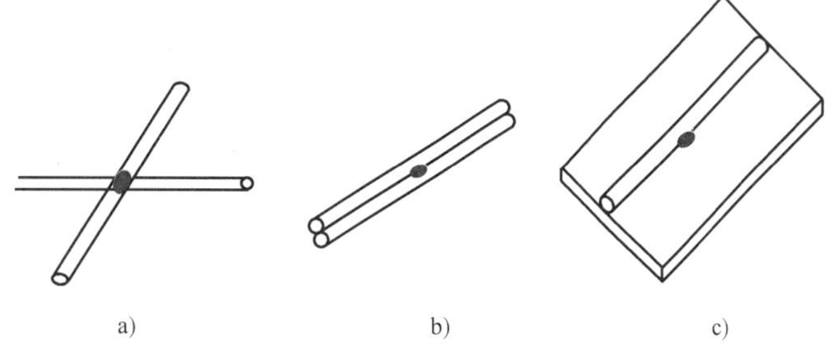

图 7-11 圆棒与圆棒及圆棒与板材点焊接头形式示意图
a)、b) 圆棒与圆棒之间的点焊 c) 圆棒与板材之间的点焊

(1) 焊接电流 焊接电流直接影响熔核直径和焊透率。电流太小时，无法形成熔核或熔核过小；电流太大时，则能量过大，容易引起飞溅现象。在合理的点焊过程中，熔核直径应根据焊件的厚度来确定，并满足下列关系

$$D = 2t + 3$$

式中 D——熔核直径（mm）；

t——两焊件中薄件的厚度（mm）。

(2) 通电时间 通电时间是电阻焊时每一个焊接循环中，自焊接电流接通到停止的持续时间。通电时间对熔核性能的影响与焊接电流类似。通电时间太短，则难以形成熔核或熔核过小。要想获得合理的熔核，应使通电时间有一个合理的范围，并与焊接电流相匹配。通常按焊件材料的物理性能、厚度、装配精度、焊机容量、焊前表面状况及对焊接质量的要求来确定通电时间的长短。

(3) 电极压力 电极压力是点焊时通过电极施加在焊件上的压力，通常达数千牛（kN）。电极压力影响焊接区金属的塑性变形范围。电极压力过大，总电阻和电流密度均减小，焊接区散热增加，因此熔核尺寸下降，严重时会出现未焊透缺陷；电极压力过小，由于焊接区金属的塑性变形范围及变形程度不足，会使熔核形状和尺寸发生变化，而且会产生严重喷溅。

（4）电极工作截面尺寸 电极工作截面尺寸指点焊时与焊件表面相接触的电极端头部分的尺寸。电极工作截面尺寸增大时，由于接触面积增大，电流密度减小，散热效果增强，使焊接区加热程度减弱，使熔核尺寸减小，焊点承受能力降低。

标准电极有5种形式，如图7-12所示。对于常用的锥台形电极，其电极直径越大，电极头的圆锥角 α 越大，则散热越好；若 α 过小，则散热条件差，电极表面温度高，更易变形磨损。为了提高点焊质量的稳定性，要求焊接过程中电极工作截面直径 D 的变化尽可能小，为此 α 一般在90°~140°范围内选取。

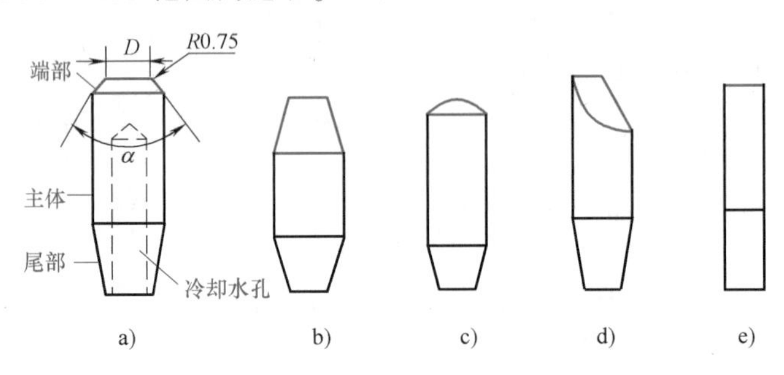

图7-12 点焊电极标准形状示意图

a）锥台形电极 b）夹头电极 c）球面形电极 d）偏心电极 e）平面电极

二、闪光对焊

1. 闪光对焊的工作原理

闪光对焊的焊接回路一般包括电极、导电平板、压力机构及变压器等，如图7-13所示。闪光对焊的焊接工艺可分为连续闪光对焊、预热闪光对焊和闪光-预热闪光对焊等。连续闪光对焊的过程主要由闪光阶段和顶锻阶段组成。预热闪光对焊只是在闪光阶段前增加了预热阶段。

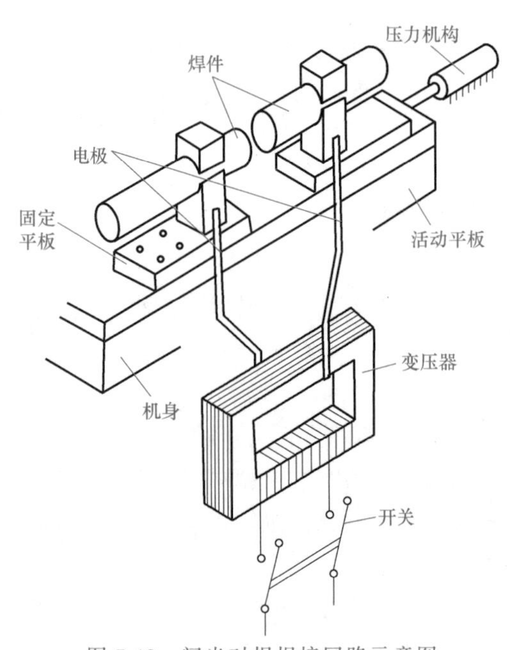

图7-13 闪光对焊焊接回路示意图

（1）闪光阶段 闪光的主要作用是加热焊件。在此阶段，先接通电源，并使两焊件端面轻微接触，形成许多接触点。电流通过时，接触点熔化，成为连接两端面的液体金属过梁。由于液体过梁中的电流密度极高，使过梁中的液体金属蒸发、过梁爆破。随着动夹钳的缓慢推进，过梁也不断产生与爆破。在蒸气压力和电磁力的作用下，液态金属微粒不断从接口间隙中喷射出来，形成火花。

（2）顶锻阶段 在闪光阶段结束时，立即对焊件施加足够的顶锻压力，接口间隙迅速减小，过梁停止爆破，即进入顶锻阶段。顶锻的作用是密封焊件端面的间隙和液体金属过梁爆破后留下的火口，同时挤出端面的液态金属及氧化夹杂物，使洁净的塑性金属紧密接触，并使接头区产生一定的塑性变形，以促进再结晶的进行，形成共同晶粒，从而获得牢固的接头。闪光对焊时，在加热过程中虽有熔化金属，但实质上是塑性状态焊接。

2. 闪光对焊的接头形式

闪光对焊的接头形式如图 7-14 所示。两焊件对接面的几何形状和尺寸应基本一致，两焊件的轴线可以是在一条直线上或互成一个角度。

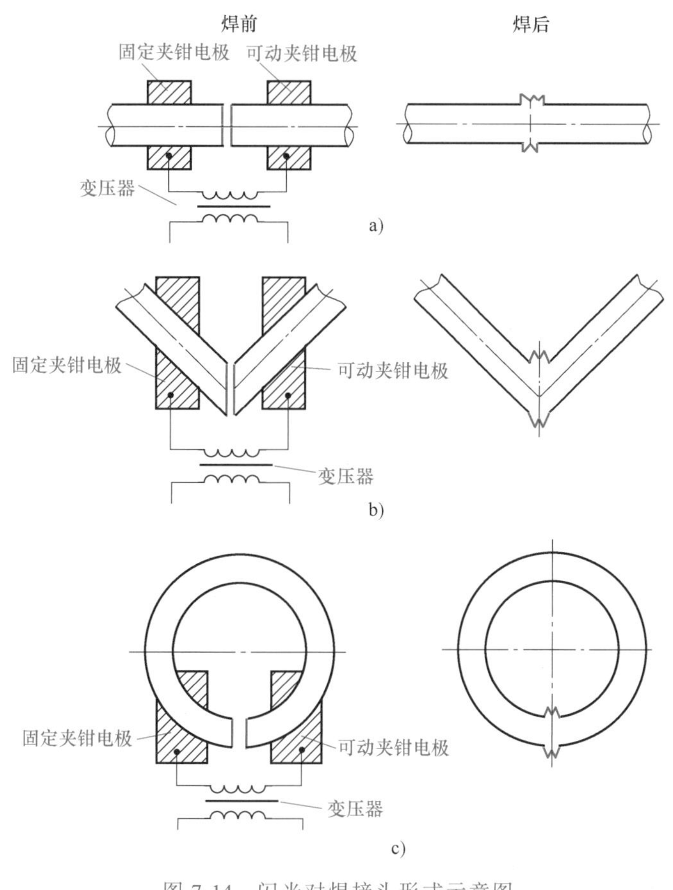

图 7-14 闪光对焊接头形式示意图

a）直线对接 b）角对接 c）圆环对接

3. 闪光对焊的焊前准备

闪光对焊的焊前准备包括对接端面的加工和表面清理。清理方法与点焊时基本相同，可以用机械法和化学法。机械法可采用砂布、砂轮、钢丝刷等；化学法主要采用各种洗涤剂、腐蚀剂浸洗。

闪光对焊时，两焊件的截面几何形状和轮廓尺寸应基本相同。对于圆柱形焊件，两对接焊件的直径差不应超过 15%；对于方形截面的焊件或管件，截面积差不应超过 10%。对于截面相差较大的焊件，最好将其中一个焊件的端部倒角。棒材、管材和板材推荐的倒角尺寸一般为 5°~10°。

4. 闪光对焊焊接参数

闪光对焊的焊接参数包括伸出长度、闪光电流和顶锻电流、闪光留量、闪光速度、顶锻留量、顶锻速度、顶锻压力、夹钳夹持力等。连续闪光对焊各留量和伸出长度如图 7-15 所示。

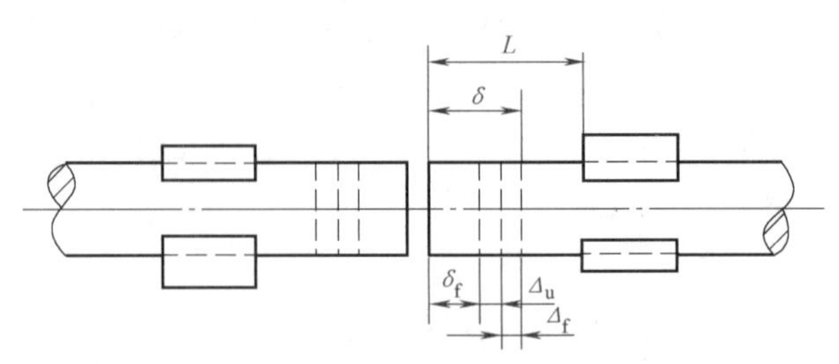

图 7-15 连续闪光对焊各留量和伸出长度示意图

L—伸出长度 δ—总留量 δ_f—闪光留量 Δ_u—有电流顶锻留量 Δ_f—无电流顶锻留量

(1) 伸出长度 L 伸出长度是指焊件从固定夹钳或可动夹钳中伸出的长度。伸出长度影响沿焊件轴向的温度分布和接头的塑性变形。随着伸出长度增加，温度分布趋缓降，塑性变形温度区较宽，但焊件回路的阻抗增大，需用功率也增大。一般 L 按如下公式确定：

棒材和厚壁管材 $L=(0.7\sim1.0)d$

薄板 $L=(4\sim5)\delta$

式中 d——圆棒和管子的外径或方钢的边长（mm）；

δ——板厚（mm），一般为 1~4mm。

(2) 闪光电流 I_f 和顶锻电流 I_u 闪光对焊时，闪光阶段通过焊件的电流称为闪光电流。闪光电流 I_f 取决于焊件的截面面积和闪光所需要的电流密度 j_f。j_f 的大小又与被焊金属的物理性能、闪光速度及焊件截面的加热状态有关。

截面面积为 200~1000mm^2 的焊件闪光对焊时，j_f 和 j_u（顶锻电流密度）的参考值见表 7-2。

表 7-2 闪光对焊时 j_f 和 j_u 的参考值

金属种类	j_f/(A/mm^2)		j_u/(A/mm^2)
	平均值	最大值	
低碳钢	5~15	20~30	40~60
高合金钢	10~20	25~35	35~50
铝合金	15~25	40~60	70~150
铜合金	20~30	50~80	100~200
钛合金	4~10	15~25	20~40

(3) 闪光留量 δ_f 闪光留量是焊件因闪光而剪短的预留长度，又称为烧化留量。通常闪光留量约占总留量的 70%~80%，预热闪光焊时可以减小到总量的 1/3~1/2。

(4) 闪光速度 v_f 闪光速度指在稳定闪光的条件下，焊件的瞬时接近速度，即可动夹钳的瞬时进给速度。v_f 过大会使加热区变窄，增加塑性变形的困难。合适的闪光速度应根据被焊金属成分和性质、闪光前焊件的预热状态来选取。

(5) 顶锻留量 δ_u δ_u 根据焊件截面积选择，应随着焊件截面积的增加而增大。δ_u 包括有电流顶锻留量和无电流顶锻留量。有电流顶锻留量约为无电流顶锻留量的（0.6~1）倍。

(6) 顶锻速度 v_u 闪光对焊时，顶锻阶段夹具的移动速度称为顶锻速度。对于导热性好的材料，需要很高的顶锻速度；对于碳钢，顶锻速度一般为 60~80mm/s。

(7) 顶锻压力 F_u 顶锻压力是顶锻阶段施加在焊件截面上的力，常以顶锻压强来表示。F_u的大小应保证能挤出接口内的液态金属，并在接头处产生一定的塑性变形。对于导热性好的金属，需要大的顶锻压强（150~400MPa）。

（8）夹钳的夹持力 F_c　F_c是防止焊件在夹钳电极中打滑而施加的力。F_c的大小必须保证在顶锻时不打滑，通常 $F_c=(1.5\sim4.0)F_u$。

常用钢筋闪光对焊工艺参数见表 7-3。

表 7-3　常用钢筋闪光对焊工艺参数

钢筋直径/mm	顶锻压力/MPa	伸出长度/mm	闪光留量/mm	顶锻留量/mm	闪光时间/s
5	60	9	3	1	1.5
6	60	11	3.5	1.3	1.9
8	60	13	4	1.5	2.25
10	60	17	5	2	3.25
12	60	22	6.5	2.5	4.25
14	70	24	7	2.8	5.00
16	70	28	8	3	6.75
18	70	30	9	3.3	7.5
20	70	34	10	3.6	9.0
25	80	42	12.5	4.0	13.00
30	80	50	15	4.6	20.00
40	80	66	20	6.0	45

三、电阻焊安全操作规程

电阻焊的安全操作规程主要包括防触电、防压伤（撞伤）、防灼伤和防空气污染等。

（1）防触电　电阻焊机二次电压甚低，不会产生触电危险。但一次电压为高压，尤其是采用电容放电时，其电压可高于千伏。晶闸管一般均带水冷，水柱带电。一般的保护技术是焊机外壳连接接地装置，电路配以适当的熔断丝。此外，还可采用过电流、过电压继电保护。检修控制箱中的高压部分时必须切断电源。电容放电类焊机（如采用高压电容）应加装门开关，在开门后自动切断电源。焊机放置的场所应保持干燥，地面应铺防滑板。对于外水冷式焊机，焊工作业时应穿绝缘鞋。

（2）防压伤（撞伤）　电阻焊机须固定一人操作，防止多人因配合不当而发生压伤事故。脚踏开关必须有安全防护。使用多点焊机时，其周围应设置栅栏，操作人员在上料后必须退出，离设备一定距离或关上门后才能起动焊机，以确保运动部件不致撞伤人员。

（3）防灼伤　电阻焊时常有喷溅产生，尤其是闪光对焊时，火花如礼花持续数秒至十多秒。因此，操作人员应穿防护服、戴防护镜，防止灼伤。在闪光产生区周围宜用黄铜防护罩罩住，以减少火花外溅。闪光时火花可飞高 9~10m，故周围及上方均应无易燃物；周围 15m 范围内应无易燃易爆物品，并备有专用消防器材。

（4）防空气污染　电阻焊焊接镀层板时，会产生有毒的锌、铅烟尘；闪光对焊时，有大量金属蒸气产生；修磨电极时有金属尘，其中镉铜和铍钴铜电极中的镉与铍均有很大毒性。因此，必须采取一定的通风、防空气污染措施。

习　题

一、填空题

1. 点焊焊接回路是由__________、__________、______、机臂、导电盖板、母线和导电铜排等所组成。

2. 根据电极向焊接区馈电方式，点焊分为____________和____________；根据一个点焊循环中所能形成的焊点数，点焊分为______________、______________、双面多点焊、______________、______________和单面多点焊。

3. 点焊焊前清理方法主要有__________和__________两种。

4. 闪光对焊的焊接工艺可分为______________、______________和闪光-预热闪光对焊等。连续闪光对焊的过程主要由__________和__________组成。

5. 电阻焊的安全操作规程主要有预防______、______、______和__________等。

二、单选题

1. 固定式点焊机结构的主要部分是（　　）、焊接回路和控制装置。

A. 加压机构　　B. 传动机构　　C. 气压系统　　D. 电极臂

2. 点焊时的焊点间距是为（　　）所规定的数值。

A. 避免点焊产生的分流而影响焊点质量

B. 满足焊点强度要求

C. 满足结构刚度要求

D. 满足结构强度要求

3. 闪光对焊机的焊接回路一般包括（　　）、导电平板、压力机构及变压器等。

A. 电极　　B. 无损检测系统

C. 气压系统　　D. 冷却水路系统

4. 电阻焊由于焊件和焊机的电阻都很小，故变压器（　　），固定式焊机通常在10V以内。

A. 二次电压不高　　B. 一次电压不高

C. 体积较大　　D. 结构复杂

5. 闪光对焊时，两焊件的截面几何形状和轮廓尺寸应基本相同。对于圆柱形焊件，两对接焊件的直径差不超过（　　）。对于方形截面的焊件或管件，截面积差不超过10%。

A. 10%　　B. 15%　　C. 20%　　D. 30%

6. 闪光对焊机周围（　　）内应无易燃易爆物品，并备有专用消防器材。

A. 5m　　B. 10m　　C. 15m　　D. 20m

三、判断题

1. 点焊应用的接头为搭接接头，不要求气密性，焊件厚度小于3mm。（　　）

2. 不同厚度的材料点焊时，熔核将向薄件偏移。（　　）

3. 闪光阶段的主要作用是加热焊件。（　　）

4. 开动点焊机前应先开放冷却水。（　　）

5. 电阻焊机的脚踏开关必须有安全防护。（　　）

四、简答题

1. 简述点焊焊接参数的选择原则。
2. 简述闪光对焊焊接参数的选择原则。

【焊接实践】

任务目标

1）能利用点焊进行低碳钢薄板的焊接。
2）能利用闪光对焊进行钢筋的焊接。

任务一　低碳钢薄板点焊

一、焊前准备

1. 焊件材质及尺寸

焊件材质：20 钢。

焊件尺寸：150mm×60mm×1.2mm，两块。

2. 焊接设备

采用 DN-25 型直压式点焊机。

3. 焊接参数

根据材料厚度和结构形式进行点焊试片试验，确定最佳参数。低碳钢薄板点焊焊接参数见表 7-4。

表 7-4　低碳钢薄板点焊焊接参数

最小搭接量/mm	电极头端面直径/mm	电极压力/kN	焊接时间/s	焊接电流/kA	最小点距/mm
14	6.4	2.7	0.2	9.8	20

二、操作要点

1. 焊件表面清理

用细砂布清理低碳钢薄板表面的氧化皮、铁锈、污垢等杂质。

2. 焊件组对

采用搭接接头，最小搭接量为 14mm。

3. 调整设备

保证接线正确，安全接地；修磨好电极端头，尽量使表面光滑；调整好上、下电极的位置，保证电极端头平面平行，轴线对中；将设备调至点焊状态。

4. 焊接

按表 7-4 调节焊接参数，把焊件放在电极之间，并踏下脚踏开关的踏板，将焊件压紧，然后把焊接电源开关放在“通”的位置，再踏下脚踏开关进行焊接。

5. 焊后清理

将焊点周围的飞溅用砂布或钢丝刷清理干净。

三、注意事项

1）作业前，应清除上、下两电极表面的油污。通电后，机体外壳应无漏电。

2）焊接时，禁止手伸入上、下电极之间，防止压伤。

3）焊机通电后，应检查电气设备、操作机构、冷却系统、气路系统及机体外壳有无漏电现象。有漏电时，应立即更换。

4）作业时，气路、水冷系统应畅通；气体应保持干燥；排水温度不得超过40℃，排水量可根据气温调节。

5）严禁在引燃电路中加大熔断器。当负载过小使引燃管内电弧不能发生时，不得闭合控制箱的引燃电路。

6）焊接操作及配合人员必须按规定穿戴劳动防护用品。工作完毕后，切断电源、水源，清理场地。

任务二　钢筋闪光对焊

一、焊前准备

1. 焊件材质和尺寸

焊件材质：光圆钢筋，级别为一级。

焊件尺寸：ϕ15mm、L=200mm，两根。

2. 焊接设备

采用闪光对焊机 UN-160。

3. 焊接参数

钢筋闪光对焊焊接参数见表 7-5。

表 7-5　钢筋闪光对焊焊接参数

顶锻压力/MPa	伸出长度/mm	闪光留量/mm	顶锻留量/mm	焊后电极间距/mm	闪光时间/s
65	25.5	7.5	3.0	15.0	6.0

二、操作要点

1. 焊件打磨及清理

钢筋端头如起弯或成“马蹄”形则不得焊接，必须矫直或切除。两钢筋的端面形状和尺寸应相同，直径之差不应大于15%，接头设计为等截面的对接接头。钢筋端头120mm范围内的铁锈、油污，必须清除干净。

2. 焊件组对

将两钢筋安置在闪光对焊机的焊接夹钳上，调整伸出长度为25.5mm，不组对时两钢筋不在同一轴线上。调整钳口，使两钳口中心线对准，再将两钢筋放于下钳口定位槽内，观看两钢筋是否对齐。如能对齐，焊机即可使用；如对不齐，应调整夹钳。调整时先松开紧固螺钉，再调整调节螺杆，并适当移动下钳口，获得最佳位置后，拧紧紧固螺钉。

按焊接工艺的要求，调整钳口的距离。当操纵杆在最左端时，钳口（电极）间距应等于焊件伸出长度与挤压量之差；当操纵杆在最右端时，电极间距相当于两焊件伸出长度再加2~3mm（即焊前原始位置）。该距离调整由调节螺钉获得。焊接标尺可帮助调整参数。

3. 焊接

1）按焊件的形状调整钳口，使两钳口中心线对准。

2）调整好钳口距离。

3）调整行程螺钉。

4）将钢筋放在两钳口上，并将两个夹头夹紧、压实。

5）调节焊接参数，手握手柄将两钢筋接头端面顶紧并通电，利用电阻热对接头部位预热；加热至塑性状态后，拉开钢筋，使两接头中间有约1~2mm的空隙。焊接过程进入闪光阶段，火花飞溅喷出，排出接头间的杂质，露出新的金属表面。此时，迅速将钢筋端头顶紧，并断电继续加压，但不能造成接头错位、弯曲。加压使接头处形成焊包，焊包的最大凸出量高于母材2mm左右为宜。

6）焊接结束后卸下钢筋。

4. 焊后清理

焊后将接头处的毛刺用砂轮清理干净，接头处的金属飞溅用砂布或钢丝刷清理干净。

三、注意事项

1）作业前应检查对焊机的压力机构是否灵活，夹具应牢固，确认正常方可施焊。

2）接触器的接触点、电极应定期磨光；二次电路全部连接螺钉应定期拧紧；冷却水温度不超过40℃，排水量应符合规定要求。

3）操作人员必须戴防护眼镜及帽子等，以免弧光刺激眼睛和熔化金属灼伤皮肤。

4）焊接作业的范围内不得放置易燃、易爆物品，防止因火花飞溅引起火灾。

5）焊接现场必须配有灭火工具和灭火器材等，存放的灭火器材应经过检验合格、有效。

6）焊接完毕后，清理现场，彻底消除火种。

第八章 切 割

第一节 气 割

学习目标

1）能正确描述气割的原理、特点及应用。

2）了解气割火焰的种类及特点。

3）掌握气割工艺参数的选择。

4）熟悉气割安全操作规程。

一、气割概述

气割具有设备简单、操作方便、实用性强等特点，因此在各工业部门的制造和维护中得到了广泛的应用。

1. 气割的工作原理

气割设备由氧气瓶、乙炔瓶、割炬、减压器、回火保险器及软管等组成，如图 8-1 所示。

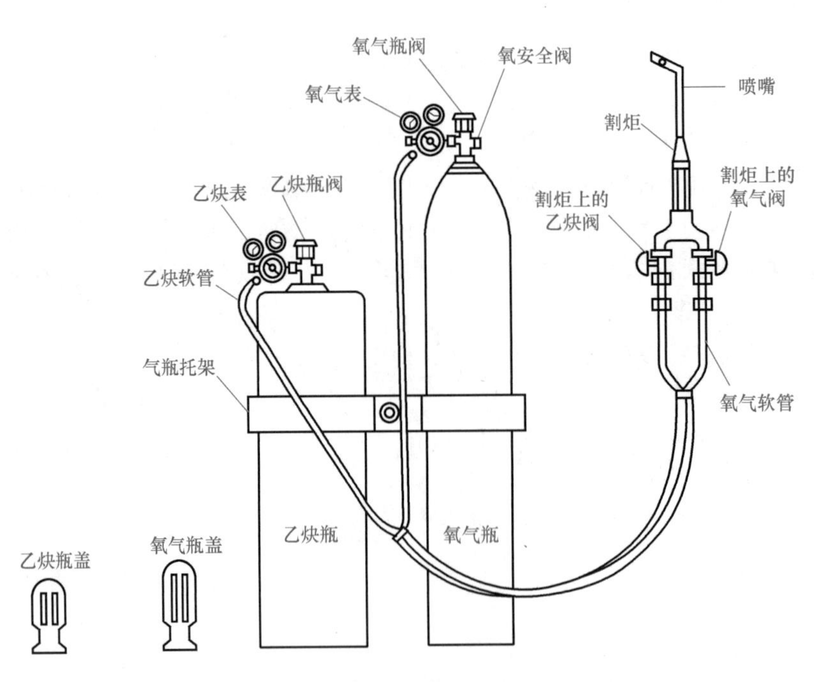

图 8-1 气割设备组成示意图

气割时，利用可燃气体与氧气混合燃烧的预热火焰，将金属加热到燃烧点，然后加大氧气流，金属在氧气射流中剧烈燃烧并被吹开，如图8-2所示。因此气割是在加热—燃烧—吹渣过程中连续进行的，并随着割炬的移动而形成切口。

2. 气割的特点

气割具有以下优点：

1）切割效率高，切割钢的速度比其他机械切割方法快。

2）机械方法难以切割的截面形状和厚度，采用氧乙炔焰切割比较经济。

3）切割设备的投资比机械切割设备的投资低，切割设备轻便，可用于野外作业。

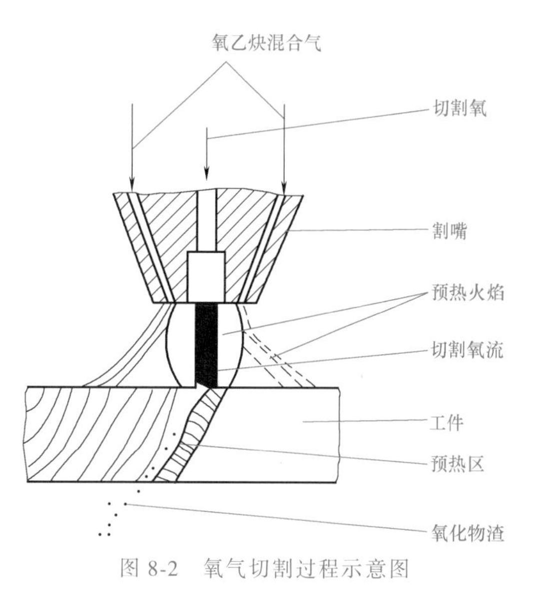

图 8-2　氧气切割过程示意图

气割的缺点如下：

1）气割的尺寸精度劣于机械方法切割。

2）预热火焰和排出的赤热熔渣存在发生火灾以及烧坏设备和烧伤操作工的危险。

3）切割时，因燃气的燃烧和金属的氧化，需要采用合适的烟尘控制装置和通风装置。

4）切割材料受到限制。如铝、铜、不锈钢、铸铁等不能用氧乙炔焰切割。

3. 气割的应用范围

（1）切割材料范围　由于金属的切割性能，目前，气割主要用于各种碳钢和低合金钢的切割。

（2）切割厚度范围　切割厚度可达300mm以上。

（3）切割产品范围　气割能在各种位置进行切割，并且能切割各种外形复杂的零件，因此，广泛用于钢板下料、开焊接坡口和铸件浇冒口的切割。

二、气割火焰的选用

1. 气割所用气体种类

气割所用的气体分为两类：助燃气体——氧气、可燃气体——乙炔。

（1）氧气　氧气是无色、无毒、无味的气体，分子式为 O_2，在标准状态下氧气比空气重。氧气的化学性质比较活泼。氧气本身不燃烧，起助燃作用，因此称为助燃气体。

氧气的纯度对气割的质量、生产率和氧气本身的消耗有直接影响，氧气的纯度一般应≥99.2%。

氧气瓶是储存和运输氧气的高压容器，容积为40L。当工作压力为15MPa时，可储存$6m^3$氧气。氧气瓶外表面涂酞蓝漆，并用黑漆写字样“氧”。

（2）乙炔　乙炔是无色有特殊臭味的气体，比空气略轻。乙炔的化学式为 C_2H_2，是可燃气体，在氧气中燃烧时温度可达3000~3300℃。

乙炔是具有爆炸性危险的气体，在液态和固态下或在气态和一定压力下有猛烈爆炸的危险，受热、震动、电火花等因素都可以引发爆炸。乙炔与铜或银长期接触会产生爆炸性化合物乙炔亚铜和乙炔银。

由于乙炔受压会引起爆炸，因此不能加压液化后储存或运输。工业上是在装满石棉等多孔物质的钢瓶中，使多孔物质吸收丙酮后将乙炔压入，以便储存和运输。

乙炔瓶是储存和运输乙炔的压力容器，容积为40L。乙炔瓶外表面涂白色漆，并用红漆写字样“乙炔不可近火”。

2. 氧乙炔焰的选用

氧乙炔焰是乙炔与氧混合燃烧所形成的火焰。氧乙炔焰具有很高的温度，加热集中，是目前气焊、气割中采用的主要火焰。氧乙炔焰是气焊、气割的热源，产生的气流又是熔化金属的保护介质。

氧乙炔焰的外形、构造及温度分布是由氧气和乙炔的混合比决定的。按混合比的不同，可得到性质不同的3种火焰：碳化焰、中性焰和氧化焰，如图8-3所示。

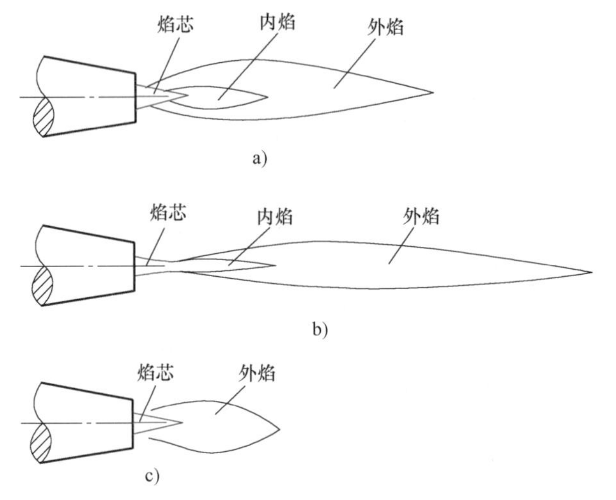

图 8-3 氧乙炔焰的构造和形状示意图

a）中性焰 b）碳化焰 c）氧化焰

(1) 中性焰 氧与乙炔的混合体积比为1.1~1.2时，燃烧所形成的火焰称为中性焰。在燃烧区既无过量氧又无游离碳。

中性焰由焰芯、内焰、外焰3部分组成，如图8-3a所示。焰芯温度仅有800~1200℃。内焰处在焰芯前2~4mm的部位，燃烧最激烈、温度最高，可达3100~3150℃。内焰的外面是外焰，温度为1200~2500℃。由于CO_2和H_2O在高温时很容易分解，所以外焰具有氧化性。

中性焰可用于低碳钢、低合金钢、纯铜、铝及铝合金等金属的气割。

(2) 碳化焰 氧与乙炔的混合体积比小于1.1时，燃烧所形成的火焰称为碳化焰。这种火焰含有游离碳，具有较强的还原作用，也有一定的渗碳作用。

碳化焰可明显地分为焰芯、内焰和外焰3部分，如图8-3b所示。碳化焰的最高温度为2700~3000℃。碳化焰中存在的过剩乙炔，焊接时易分解为氢气和碳，容易增加焊缝的含碳量，影响焊缝的力学性能。过多的氢进入熔池会使焊缝产生气孔及裂纹。因此碳化焰不能用于焊接低碳钢和低合金钢。但微轻碳化焰应用较广，可用于中合金钢、高合金钢、铝及其合金的焊接。

(3) 氧化焰 氧与乙炔的混合体积比大于1.2时，燃烧所形成的火焰称为氧化焰。氧化焰中有过量的氧，在尖形焰芯的外面形成了一个有氧化性的富氧区，如图8-3c所示。氧化焰的最高温度可达3100~3300℃。由于氧气的供应量较多，整个火焰具有氧化性，所以焊接一般碳钢时，会造成金属的氧化和合金元素的烧损，降低焊缝的质量。因此这种火焰较少采用，只是在焊接黄铜和锡青铜时采用。

三、气割工艺参数的选择

氧乙炔气割的工艺参数主要包括切割氧压力、切割速度、预热火焰能率、割嘴与工件间的倾角，以及割嘴离工件表面的距离等。

1. 切割氧压力

气割时，氧气的压力与工件的厚度、割嘴号码及氧气纯度等因素有关。工件越厚，要求氧气的压力越大；工件较薄时，则要求氧气的压力较低。但氧气的压力有一定的范围，如果氧气压力过低，会使气割过程中的氧化反应减慢，同时在割缝背面形成粘渣，甚至不能将工件的全部厚度割穿。相反，氧气压力过大，不仅造成浪费，而且对工件产生强烈的冷却作用，使切口表面粗糙，切口宽度加大，切割速度反而减慢。

随着工件厚度的增加，选择的割嘴号码应增大，使用的氧气压力也相应地要加大。

2. 切割速度

切割速度与工件厚度和使用的割嘴形状有关。工件越厚，切割速度越慢；反之工件越薄，则切割速度越快。切割速度太慢，会使切口边缘熔化；切割速度过快，会产生很大的后拖量或割不穿。

切割速度合适与否，主要根据后拖量来判断。后拖量是指在氧气切割过程中，工件的下层金属比上层金属燃烧迟缓的距离，如图 8-4 所示。

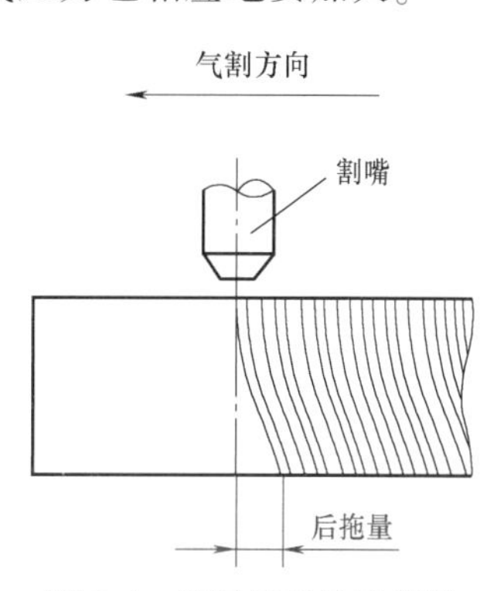

图 8-4　切割后拖量示意图

气割时，后拖量的出现是不可避免的，在气割厚板时更为明显，因此，切割速度的选择应以使产生的后拖量较小为原则。

3. 预热火焰能率

预热火焰的作用是加热金属工件，并始终保持能在氧气流中燃烧的温度，同时使工件表面的氧化皮脱落和熔化，便于切割氧射流与铁化合。预热火焰加热低碳钢时，温度约为 1100～1150℃。

气割时，预热火焰均采用中性焰或轻微的氧化焰。因为碳化焰中有剩余的碳，会使工件的切口边缘增碳，所以不能使用碳化焰。

预热火焰能率以可燃气体每小时的消耗量表示，单位为 L/h。预热火焰能率与工件厚度有关。工件越厚，火焰能率应越大。但是火焰能率过大时，会使切口上缘产生连续珠状钢粒，甚至熔化成圆角，同时造成工件背面粘渣过多而影响质量。当火焰能率过小时，工件得不到足够的热量，迫使切割速度减慢，甚至使气割过程发生困难，这在厚板切割时更应注意。

4. 割嘴与工件间的倾角

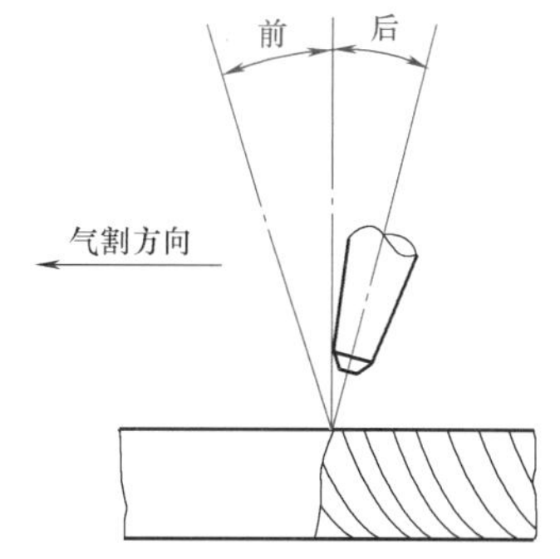

图 8-5　割嘴与工件间倾角示意图

割嘴与工件间的倾角可分为前倾和后倾两种，如图 8-5 所示。割嘴与工件的倾角直接影响切割速度和后拖量。

割嘴与工件间倾角的大小，主要根据工件厚度而定，见表 8-1。

表 8-1　割嘴倾角与工件厚度的关系

工件厚度/mm	<6	6～30	>30		
			起割	割穿后	停割
倾角方向	后倾	垂直	前倾	垂直	后倾
倾角角度	25°～45°	0°	5°～10°	0°	5°～10°

5. 割嘴离工件表面的距离

割嘴离工件表面的距离根据预热火焰的长度及工件的厚度而定，一般为3~5mm。这样的距离加热条件好，同时切口渗碳的可能性最小。

当气割厚度约20mm的中厚钢板时，火焰要长些，割嘴离工件表面的距离可增大。在气割厚度为20mm以上的厚钢板时，由于切割速度慢，为了防止切口上缘熔化，所需的预热火焰应短些，割嘴离工件表面的距离可适当减小。这样有利于保持切割氧的纯度，也提高了气割的质量。

四、气割安全操作规程

1）所有独立从事气割作业的人员必须经劳动安全部门或指定部门培训，经考试合格后持证上岗。

2）气割作业人员在作业中应严格按各种设备及工具的安全使用规程操作设备和使用工具。

3）所有气路、容器和接头的检漏应使用肥皂水，严禁明火检漏。

4）工作前应将工作服、手套及工作鞋、护目镜等穿戴整齐。各种防护用品均应符合国家有关标准的规定。

5）各种气瓶均应竖立稳固或装在专用的胶轮车上使用。

6）气割作业人员应备有开启各种气瓶的专用扳手。

7）禁止使用各种气瓶做登高支架或支撑重物的衬垫。

8）切割前应检查工作场地周围的环境，不要靠近易燃、易爆物品。如果有易燃、易爆物品，应将其移至5m以外。要注意氧化渣在喷射方向上是否有他人在工作，要安排他人避开后再进行切割。

9）切割盛装过易燃及易爆物料（如油脂、漆料、有机溶剂等）、强氧化物或有毒物料的各种容器（如桶、罐、箱等）、管段及设备时，必须遵守化工企业焊接与切割中的安全规定，采取安全措施，并且应获得本企业和消防管理部门的动火许可后才能进行作业。

10）在狭窄和通风不良的地沟、坑道、检查井、管段等半封闭场所进行气割作业时，应在地面调节好割炬混合气，并点燃火焰，再进入切割场所。割炬应随人进出，严禁放在工作地点。

11）在密闭容器、桶、罐、舱室中进行气割作业时，应先打开施工处的孔、洞、窗，使内部空气流通，防止操作人员中毒或烫伤，必要时要有专人监护。工作完毕或暂停时，割炬及软管必须随人进出，严禁放在工作地点。

12）禁止在带压力或带电的容器、罐、柜、管道、设备上进行切割作业。在特殊情况下需从事上述工作时，应向上级主管安全部门申请，经批准并做好安全防护后方可进行操作。

13）切割现场禁止将气体软管与电缆、钢绳绞在一起。

14）切割软管应妥善固定，禁止缠绕在身上作业。

15）在已停止运转的机器中进行切割作业时，必须彻底切断机器的电源（包括主机、辅机、运转机构）和气源，锁住起动开关，并设置明确安全标志，由专人看管。

16）禁止直接在水泥地上进行切割，防止水泥爆炸。

17）切割工件应垫高100mm以上并支架稳固，对可能造成烫伤的火花飞溅进行有效防护。

18）对于悬挂在起重机吊钩或其他位置的工件及设备，禁止进行切割。如必须进行切割作业，应经企业安全部门批准，采取有效安全措施后方可作业。

19）所有气割设备禁止搭架各种电线、电缆。

20）露天作业时遇有六级以上大风或下雨时，应停止切割作业。

习　题

一、填空题

1. 气割是以______、______、______的过程连续进行的，并随着割炬的移动而形成切口。

2. 气割所用的气体可分为两类：__________、_____________。

3. 氧乙炔焰的外形、构造及温度分布是由氧气和乙炔的混合比决定的。按混合比不同，可得3种火焰：________、________和________。

4. 气割的工艺参数主要包括________、________、__________、____________，以及____________________等。

二、单选题

1. 金属的气割过程实质是金属在（　　）。

A. 纯氧中燃烧的过程　B. 氧气中燃烧的过程
C. 纯氧中熔化的过程　D. 氧气中熔化的过程

2. 不能用氧气切割的金属是（　　）的金属。

A. 燃点低于熔点　B. 金属氧化物熔点低于金属熔点
C. 导热性不好　D. 燃烧时发生吸热反应

3. 切割性能最好的金属是（　　）。

A. 低碳钢　B. 铜　C. 铝合金　D. 高合金钢

4. 预热火焰能率是以（　　）的消耗量来表示的。

A. 每小时可燃气体（乙炔）　B. 每小时氧气
C. 每分钟氧气　D. 每分钟乙炔

5. 火焰能率的大小主要取决于（　　）流量。

A. 氧气　B. 乙炔　C. 氧乙炔混合气　D. 空气

6. 当氧气与乙炔的体积混合比（　　）时产生碳化焰。

A. 小于1.2　B. 小于1　C. 小于1.1　D. 大于1

7. 气割时，通常割嘴离工件表面的距离应保持在（　　）范围内。

A. 0~2mm　B. 0~3mm　C. 3~5mm　D. 5~7mm

8. 气割速度太快，会出现（　　）现象。

A. 薄件变形　B. 粘渣不易清除
C. 浪费氧气　D. 割不透

9. 进行焊接切割作业时，应将作业环境（　　）范围内所有易燃易爆物品清理干净。

A. 3m　B. 5m　C. 10m　D. 20m

三、判断题

1. 气割时，氧气的压力与工件的厚度、割嘴号码及氧气的纯度等因素有关。（ ）

2. 氧气压力过大，不仅造成浪费，而且使切口表面粗糙，切口宽度加大，切割速度加快。（ ）

3. 气割时，根据工件厚度来选择割嘴号码及氧气压力。（ ）

4. 气割时，预热火焰均采用中性焰或轻微的碳化焰。（ ）

5. 切割速度主要取决于工件的厚度，工件越厚，割速越慢。（ ）

6. 气焊、气割时的主要劳动保护措施是通风和个人防护。（ ）

7. 所有气路、容器和接头的检漏应使用肥皂水，严禁明火检漏。（ ）

8. 在密闭容器、桶、罐、舱室中进行气割作业时，应先打开施工处的孔、洞、窗，使内部空气流通，防止焊工中毒、烫伤。（ ）

9. 可以在带压力或带电的容器、罐、柜、管道、设备上进行气割作业。（ ）

10. 气割工件应垫高 50mm 以上并支架稳固，对可能造成烫伤的火花飞溅进行有效防护。（ ）

四、简答题

1. 气割的特点有哪些？

2. 如何选择气割的工艺参数？

第二节 炭弧气刨

学习目标

1）能正确描述炭弧气刨的原理、特点及应用。

2）掌握手工炭弧气刨工艺参数的选择。

3）熟悉炭弧气刨安全操作规程。

一、炭弧气刨概述

1. 炭弧气刨的工作原理

炭弧气刨系统由电源、气刨枪、炭棒、电缆气管和压缩空气等组成，如图 8-6 所示。

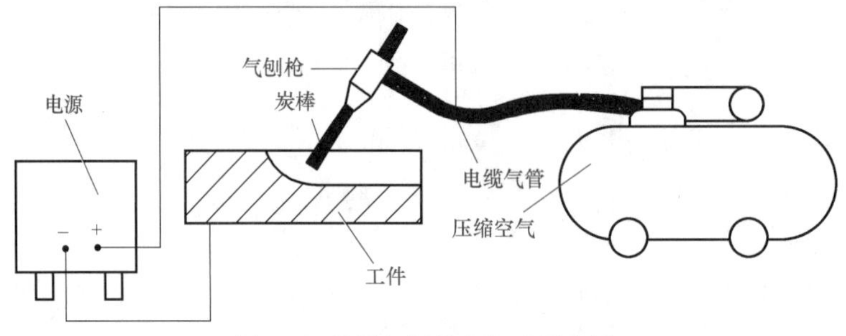

图 8-6 炭弧气刨设备组成示意图

如图8-7所示，炭弧气刨时，利用炭棒和金属之间产生的高温电弧，把金属局部加热到熔化状态，同时利用压缩空气的高速气流把这些熔化金属吹掉。随着电极的移动，气体不断地将熔化金属吹掉，从而实现对金属母材的刨削和切割。

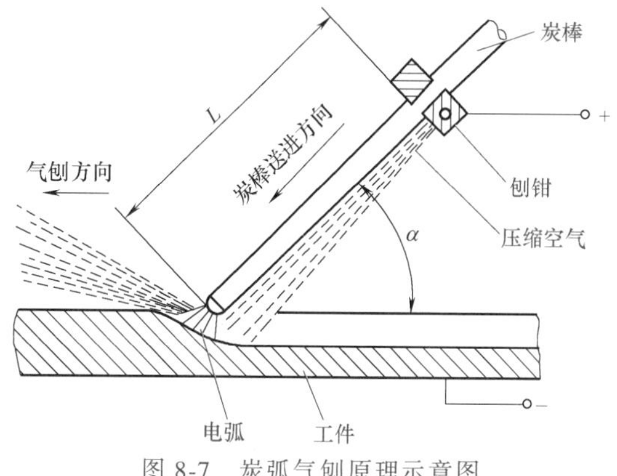

图8-7　炭弧气刨原理示意图
L—炭棒伸出长度　α—炭棒与工件的夹角

2. 炭弧气刨的特点

(1) 生产率高　采用炭弧气刨比风铲可提高生产率4倍，尤其在仰位和垂直位置时，优越性更大。

(2) 改善劳动条件　炭弧气刨与风铲相比，噪声小，劳动强度小。

(3) 使用方便灵活、有利于保证质量　炭弧气刨可在较窄小的位置上施工，操作方便，尤其在返修焊缝时，便于焊接缺陷的清除，有利于焊接质量的提高。

(4) 切割范围广　不锈钢、铸铁等材料不能用气割方法切割，但是可使用炭弧气刨进行切割，且方便易行。它适宜在没有等离子弧切割的条件下应用。

(5) 便于推广　炭弧气刨对操作人员的技术要求不高，因此很容易推广。

(6) 要求通风良好　在刨削过程中会产生烟雾，因此在通风不良的场所工作时，应采取相应的通风措施。

3. 炭弧气刨的应用范围

1）炭弧气刨广泛应用在焊缝挑焊根工作中。

2）利用炭弧气刨开坡口，尤其是U形坡口。

3）返修焊件时，可使用炭弧气刨消除焊接缺陷。

4）清理铸件表面的飞边、毛刺、浇冒口及铸件中的缺陷。

二、炭弧气刨材料的选用

1. 压缩空气

压缩空气用来吹走已熔化的金属。压缩空气必须清洁干燥，必要时应采用过滤装置。压缩空气应有足够的压力和流量。

2. 炭棒

气刨用炭棒一般都采用镀铜夹心炭棒，其截面形状有圆形和扁形。圆形炭棒主要用于开坡口或清除缺陷，扁形炭棒主要用于大面积刨削或清除工件表面的焊疤。常用炭棒的型号和规格见表8-2。

表8-2　炭弧气刨常用炭棒的型号和规格

型号	截面形状	尺寸/mm		
		直径	截面	长度
B504～B516	圆形	4～16	—	305,355
B5412～B5620	矩形	—	4×12、5×10 5×12、5×15	305
			5×18、5×20 5×25、6×20	355

三、炭弧气刨工艺参数的选择

1. 电源种类和极性

炭弧气刨一般都采用直流电源。选择不同的极性对不同材料的气刨过程的稳定性和质量有影响。对于碳钢、低合金钢和不锈钢，一般采用直流反接。直流反接时，电弧稳定，熔化金属的流动性较好，凝固温度较低，因此刨削过程稳定，电弧发出连续的“刷、刷”声。对于铸铁、铜及铜合金和铝及铝合金，一般采用直流正接。若极性接错，电弧不稳且发出断续的“嘟、嘟”声。常用金属材料炭弧气刨的极性选择见表 8-3。

表 8-3 炭弧气刨极性的选择

材料	电源极性	材料	电源极性
碳钢	反接①	铸铁	正接
低合金钢	反接①	铜及铜合金	正接
不锈钢	反接①	铝及铝合金	正接或反接②

① 正接时，刨槽表面不光。
② 反接也可，但不如正接好。

2. 炭棒直径

炭棒直径根据被刨削的金属厚度来选择，见表 8-4。从表中可看到，被刨削金属板厚增加时，炭棒直径也需增大。

表 8-4 钢板厚度与炭棒直径的关系

钢板厚度/mm	炭棒直径/mm	钢板厚度/mm	炭棒直径/mm
3	一般不刨	8~12	6~8
4~6	4	10~15	8~10
6~8	5~6	15 以上	10

炭棒直径的大小还与所要求的刨槽宽度有关，一般炭棒直径应比所要求的槽宽小约 2mm。

3. 刨削电流

电流对刨槽的尺寸影响很大，电流增大，刨槽的宽度增加，槽深增加更多。采用大电流还可以提高刨削速度，并获得较光滑的刨槽。但电流过大时，炭棒头易发红，镀铜层易脱落。正常电流下，炭棒发红长度为 25mm。电流太小时，则容易产生夹碳现象。炭棒规格及适用电流可参考表 8-5。

表 8-5 炭棒规格及适用电流

断面形状	规格/mm	适用电流/A	断面形状	规格/mm	适用电流/A
圆形	ϕ4×355	150~200	扁形	4×12×355	200~300
	ϕ5×355	150~250		5×10×355	300~400
	ϕ6×355	180~300		5×12×355	350~450
	ϕ7×355	200~350		5×15×355	400~500
	ϕ8×355	250~400		5×18×355	450~550
	ϕ10×355	400~550		5×20×355	500~600
	ϕ12×355	450~600		5×25×355	550~600
				6×20×355	550~600

4. 刨削速度

刨削速度对刨槽尺寸、表面质量都有一定影响。速度太快会造成炭棒与金属相碰，使碳粘于刨槽顶端，形成所谓“夹碳”的缺陷。相反，速度过慢，容易出现“粘渣”问题。随着刨削速度的增大，刨槽深度、宽度均会减小，通常刨削速度为0.5~1.2m/min较合适。

5. 压缩空气压力

压缩空气的压力高，能迅速吹走熔化的金属，使刨削过程顺利进行。常用的压缩空气压力为0.4~0.6MPa。压缩空气的压力与使用的电流有关，随着电流的增大，压缩空气的压力也应相应提高，见表8-6。当电流增大时，被熔化的金属量也随着增多。要能迅速吹掉熔化金属，就要相应增大压缩空气的压力，避免熔化金属停留时间过长，减小热影响区，从而得到光滑的刨槽表面。

此外，要适当控制压缩空气中的水分和油，否则会使刨槽表面质量变差。

表8-6　电流与压缩空气压力的关系

电流/A	压缩空气压力/MPa	电流/A	压缩空气压力/MPa
140~90	0.35~0.4	340~470	0.5~0.55
190~270	0.4~0.5	470~550	0.5~0.6
270~340	0.5~0.55		

6. 电弧长度

炭弧气刨时，电弧长会引起电弧不稳定，甚至造成熄弧，故操作时宜采用短弧，以提高生产率和炭棒利用率。一般电弧长度以1~2mm为宜。电弧太短则易产生“夹碳”缺陷。此外，在刨削过程中电弧长度的变化应尽可能小，以保证得到均匀的刨槽尺寸。

7. 炭棒伸出长度

炭棒从钳口到电弧端的长度为伸出长度，如图8-8所示。伸出长度越长，钳口离电弧越远，压缩空气吹到熔池的吹力就越小，不能将熔化金属顺利吹掉；另一方面，伸出长度越长，炭棒的电阻越大，烧损也越快。但伸出长度太短时会造成操作不便。

操作时，炭棒较为合适的伸出长度为80~100mm，当炭棒烧损20~30mm后就要进行调整。

8. 炭棒倾角

炭棒与工件沿刨槽方向的夹角称为炭棒倾角，如图8-9所示。刨槽的深度与倾角有关。倾角增大，刨槽深度增加；反之，倾角减小，则槽深减小。炭棒的倾角一般为25°~45°。

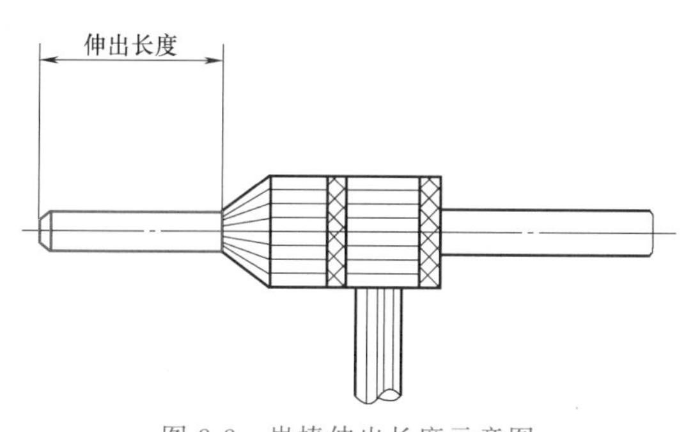

图8-8　炭棒伸出长度示意图

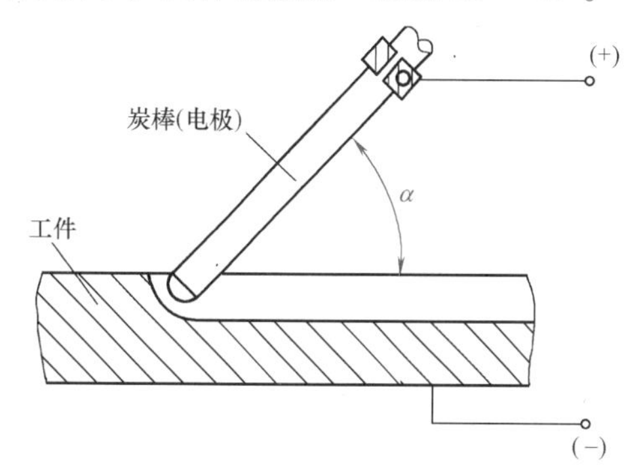

图8-9　炭棒倾角示意图

炭弧气刨工艺参数的选用见表 8-7。

表 8-7 炭弧气刨工艺参数

炭棒形状	炭棒规格/mm	电流/A	炭弧气刨速度/(m/min)	槽的形状/mm	适用范围
圆炭棒	φ5	250	—	6.5; 4	用于厚度为4~7mm 的板材
	φ6	280~300	—	8; 4	
	φ7	300~350	1.0~1.2	10; 5	
	φ8	350~400	0.7~1.0	12; 5	用于厚度为8~24mm 的板材
	φ10	450~500	0.4~0.6	14; 6	
扁炭棒	4×12	350~400	0.8~1.2	—	—

四、炭弧气刨安全操作规程

1）操作时，尤其是进行全位置刨削时应穿戴全防护用品（包括帽子、鞋罩、口罩、护目镜等）。

2）操作时，应尽可能顺风向操作，防止熔化金属及熔渣烧损工作服及烫伤皮肤，并注意工作场地防火。

3）在容器或舱室内部操作时，内部空间不能过于狭小，且必须加强通风和排除烟尘的措施。

4）气刨使用的电流较大，应注意防止电源过载和因长时间连续使用而发热，避免烧毁电源。

5）应使用镀铜层的专用炭弧气刨炭棒。

6）其他安全措施与一般电弧焊相同。

习　题

一、填空题

1. 炭弧气刨是利用__________之间产生的高温电弧，把金属局部加热到________，同时利用________的高速气流把这些____________，从而实现对金属母材进行________的一种工艺方法。

2. 炭弧气刨工艺参数包括________、________、__________、________、________和__________。

二、单选题

1. 炭弧气刨切割的金属材料不包括（　　）。

A. 中碳钢　　B. 低碳钢　　C. 超低碳不锈钢　　D. 铸铁

2. 炭弧气刨用的炭棒表面应镀金属（　　）。

A. 铜　　B. 铝　　C. 铬　　D. 镍

3. 炭棒直径的大小与刨槽宽度有关，一般炭棒直径应比所要求的槽宽小约（　　）。

A. 1mm　　B. 2mm　　C. 3mm　　D. 4mm

4. 炭弧气刨时炭棒的伸出长度为（　　）。

A. 20～30mm　　B. 40～50mm　　C. 60～70mm　　D. 80～100mm

5. 低碳钢炭弧气刨后，在刨槽表面会产生一层（　　）。

A. 硬化层　　B. 渗碳层　　C. 脱碳层　　D. 氧化层

6. 炭弧气刨时，一般电弧长度以（　　）为宜。

A. 1～2mm　　B. 2～3mm　　C. 3～4mm　　D. 4～5mm

7. 炭弧气刨时，炭棒的倾角一般为（　　）比较合适。

A. 10°～25°　　B. 25°～45°　　C. 30°～45°　　D. 40°～55°

8. 炭弧气刨电流过大时，会引起严重的（　　）现象。

A. 断弧　　B. 夹碳　　C. 渗碳　　D. 软化

三、判断题

1. 炭弧气刨一般采用交流电源。（　　）

2. 炭弧气刨时压缩空气的压力与使用的电流有关，随着电流的增大，压缩空气的压力应相应降低。（　　）

3. 炭弧气刨时，电弧太长会引起电弧不稳定，甚至造成熄弧。（　　）

4. 炭弧气刨在刨削过程中，炭棒不应横向摆动和前后往复移动，只能沿刨削方向做直线运动。（　　）

5. 炭弧气刨刨削结束时，应先切断电弧，过几秒钟后再关闭气阀，使炭棒冷却。（　　）

四、简答题

1. 炭弧气刨有哪些特点？

2. 炭弧气刨应用在哪些方面？

第三节　等离子弧切割

学习目标

1）能正确描述等离子弧切割的原理、特点、分类及应用。

2）掌握等离子弧切割工艺参数的选择。

3）熟悉等离子弧切割安全操作规程。

一、等离子弧切割概述

1. 等离子弧切割的工作原理

等离子弧切割设备是由电源、控制箱、水路系统、气路系统及割炬等组成，如图 8-10 所示。

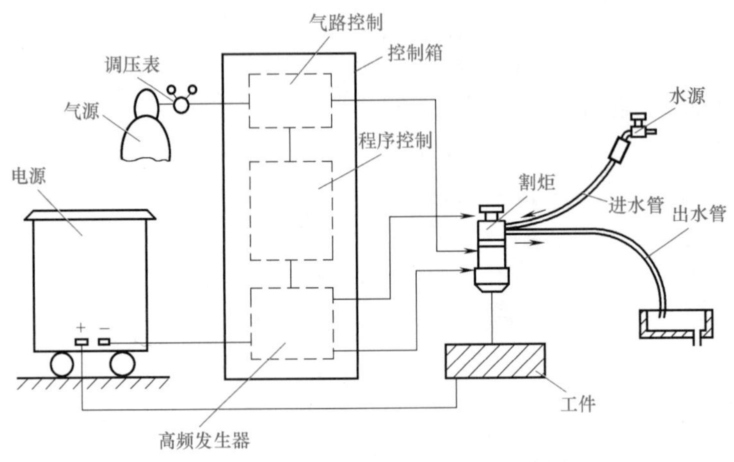

图 8-10　等离子弧切割设备组成示意图

等离子弧切割原理如图 8-11 所示。将电弧和惰性气体强行穿过喷嘴小孔而产生高速射流，等离子弧的温度高（可达 50000K）、能量集中，使工件熔化，高温膨胀的气体射流迫使熔化金属穿透切口。目前所有金属材料及非金属材料都能被等离子弧熔化，因而等离子弧切割的适用范围比氧气切割要大得多。

等离子弧切割分为转移弧切割和非转移弧切割。图 8-11a 所示为转移弧切割，适用于金属材料切割；图 8-11b 所示为非转移弧切割，既可用于非金属材料切割，也可用于金属材料切割，但由于工件不接电源，电弧挺度差，故能切割的金属材料厚度较小。

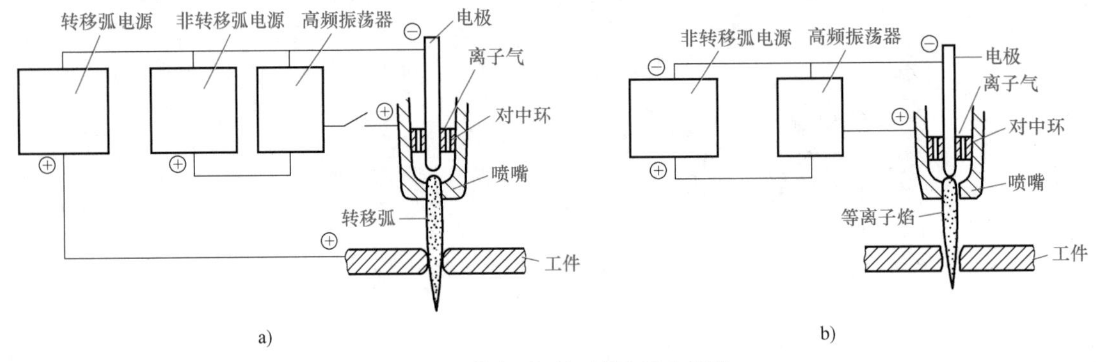

图 8-11　等离子弧切割原理示意图

a）转移型等离子弧切割　b）非转移型等离子弧切割

2. 等离子弧切割的特点

（1）切割速度快，生产率高　等离子弧切割是目前常用的切割方法中切割速度最快的。

（2）切口质量好　等离子弧切割的切口窄而平整，产生的热影响区和变形都比较小，特别是切割不锈钢时能很快通过敏化温度区间，故不会降低切口处金属的耐蚀性。切割淬火倾向较大的钢材时，虽然切口处金属的硬度也会升高，甚至会出现裂纹，但由于淬硬层的深度非常小，通过焊接过程可以消除，所以切割后可直接用于装配焊接。

(3) 能切割几乎各种金属材料　等离子弧能切割不锈钢、铸铁、铝、镁、铜等，在使用非转移型等离子弧时，还能切割非金属材料，如石块、耐火砖、水泥块等。

3. 等离子弧切割的应用范围

等离子弧切割适合于所有金属材料和部分非金属材料的切割。用来切割不锈钢、铝及铝合金、铜及铜合金等金属非常方便，最大切割厚度为 180~200mm；也可用来切割厚度为 35mm 以下的低碳钢和低合金结构钢。对于厚度为 25mm 以下的低碳钢板，等离子弧切割比氧乙炔切割快 5 倍左右，且热影响区小，钢板不变形，经济效益高。对于厚度大于 25mm 的碳钢钢板，氧乙炔切割速度快一些，也更经济实用。

二、等离子弧切割方法

1. 空气等离子弧切割

(1) 原理　采用压缩空气作为离子气的等离子弧切割称为空气等离子弧切割，如图 8-12 所示。这种方法将空气压缩后直接通入喷嘴，经电弧加热分解出氧，氧与切割金属产生强烈的化学放热反应，加快了切割速度。未分解的空气经喷嘴高速喷出冲刷切口，将熔化金属和金属氧化物吹离切口。

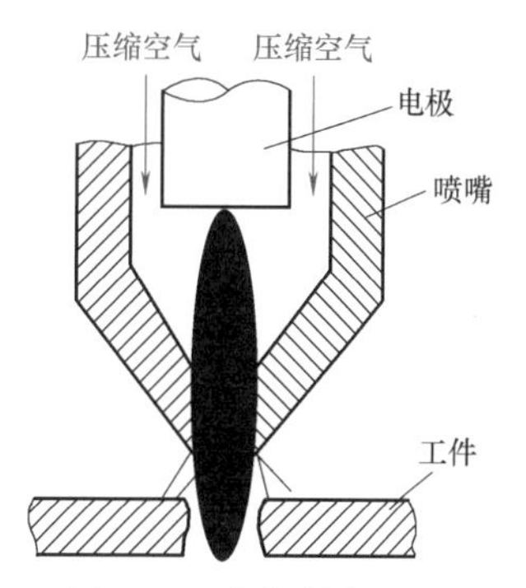

图 8-12　空气等离子弧切割示意图

(2) 特点　空气等离子弧切割成本低，生产率高。

(3) 应用　近年来，空气等离子弧切割发展较快，应用越来越广泛。不仅能用于普通碳钢与低合金钢的切割，也可用于切割铜、不锈钢、铝及其他材料。空气等离子弧切割特别适合切割厚度为 30mm 以下的碳钢、低合金钢。

(4) 存在问题　一方面，电极受到强烈的氧化烧损，电极端头形状难以保持；另一方面，不能采用纯钨电极或含氧化物的钨电极。

(5) 解决途径　为了提高电极的使用寿命，一般采用直接水冷的镶嵌式纯锆或纯铪电极。由于电极与空气接触，空气等离子弧切割时，锆、铪电极的工作寿命一般只有 5~10h。

2. 水压缩等离子弧切割

该方法是在普通的等离子弧外围用高速水束进行压缩。切割时，从割炬喷出的除等离子气体外，还伴有高速流动的水束，它们共同迅速地将熔化金属排开，形成切口，如图 8-13 所示。

3. 双气流等离子弧切割

(1) 原理　双气流等离子弧切割采用内外两层喷嘴，内喷嘴通常通入氮气，外喷嘴根据切割工件材料，可以通入二氧化碳气体、压缩空气、氩气或氢气，如图 8-14 所示。

(2) 特点　双气流等离子弧切割时，压缩空气不与电极直接接触，可以使用纯钨电极或氧化钨电极，简化了电极结构，提高了电极的使用寿命。切割碳钢时，外喷嘴如通入压缩空气，既可以加强切割区的氧化放热反应，提高切割速度，又可以吹除切口内的熔化金属。

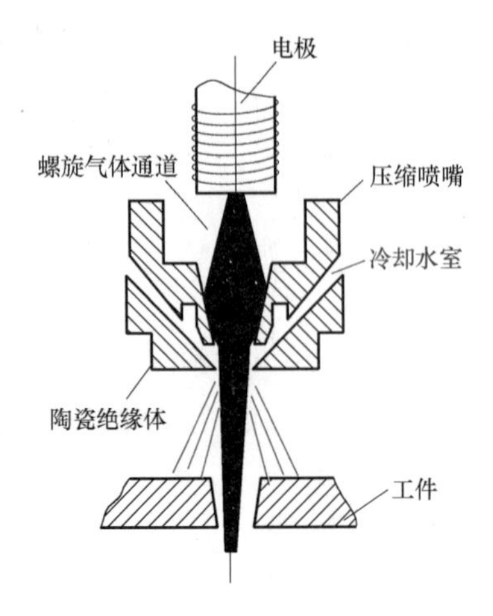

图 8-13 水压缩等离子弧切割示意图

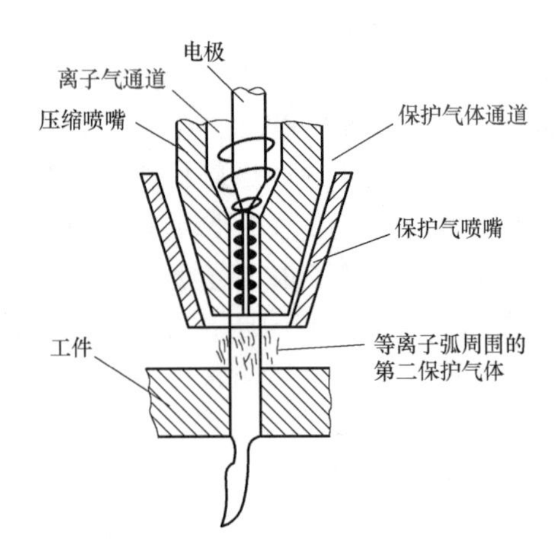

图 8-14 双气流等离子弧切割示意图

三、等离子弧切割工艺参数的选择

等离子弧切割工艺参数主要有离子气种类、电极、喷嘴孔径、切割电流和切割电压、切割速度、电源和空载电压、离子气流量和喷嘴高度等。各种参数对切割过程的稳定性和切割质量均有不同程度的影响，切割时必须依据切割材料种类、工件厚度和具体要求来选择。

1. 离子气的种类

等离子弧切割时，离子气的作用是产生压缩电弧，防止钨极氧化，吹掉切口中的熔化金属，保护喷嘴不被烧坏。

等离子弧切割通常采用氮气、氮-氢混合气、氮-氩混合气，也可用压缩空气、水蒸气或水作为产生等离子弧的介质。氮气是应用最广泛的切割气体。由于氮气的引弧性和稳弧性较差，需要较高的空载电压，一般为 165V 以上。氢气的携热性、导热性都很好，分解热较大，需要有更高的空载电压（350V 以上）才能产生稳定的等离子弧。采用氢气产生等离子弧的喷嘴易烧损，一般不采用。氢气通常作为一种辅助气体被加入，在切割厚度较大的工件时有利于提高切割能力和切口质量。氩气的价格较高，大量使用不经济，但用作等离子弧切割气体时的空载电压较低（70～90V），不能切割厚度较大（30mm 以上）的工件。氮气（N_2）、氢气（H_2）、氩气（Ar）任何两种气体混合使用，比使用单一气体效果好。

一般切割厚度为 100mm 以下的不锈钢、铝等材料时，可以使用纯氮气或适当加些氩气，既经济又能保证切割质量。当使用 Ar+35%（体积分数）H_2混合气体时，由于H_2的热焓大，热导率高，对电弧的压缩作用更强，气体喷出时速度极高，电弧吹力大，有利于切口中熔化金属的去除，所以切割效果更佳，一般用于切割厚度大于 100mm 的板材。

2. 电极

空气等离子弧切割时，空气对电极的氧化作用大，电极烧蚀快，不能选用纯钨或氧化钨电极，只能选用锆或铪及其合金作电极。双气流等离子弧切割和水压缩等离子弧切割时，由于电极不与空气直接接触，可以选用纯钨或氧化钨电极。

常用电极材料与适用气体见表 8-8。

表 8-8 常用电极材料与适用气体

电极材料	适用气体	电极材料	适用气体
纯钨	氩、氢-氩	锆及其合金	氮、压缩空气
钍钨	氩、氢-氮、氢-氩、氮-氩	铪及其合金	氮、压缩空气
铈钨	氩、氮、氢-氮、氢-氩、氮-氩	石墨	空气、氮、氩或压缩空气
锆钨	氩、氮、氢-氮、氢-氩、氮-氩		

3. 喷嘴孔径

割炬喷嘴的孔径越小，对等离子弧的压缩作用越大，可提高焰流的速度。喷嘴孔径的大小应根据切割工件的厚度和选用的离子气种类确定。切割厚度较大时，要求喷嘴孔径也要相应增大。使用氩-氢混合气时，喷嘴孔径可适当小一些；使用氮气时，喷嘴孔径应大一些。

每一孔径的喷嘴都有一个允许使用的电流极限值，如超过这个极限值，则容易产生双弧现象。因此，当工件厚度增大时，在提高切割电流的同时喷嘴孔径也要相应增大，孔道长度也应增大。切割喷嘴的孔道长度与孔径之比一般为1.5~1.8。

4. 切割电流和切割电压

切割电流和切割电压是决定切割电弧功率的两个重要参数。切割电流应根据选用的喷嘴孔径的大小而定，其关系大致为

$$I=(30\sim100)d$$

式中 I——切割电流（A）；

d——喷嘴孔径（mm）。

电流增大会使弧柱变粗，切口加宽，且易烧损喷嘴。对于一定的喷嘴孔径存在一个最大许用电流，超过时就会烧损喷嘴。因此切割大厚度工件时，以提高切割电压最为有效。但电压过高或接近空载电压时，电弧难以稳定。为保证电弧稳定，要求切割电压不大于空载电压的2/3。

5. 切割速度

切割速度对切割质量有较大的影响，合适的切割速度是切口表面平直的重要条件。提高切割速度将使切口区域受热减小，切口变窄，甚至不能切透工件；切割速度过慢时，生产率低，切口表面粗糙，甚至在切口背面形成焊瘤，致使清渣困难。在保证割透的前提下，应尽量提高切割速度。

切割速度应根据等离子弧功率、工件的厚度和材质来确定。在切割功率相同的情况下，由于铝的熔点低，切割速度应快些；钢的熔点较高，切割速度应较慢；铜的导热性好，散热快，故切割速度应更慢些。

6. 电源和空载电压

等离子弧切割采用转移弧时，电源应具有陡降的外特性。为了保证等离子弧稳定燃烧，减少电极的损耗，一般采用直流正接。

切割电源应有较高的空载电压。因空载电压低将使切割电压的提高受到限制，不利于厚件的切割。一般要求空载电压为150~400V，切割电压为80V以上。切割厚度大的工件时，空载电压必须在220V以上，最高可达400V。由于等离子弧切割时空载电压较高，操作时必须注意安全。

7. 离子气流量

提高离子气流量，既能提高切割电压又能增强对电弧的压缩作用，有利于提高切割速度和切割质量。但离子气流量过大时，反而使切割能力下降和电弧不稳定。一种割炬使用的离子气流量，在一般情况下不变动，当切割厚度变化较大时才会适当改变。切割厚度小于100mm的不锈钢时，离子气流量一般为2500~3500L/h；切割厚度大于100mm的不锈钢时，离子气流量一般为4000L/h。

8. 喷嘴高度

喷嘴端面至工件表面的距离为喷嘴高度。随喷嘴高度的增大，等离子弧的切割电压提高，功率增大。但同时使弧柱长度增大，热量损失增大，对熔融金属的吹力减弱，切口下部焊瘤增多，导致切割质量下降，且容易出现双弧而烧坏喷嘴，破坏切割过程的正常进行。喷嘴高度太小时，既不便于观察，又容易造成喷嘴与工件短路。在电极内缩量一定（通常为2~4mm）的条件下，手工切割时取喷嘴高度为6~10mm。自动切割时取喷嘴高度为6~8mm；空气等离子弧切割和水压缩等离子弧切割时，喷嘴高度可略小于6mm。

常用金属材料等离子弧切割工艺参数见表8-9。

表8-9 常用金属材料等离子弧切割工艺参数

<table>
<tr><th>材料</th><th>工件厚度/mm</th><th>喷嘴孔径/mm</th><th>空载电压/V</th><th>切割电流/A</th><th>切割电压/V</th><th>氮气流量/(L/min)</th><th>切割速度/(cm/min)</th></tr>
<tr><td rowspan="4">不锈钢</td><td>8</td><td>3</td><td>160</td><td>185</td><td>120</td><td>35~38</td><td>75~83</td></tr>
<tr><td>20</td><td>3</td><td>160</td><td>220</td><td>120~125</td><td>32~36</td><td>53~66</td></tr>
<tr><td>30</td><td>3</td><td>230</td><td>280</td><td>135~140</td><td>45</td><td>58~66</td></tr>
<tr><td>45</td><td>3.5</td><td>240</td><td>340</td><td>145</td><td>42</td><td>33~42</td></tr>
<tr><td rowspan="4">铝及铝合金</td><td>12</td><td>2.8</td><td>215</td><td>250</td><td>125</td><td rowspan="4">73</td><td>130~140</td></tr>
<tr><td>21</td><td>3.0</td><td>230</td><td>300</td><td>130</td><td>125~133</td></tr>
<tr><td>34</td><td>3.2</td><td>240</td><td>350</td><td>140</td><td>58.3</td></tr>
<tr><td>80</td><td>3.5</td><td>245</td><td>350</td><td>150</td><td>16.7</td></tr>
<tr><td rowspan="3">纯铜</td><td>5</td><td>—</td><td>—</td><td>310</td><td>70</td><td>24</td><td>156</td></tr>
<tr><td>18</td><td>3.2</td><td>180</td><td>340</td><td>84</td><td>28</td><td>50</td></tr>
<tr><td>38</td><td>3.2</td><td>252</td><td>304</td><td>106</td><td>26</td><td>19</td></tr>
<tr><td rowspan="2">低碳钢</td><td>50</td><td>7</td><td rowspan="2">252</td><td rowspan="2">300</td><td rowspan="2">110</td><td>17</td><td>16</td></tr>
<tr><td>85</td><td>10</td><td>21</td><td>8</td></tr>
<tr><td rowspan="3">铸铁</td><td>5</td><td>—</td><td>—</td><td>300</td><td>70</td><td>24</td><td>100</td></tr>
<tr><td>18</td><td>—</td><td>—</td><td>360</td><td>73</td><td>25</td><td>42</td></tr>
<tr><td>35</td><td>—</td><td>—</td><td>370</td><td>100</td><td>25</td><td>14</td></tr>
</table>

四、等离子弧切割安全操作规程

(1) 防电击 等离子弧切割电源的空载电压较高，尤其在手工操作时有电击的危险。电源在使用时应可靠接地，割炬的把手绝缘必须可靠。尽可能采用自动操作方法。

(2) 防电弧光辐射 等离子弧较其他电弧的紫外线辐射更强，对皮肤损伤严重，操作者在切割时必须戴上防护面罩、手套，最好加上吸收紫外线的镜片。可以采用水中切割方法，利用水来吸收光辐射。

（3）防灰尘和烟气　等离子弧切割过程中会逸出大量的金属蒸气、臭氧、氮氧化物及大量灰尘等。这些烟气与灰尘对操作者的呼吸道、肺等会产生严重的影响。因此，工作场地应设置通风设备和抽风的工作台；采用水中切割的方法能有效减少灰尘、烟气。

（4）防噪声　等离子弧会产生高强度、高频率的噪声，尤其是采用大功率的等离子弧切割时，其噪声更大，对操作者的听觉系统和神经系统影响较大。等离子弧的噪声能量集中在 2000~8000Hz 范围内，要求操作者必须戴耳塞。尽可能采用自动切割，设置隔声操作室，也可以采用水中切割方法，利用水来吸收噪声。

（5）防高频电磁波　等离子弧切割采用高频振荡器引弧，高频电磁波对人体有一定的危害。引弧频率选择在 20~60kHz 较为合适。因此要求工件可靠接地，且转移弧引燃后应保证迅速切断高频振荡器电源。

习　　题

一、填空题

1. 等离子弧切割过程是依靠______来切割工件的。

2. 等离子弧切割分为________切割和____________切割。________适用于金属材料切割。________既可用于非金属材料切割，也可用于金属材料切割。

3. 等离子弧切割方法有______________、________________和__________________。

4. 等离子弧切割工艺参数主要有__________、喷嘴孔径、______________________、__________、____________和__________等。

二、单选题

1. 等离子弧切割的优点不包括（　　）。

A. 不易被电击　　B. 可切割有色金属

C. 可切割非金属材料　　D. 切口质量好

2. 等离子弧切割电源的切割电压在（　　）以上。

A. 25V　　B. 35V　　C. 60V　　D. 80V

3. 当采用转移型等离子弧时，不可以切割（　　）。

A. 花岗岩　　B. 不锈钢　　C. 铸铁　　D. 钢

4. 等离子弧切割一般采用（　　）。

A. 直流正接　　B. 反接　　C. 交流　　D. 电极正接

5. 空气等离子弧切割常用气体为（　　）。

A. 氩气　　B. 氧气　　C. 氮气　　D. 压缩空气

6. 采用等离子弧切割时，喷嘴端面至工件表面的距离一般取（　　）mm。

A. 6~10　　B. 6~8　　C. ≤6　　D. 4~15

7. 等离子弧切割功率是指（　　）。

A. 电压　　B. 气体流量　　C. 电流　　D. 电压与电流的乘积

8. 等离子弧切割最常用的电极是（　　）。

A. 纯钨极　　B. 钍钨极　　C. 铈钨极　　D. 铱钨极

9. 采用等离子弧切割时，在电弧功率不变的情况下，提高切割速度不会使（　　）。

A. 热影响区增大　　B. 切口变窄

C. 生产率提高　　D. 切割厚度变小

10. 等离子弧切割采用高频振荡器引弧，引弧频率选择（　　）较为合适。

A. 20~60Hz　　B. 20~60kHz

C. 200~600kHz　　D. 200~600Hz

三、判断题

1. 一般等离子弧切割时都采用直流反接。（　　）
2. 等离子弧不可以切割黑色和有色金属。（　　）
3. 进行等离子弧切割时，适当增大气体流量，能加强对电弧的压缩作用，使电弧能量集中。（　　）
4. 等离子弧焊接与切割时，弧光辐射主要是紫外线、可见光与红外线。（　　）
5. 水压缩等离子弧是利用水代替冷气流来压缩等离子弧的。（　　）
6. 等离子弧切割时，会产生大量的金属蒸气及有害气体。（　　）
7. 等离子弧切割时，气体流量过大反而会使切割能力减弱。（　　）
8. 双气流等离子弧切割时，压缩空气与电极直接接触。（　　）
9. 空气等离子弧切割不适合于切割厚度为30mm以下的碳钢。（　　）
10. 空气等离子弧切割时，锆电极的工作寿命一般只有5~10h。（　　）

四、简答题

简述如何选择等离子弧切割的工艺参数。

【焊接实践】

任务目标

1）能利用手工气割进行低碳钢板的切割。
2）能利用炭弧气刨进行焊接缺陷的返修。
3）能进行不锈钢板空气等离子弧切割。

任务一　低碳钢板的手工气割

一、切割操作准备

1. 工件材质及尺寸

工件材质：Q235。

工件尺寸：300mm×100mm×12mm，如图8-15所示。

2. 切割设备及工具

气割设备：氧气瓶、乙炔瓶。

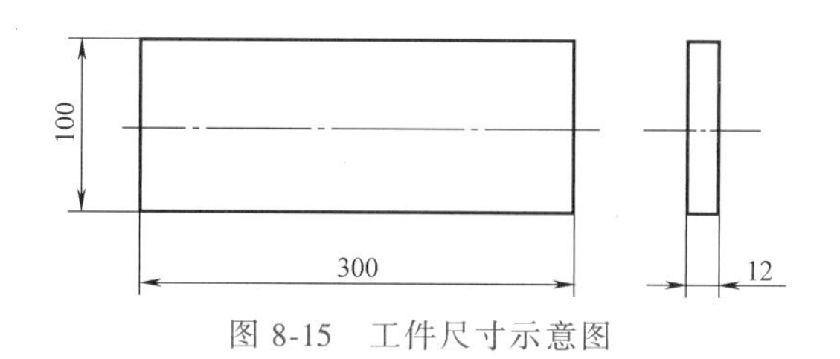

图 8-15　工件尺寸示意图

气割工具：G01-30 型割炬，2 号割嘴、氧气减压器、乙炔减压器，氧气软管、乙炔软管。
辅助工具：护目镜、通针、打火机、钢丝刷、锤子、锉刀、扳手、钳子等。

3. 防护用品

工作服、手套、胶鞋、口罩、护脚等。

4. 切割工艺参数

氧气压力：0.3MPa。

乙炔气压力：0.02~0.03MPa。

切割速度：0.35~0.45m/min。

预热火焰能率：预热火焰采用中性焰，预热火焰能率选择见表 8-10。

表 8-10　预热火焰能率的选择

钢板厚度/mm	3~25	25~50	50~100
预热火焰能率/(m^3/h)	0.3~0.5	0.55~0.75	0.75~1.0

割嘴与工件的倾斜角度：根据工件的厚度选择，割嘴应垂直于工件。

割嘴离工件表面的距离：通常选取 3~4mm。

二、操作步骤

1. 工件清理

为了保证切割质量，切割前应将工件表面的氧化物、油污、铁锈等污物清理干净，然后根据图样要求的尺寸划线。

2. 工件定位

气割前，首先应使工件离地面有一定的距离并垫平，并使切口处悬空，支点必须在工件以内，工件切勿在水泥地面上切割，以防水泥爆溅伤人。

3. 切割

切割前点火，将预热火焰调整适当，然后打开切割氧阀门，观察风线，风线应为笔直和清晰的圆柱形，并有一定的长度。若风线不规则，应关闭所有阀门，用通针修整切割氧喷嘴或割嘴的喷射孔。预热火焰和风线调好后，关闭切割氧开关，准备起割。

(1) 操作姿势　一般气割姿势：双脚成外八字形蹲在工件的一旁，右臂靠在右膝盖，左臂悬空在两腿中间，以便移动割炬。右手握住割炬手柄并以右手拇指和食指控制预热氧的调节阀，以便调节预热火焰，一旦发生回火能及时切断预热氧气。左手的拇指和食指控制切割氧的阀门，便于切割氧的调节，同时起掌握方向的作用。其余 3 个手指平稳地托住混合气管，使割炬与工件保持垂直。

(2) 起割　开始切割时，先将起割钢板的边缘加热成亮红色，将火焰局部逸出边缘线以外，同时慢慢打开切割氧阀门。当看到钢液被氧射流吹掉时，再开大切割氧阀门，待听到“噗、噗”声时，应移动割炬逐渐向前切割。

(3) 进入正常切割 起割后，为了保证切口的质量，在整个气割过程中，割炬移动速度应均匀，割嘴与工件的距离一定要保持一致。每切割一段需要移动位置时，应关闭切割氧阀门；重新起割时，再将割嘴对准切口起割位置，适当加热，然后慢慢打开切割氧阀门，继续切割。

(4) 切割收尾 切割临近终点时，割嘴后倾一定角度，使钢板下部先割透，收尾的切口整齐。

切割完毕后应及时关闭切割氧调节阀，并抬起割炬，再关乙炔阀门，最后关闭预热氧调节阀。

工作结束后，应将氧气瓶阀门关闭，松开减压器，调节螺钉，将氧气软管内的氧放出；同时关闭乙炔瓶阀门，松开乙炔减压器，调节螺钉，将乙炔软管中的乙炔放出。结束工作时，应将减压器及割炬卸下。

4. 割后清理

切割完毕后，待工件降到一定温度（不烫手）时，采用锉刀、锤子清理切口边缘。

三、注意事项

1）切割过程中，要注意调节火焰，始终保持中性焰；焰芯尖端离工件表面的距离保持不变，同时应将切割氧孔中心对准切口中心及钢板边缘，以利于减少熔渣。

2）保持熔渣的流动方向基本上与切口垂直，使后拖量减小。

3）保持割嘴与工件表面间的距离和割嘴倾角；切割过程中调节好切割氧压力，控制好切割速度。

4）出现鸣爆、回火时，应立即关闭预热氧与切割氧阀门。如仍听到割炬内有“嘶、嘶”的声音，应迅速关闭乙炔瓶阀门或者拔下乙炔软管。

5）切割过程中，掌握好切割速度和火焰能率，防止切口上缘熔化成圆珠状。

6）切割过程中需要移动位置时，应关闭切割氧阀门，将割炬火焰抬起并离开工件。继续起割时，割嘴一定要对准割透的起割处并加热到燃点，再缓慢平稳开启切割氧阀门继续切割。

任务二　炭弧气刨清除焊接缺陷

一、操作准备

1. 工件准备

工件：焊缝经X射线或超声检测后，发现有超标准缺陷存在。

2. 气刨材料及设备

气刨材料：炭棒，ϕ7mm。

电源：ZX5-500。

3. 防护用品

工作服、手套、胶鞋、口罩、护脚等。

4. 炭弧气刨工艺参数

焊缝缺陷炭弧气刨工艺参数见表 8-11。

表 8-11　焊缝缺陷炭弧气刨工艺参数

炭棒烘干温度/℃	电流/A	电压/V	刨削速度/(cm/min)	炭棒伸出长度/mm	炭棒倾角	气压/MPa
120	350	50	40	80~100	45°~50°	0.4~0.6

二、操作步骤

1. 工件清理

焊缝经 X 射线或超声检测后，发现有超标准缺陷。先用炭弧气刨进行清除，再用磨光机进行仔细清理。

2. 工件定位

根据缺陷位置定位刨口位置和深度。

3. 气刨操作

刨削过程中要一层一层地刨，每层不要太厚。当发现缺陷后，应再轻轻地往下刨一层或两层，直到将缺陷彻底刨掉为止。

4. 刨后清理

用磨光机将沟槽边缘的氧化物清除。刨后可用砂轮进行打磨，打磨深度约 1mm，露出金属光泽且表面平滑即可，并且要求刨出缓坡（船形），以便于焊接修补。

三、注意事项

1）炭弧气刨的弧光较强，操作人员应戴深色的护目镜。

2）操作时应尽可能顺风向操作，并注意防止熔化金属及熔渣烧损工作服及烫伤身体；还应注意场地防火。

3）在容器或狭小部位操作时，必须加强通风及排烟的措施。

4）在气刨时使用的电流较大，应注意防止焊机过载和长时间使用而过热。

任务三　不锈钢板的空气等离子弧切割

一、切割操作准备

1. 工件材质及尺寸

工件材质：12Cr18Ni9 不锈钢板。

工件尺寸：200mm×500mm×20mm。

2. 切割材料及设备

切割材料：铈钨极，ϕ5.5mm。

设备：LG-400-1 型等离子弧切割机、氮气瓶、减压器和流量计、等离子弧割炬。

3. 防护用品

工作服、手套、胶鞋、口罩、护脚等。

4. 切割工艺参数

不锈钢板等离子弧切割工艺参数见表 8-12。

表 8-12 不锈钢板等离子弧切割工艺参数

电极直径/mm	电极内缩量/mm	喷嘴至工件距离/mm	喷嘴孔径/mm	空载电压/V	切割电压/V	切割电流/A	气体流量/(L/h)	切割速度/(m/h)
5.5	10	6~8	3	160	120~125	220	1900~2200	32~40

二、操作步骤

1. 开机

1）按切割机外部接线要求连接好气路、水路和电路。

2）将工件与电源正极牢固连接。调整好小车与工件的位置。

3）打开水路、气路，检查有无漏水、漏气并调整好非转移弧和转移弧气体流量。

4）接通控制电路，检查电极同心度。接通高频振荡回路，高频火花在电极和喷嘴之间呈圆周均匀分布在 75%~80%以上，其同心度最佳。

5）自动切割小车试运行，调节割炬位置、喷嘴高度（一般距工件表面 6~8mm），并选择切割速度。

6）启动切割电源，查看空载电压，调节切割电流。

2. 切割

1）启动高频引弧，引弧后高频电路自动切断，非转移弧接触被割工件。

2）按动切割按钮，转移弧电流接通并自动接通切割气流和切断非转移弧电流。

3）电弧穿透工件后，开动小车自动进行切割。切割速度、气体流量和切割电流可进行适当调整。

4）切割完毕，电路自动断开，小车自动停车，气路自动断开。

5）切断电源，关闭水路和气路。

三、操作要领

1）由非转移弧过渡到转移弧时，工件温度偏低，应将非转移弧在起割点稍停顿一下，待电弧稳定燃烧后再开始用转移弧进行切割。由非转移弧转换成转移弧后，工件就作为正极而构成回路，在操作时割炬和工件的距离不像气体火焰那样自由，距离过大将产生断弧，应控制喷嘴到工件的距离为 6~8mm 为宜。

2）起割时应从工件边缘开始，要等到割透后再移动割炬，导入切割尺寸线实现连续切割。如需在工件中间位置起割，要事先在工件的适当位置钻削直径为 12mm 的工艺孔作起割点，防止起割时翻弧导致熔渣堵塞、烧坏喷嘴。

3）切割时若速度过快，底层金属割不透，容易产生翻弧；若切割速度过慢，将使切口宽而不齐，电弧相对变长而造成电弧不稳，甚至熄弧，使切割过程不能顺利进行。因此，割炬移动速度应在保证割透的情况下尽量快一些。

4）整个切割过程中割炬应保持与切口平面平行，保证切口平直光洁。根据工件厚度的变化调整割炬与切割方向的夹角。当采用大功率切割厚件时，后倾角应小一些；采用小功率切割薄板时，后倾角应大一些。

5）切割大厚度工件时，需要较大的功率，所使用的喷嘴和电极直径需相应增大；调整气体流量，使等离子弧白亮的部分长而挺直，具有较大的吹力；采用较大的气体流量和较高空载电压的电源，以克服切割厚件时电弧的不稳定性。

参考文献

[1] 杨坤玉. 焊接方法与设备 [M]. 长沙：中南大学出版社，2010.

[2] 雷世明. 焊接方法与设备 [M]. 3 版. 北京：机械工业出版社，2014.

[3] 中国机械工程学会焊接学会. 焊接手册：第 1 卷 焊接方法及设备 [M]. 3 版. 北京：机械工业出版社，2008.

[4] 中国就业培训技术指导中心. 焊工：基础知识 [M]. 2 版. 北京：中国劳动社会保障出版社，2010.

[5] 中国就业培训技术指导中心. 焊工：初级 [M]. 2 版. 北京：中国劳动社会保障出版社，2011.

[6] 中国就业培训技术指导中心. 焊工：中级 [M]. 2 版. 北京：中国劳动社会保障出版社，2012.

[7] 中国就业培训技术指导中心. 焊工：高级 [M]. 2 版. 北京：中国劳动社会保障出版社，2013.

[8] Klas Weman, Gunnar Linden. MIG 焊指南 [M]. 李国栋，栗卓新，译. 北京：机械工业出版社，2009.

[9] 曹朝霞，齐勇田. 焊接方法与设备使用 [M]. 北京：机械工业出版社，2014.

[10] 邓洪军. 金属熔焊原理 [M]. 2 版. 北京：机械工业出版社，2016.

[11] 孙景荣. 实用焊工手册 [M]. 3 版. 北京：化学工业出版社，2007.

[12] 吴金杰. 焊接工程师专业技能入门与精通 [M]. 北京：机械工业出版社，2009.

[13] 胡宝良. 新编高级焊工简明读本 [M]. 上海：上海科学技术出版社，2006.

[14] 史耀武. 焊接技术手册 [M]. 福州：福建科学技术出版社，2005.